"十二五"职业教育国家规划教材
经全国职业教育教材审定委员会审定

21世纪高等职业教育计算机系列规划教材

网络组建与维护
（第2版）

陈 晴 主 编

程 琼 杨旭东 陈晓红 副主编

高 源 陈 欣 李晓龙 周小松 参 编

电子工业出版社

Publishing House of Electronics Industry

北京·BEIJING

内 容 简 介

本书以学习组建一个小型局域网，能进行常见故障的诊断及排除，并以能对网络实施基本的维护和管理为目标。立足我们的教学实践，通过基于工作过程的"画拓扑、做网线、组网络、装系统、配协议、接外网、会应用、懂防护、排故障"9个工作任务展开，目标明确，内容翔实，充分体现了"学中做，做中学，实践中教理论，理实一体"的职业教育理念。相信本书不仅能帮助学生较全面地了解计算机网络体系的系统性，还能把握计算机网络基础理论知识的相对稳定性和主流技术的相对发展性之间的平衡关系，并能较好地动手组建一个小型的局域网进而实施有效的应用和维护。

全书布局新颖，层次清晰，本书不仅适用于高职高专计算机及其相关专业，也可作为从事计算机网络建设、管理、维护等的培训教材。

图书在版编目（CIP）数据

网络组建与维护 / 陈晴主编. —2 版. —北京：电子工业出版社，2014.10
（"十二五"职业教育国家规划教材）

ISBN 978-7-121-24197-0

Ⅰ.①网… Ⅱ.①陈… Ⅲ.①计算机网络—高等职业教育—教材 Ⅳ.①TP393

中国版本图书馆 CIP 数据核字（2014）第 198796 号

策划编辑：徐建军（xujj@phei.com.cn）
责任编辑：郝黎明
印　　刷：北京京师印务有限公司
装　　订：北京京师印务有限公司
出版发行：电子工业出版社
　　　　　北京市海淀区万寿路 173 信箱　邮编　100036
开　　本：787×1 092　1/16　印张：19.5　字数：499.2 千字
版　　次：2009 年 8 月第 1 版
　　　　　2014 年 10 月第 2 版
印　　次：2016 年 6 月第 2 次印刷
印　　数：2 000 册　定价：39.00 元

凡所购买电子工业出版社图书有缺损问题，请向购买书店调换。若书店售缺，请与本社发行部联系，联系及邮购电话：（010）88254888，88258888。

质量投诉请发邮件至 zlts@phei.com.cn，盗版侵权举报请发邮件至 dbqq@phei.com.cn。

本书咨询联系方式：（010）88254570。

前 言

计算机网络技术经过四十多年的发展，已经形成了自身较完善的体系，其更新之迅速，应用之广泛，用"日新月异"来描述一点也不过分。

现代科学技术的飞速发展，改变了世界，也改变了人类的生活。作为新世纪的大学生，应当站在时代发展的前列，掌握现代科学技术知识，调整自己的知识结构和能力结构，以适应社会发展的要求。新世纪需要具有丰富的现代科学知识，能够独立完成面临的任务，充满活力，有创新意识的新型人才。

作为教育者深知自己肩负的使命和任务。2001 年，我们首次开发了《计算机网络技术》第 1 版教材，短短的七年时间，先后三次改版五次印刷。但随着职业教育改革的不断深入，经过多年的计算机网络教学改革与实践，我们越来越清楚地意识到，教育必须与市场接轨才有其活力；知识必须与应用结合才有其生命；学习必须与工作联系才有其目标。因而在本书的编写过程中，我们立足多年的教学实践通过基于工作过程的"画拓扑、做网线、组网络、装系统、配协议、接外网、会应用、懂防护、排故障" 9 个工作任务展开，目标明确，内容翔实，充分体现了"学中做，做中学，实践中教理论，理实一体"的职业教育理念。相信不仅能帮助学生较全面地了解计算机网络体系的系统性，还能把握计算机网络基础理论知识的相对稳定性和主流技术的相对发展性之间的平衡关系，并能较好地动手组建一个小型的局域网进而实施有效的应用和维护。

全书共 9 章：

第 1 章　计算机网络技术基础。

第 2 章　网络传输介质与网络设备。

第 3 章　局域网组建。

第 4 章　Windows Server 2003 网络操作系统环境的构建与服务。

第 5 章　Linux 网络操作系统环境的构建和服务。

第 6 章　广域网技术。

第 7 章　Internet 技术及应用。

第 8 章　网络安全防护。

第 9 章　常见网络故障的诊断与排除。

本书由武汉职业技术学院计算机技术与软件工程学院的教师组织编写，其中，第 1、2、8 章由陈晴编写，第 3 章由杨旭东编写，第 4 章由周小松编写，第 5 章由高源编写，第 6 章由陈晓红编写，第 7 章由陈欣编写，第 9 章由程琼编写，陈晴和高源对全书进行了统稿工作。本次依照市场的变化对教材进行了重新修订，删除了综合业务数字网（ISDN）和卡巴斯基杀毒软件部分，新增了子网的规划、虚拟机技术（VMWare）、销售终端系统（POS）、同步数字体系（SDH）、Web 技术、网络扫描，以及 360 安全卫士的使用等内容；分别由陈晴、程琼、新思齐公司工程师李晓龙先生，及陈晓红老师等完成。

在本书的编写过程中，得到了武汉职业技术学院计算机技术与软件工程学院的同人及张瑛、於晓兰、任勇等老师给予了作者大力的帮助；特别是武汉力德系统工程有限公司邓忠伟总经理、武汉晓通网络科技有限公司凌凤珠经理、武汉广通系统工程有限公司肖汉林工程师、泰和科技企业集团朱恂副总经理、武汉四凯自动化有限责任公司吴凤副总经理、武汉创安科技有限公司田文兵总经理、海星现代科技股份有限公司路幸伟总经理、星网锐捷网络有限公司石双林经理等，给了作者企业学习的机会和项目实践的空间，在此一并表示感谢。

目前，基于工作过程为导向的教材的确很多，但基于每个任务目标明确、精心组织内容、着力构建环境的教材确也不多见。当然错误之处也在所难免，我们恳请广大读者给予批评和指正。

为了方便教师教学，本书配有电子教学课件，请有此需要的教师登录华信教育资源网（www.hxedu.com.cn）注册后免费进行下载，如有问题可在网站留言板留言或与电子工业出版社联系（E-mail:hxedu@phei.com.cn）。本书是湖北省省级精品课程的配套教材，精品课程网站是 http://125.220.161.100/network，在该网站上可以下载电子教案、案例、实训项目及视频文件。

虽然我们精心组织，努力工作，但错误之处在所难免；同时由于编者水平有限，书中也存在诸多不足之处，恳请广大读者朋友们给予批评和指正。

编　者

目　录

第1章

计算机网络技术基础

计算机网络是计算机技术与通信技术相结合的产物。它的诞生使计算机体系结构发生了巨大变化，对人类社会的进步做出了不可磨灭的贡献。人们通过连接各个部门、地区、国家，甚至全世界的计算机网络来获取、存储、传输和处理信息并且广泛地利用信息进行生产过程的控制和经济计划的决策等。现在，计算机网络不断高速发展并日益深入到国民经济的各个部门和社会生活的各个方面，它已经对人们的日常生活、工作甚至思想都产生了较大的影响。

1.1 计算机网络的形成与发展

在过去的 300 年中，每个世纪都有一个主流技术。18 世纪伴随工业革命而来的是伟大的机械时代；19 世纪则是蒸汽机时代；而在 20 世纪，关键技术是信息的收集、处理和发布。我们已经看到了世界范围内电话网的安装、收音机和电视机的发明、计算机工业的诞生及其史无前例的迅速发展、通信卫星的发射，以及其他种种成就。

由于技术的飞跃发展，这些领域正在相互融合。信息收集、传送、存储和处理之间的差别在迅速地消失。在广阔的地理位置上分布的数以万计的办公机构，已经可以按一下鼠标就能了解最遥远地点的当前情况。在收集、处理和发布信息能力提高的同时，对更复杂信息，处理手段需求的增长也急速加快。

在信息社会中，计算机已从单一使用发展到群集使用。越来越多的应用领域需要计算机在一定的地理范围内联合起来进行群集工作。从而促进了计算机技术和通信技术紧密结合，形成了计算机网络这门学科。

1.1.1 计算机网络的形成

通信事业的发展，极大地推动了工业革命，而通信和计算机技术的结合，又极大地推动了人类从工业社会向信息社会的过渡。从根本上来说，计算机网络是通信技术与计算机技术相结合的产物，它将成为信息社会最重要的基础设施，构筑起人类社会的信息高速公路。

通信事业的发展经历了一个漫长的历史发展过程。

1835 年莫尔斯（S.F.B.Morse）发明了电报。1876 年贝尔（A.G.Bell）发明了电话。在而后长达百年的时间里，通信业务基本为这两种方式所垄断，并为快速传递信息提供了方便。通信事业在人类生活和二次世界大战中，发挥了极其重要的作用。20 世纪 40 年代诞生的第一台电子数字计算机是一个划时代的产物，人类从此开辟了向信息社会迈步的新纪元。

在计算机技术基础上，20世纪50年代，美国建立了半自动地面防空系统（SAGE），成为计算机网络的雏形。

20世纪60年代，半导体技术的长足进步又促进了计算机技术的发展，计算机应用也随之迅速普及。与此同时，计算机与通信技术互相渗透、紧密结合又互相促进，以至于现代通信技术的发展完全与计算机技术融合在一起。C（Communication）与C（Computer）已成为现代通信的同义语。而现在流行的另一种说法则是"Network is Computer"。

1946年世界上第一台电子数字计算机ENIAC诞生时，计算机技术与通信技术并没有直接的联系；20世纪50年代初，由于美国军方的需要，美国半自动地面防空系统（SAGE）的研究开始了计算机技术与通信技术相结合的尝试；1969年12月，由美国国防部（DOD）资助，国防部高级研究计划局（Advanced Research Projects Agency，ARPA）主持研究建立了数据包交换计算机网络ARPANet。ARPANet网络利用租用的通信线路连接美国加州大学洛杉矶分校、加州大学圣巴巴拉分校、斯坦福大学和犹太大学四个节点的计算机连接起来，构成了专门完成主机之间通信任务的通信子网。通过通信子网互联的主机负责运行用户程序，向用户提供资源共享服务，它们构成了资源子网。该网络采用分组交换技术传送信息，这种技术能够保证如果这四所大学之间的某一条通信线路因某种原因被切断以后，信息仍能够通过其他线路在各主机之间传递。也不会有人预测到时隔二十多年后，计算机网络在现代信息社会中扮演了如此重要的角色。ARPANet网络已从最初的四个节点发展为横跨全世界一百多个国家和地区、挂接有几万个网络、几百万台计算机、几亿用户的因特网（Internet），也可以说Internet全球互联网络的前身就是ARPANet网络。Internet是当前世界上最大的国际性计算机互联网络，而且还在不断地迅速发展之中。

1.1.2　计算机网络的发展

纵观计算机网络的发展历史可以发现，它与其他事物的发展一样，也经历了从简单到复杂，从低级到高级的过程。在这一过程中，计算机技术与通信技术紧密结合，相互促进，共同发展，最终产生了计算机网络。总体看来，网络的发展可以分为以下4个阶段。

第一阶段，20世纪50年代。在计算机网络出现之前，信息的交换是通过磁盘进行相互传递资源的，如图1-1所示。

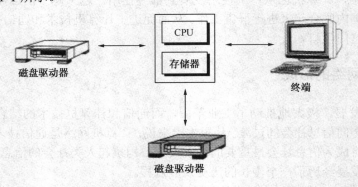

图1-1　利用磁盘实现数据交换

在1946年，世界上第一台数字计算机问世，但当时计算机的数量非常少，且非常昂贵。而通信线路和通信设备的价格相对便宜，当时很多人都很想去使用主机中的资源，共享主机资源和进行信息的采集及综合处理就显得特别重要了。1954年，联机终端是一种主要的系统结构形式，这种以单主机互联系统为中心的互联系统，即主机面向终端系统诞生了，如图 1-2 所示。

在这里终端用户通过终端向主机发送一些数据运算处理请求，主机运算后又发给终端，而且终端用户要存储数据时向主机里存储，终端并不保存任何数据。第一代网络并不是真正意义上的网络，而是一个面向终端的互联通信系统。当时的主机负责以下两个方面的任务。

① 负责终端用户的数据处理和存储。

② 负责主机与终端之间的通信过程。

终端就是不具有处理和存储能力的计算机。

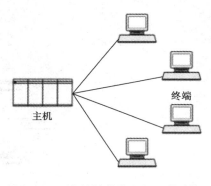

图 1-2　面向终端的单主机互联系统

随着终端用户对主机的资源需求量增加，主机的作用就改变了，原因是通信控制处理器（Communication Control Processor，CCP）的产生，它的主要作用是完成全部的通信任务，让主机专门进行数据处理，以提高数据处理的效率，如图 1-3 所示。

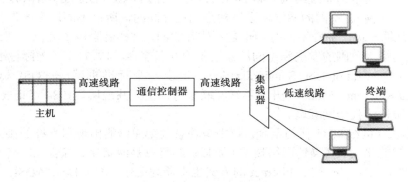

图 1-3　利用通信控制器实现通信

当时主机的主要作用是处理和存储终端用户发出对主机的数据请求，通信任务主要由通信控制器（CCP）来完成。把通信任务分配给通信控制器，这样主机的性能就会有很大提高，集线器主要负责从终端到主机的数据集中收集及主机到终端的数据分发。

联机终端网络典型的代表是美国航空公司与 IBM 公司在 20 世纪 60 年代投入使用的飞机订票系统（SABRE-I），当时在全美广泛应用。

为了克服第一代计算机网络的缺点，提高网络的可靠性和可用性，人们开始研究将多台计算机相互连接的方法。

第二阶段，从 20 世纪 60 年代中期到 20 世纪 70 年代中期。为了克服第一代计算机网络的缺点，提高网络的可靠性和可用性，人们开始研究将多台计算机相互连接的方法。随着计算机技术和通信技术的进步，已经形成了将多个单主机互联系统相互连接起来、以多处理机为中心的网络，并利用通信线路将多台主机连接起来，为终端用户提供服务，如图 1-4 所示。

这一阶段，网络的应用主要在网络分组交换技术进行对数据远距离传输方面。分组交换是主机利用分组技术将数据分成多个报文，每个数据报自身携带足够多的地址信息，当报文通过节点时暂时存储并查看报文目标地址信息，运用路由运算选择最佳目标传送路径，将数据传送给远端的主机，从而完成数据转发。

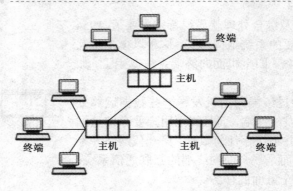

图1-4 多主机互联系统

第三阶段，20世纪80年代。这一阶段是计算机局域网络发展的盛行时期。当时采用的是具有统一的网络体系结构并遵守国际标准的开放式和标准化的网络。

在这以前网络是无法实现不同厂家设备互联的。早期，各厂家为了霸占市场，纷纷采用自己独特的技术并开发了自己的网络体系结构，如IBM发布的SNA（System Network Architecture，系统网络体系结构）和DEC公司发布的DNA（Digital Network Architecture，数字网络体系结构）。不同的网络体系结构是无法互联的，所以不同厂家的设备根本无法相互连接，即使是同一家产品在不同时期也是不能互联的，这样就阻碍了大范围网络的发展。后来，为了实现网络大范围的发展和不同厂家设备的互联兼容，1977年，国际标准化组织ISO（International Organization for Standardization）提出一个标准框架——OSI（Open System Interconnection/ Reference Model，开放系统互联参考模型）共七层。1984年正式发布了OSI，使厂家设备、协议达到全网互联。

第四阶段，20世纪90年代初至今，特别是随着数字通信的出现和光纤的接入，计算机网络进入高速和智能化发展（高速网络技术）阶段。其特点是网络化、综合化、高速化及计算机的协同性。同时，快速网络接入Internet的方式也不断地诞生，如ISDN、ADSL、DDN、FDDI和ATM网络等。

1985年，美国国家科学基金会（National Science Foundation，NSF）利用ARPAnet协议建立了用于科学研究和教育的骨干网络NSFNet。1990年，NSFNet代替ARPAnet成为国家骨干网，并且走出了大学和研究机构进入社会。从此网上的电子邮件、文件下载和消息传输受到越来越多人们的欢迎并被广泛使用。1992年，Internet学会成立，该学会把Internet定义为"组织松散的、独立的国际合作互联网络"，"通过自主遵守计算协议和过程支持主机对主机的通信"。1993年，美国伊利诺斯大学国家超级计算中心成功开发了网上浏览工具Mosaic（后来发展成Netscape），使得各种信息都可以方便地在网上交流。浏览工具的实现引发了Internet发展和普及的高潮。上网不再是网络操作人员和科学研究人员的专利，而成为一般人进行远程通信和交流的工具。在这种形势下，美国总统克林顿于1993年宣布正式实施国家信息基础设施（National Information Infrastructure，NII）计划，从此在世界范围内展开了争夺信息化社会领导权和制高点的竞争。与此同时NSF不再向Internet投入资金，使其完全进入商业化运作。20世纪90年代后期，Internet以惊人的高速度发展，网上的主机数量、上网的人数、网络的信息流量每年都在成倍地增长。Fast Ethernet、Gigabit Ethernet已开始进入实用阶段，速率为10Gbps的以太网正在研究之中；基于光纤和IP技术的宽带城域网与宽带接入网技术已经成为研究、应用与产业发展的热点问题之一；全光网的出现一定会给未来通信网的宽带、容量带来更大的发展空间。

1.1.3　计算机网络的未来

全球因特网装置之间的通信量将超过人与人之间的通信量。因特网将从一个单纯的大型数据中心发展成为一个更加聪明的高智商网络，将成为人与信息之间的高层调节者。其中的个人网站复制功能将不断预期人们的信息需求和喜好，用户将通过网站复制功能筛选网站，过滤掉与己无关的信息并将所需信息以最佳格式展现出来。同时，个人及企业将获得大量个性化服务。这些服务将会由软件设计人员在一个开放的平台中实现。由软件驱动的智能网技术和无线技术将使网络触角伸向人们所能到达的任何角落，同时允许人们自行选择接收信息的形式。带宽的成本将变得非常低廉，甚至可以忽略不计。随着带宽瓶颈的突破，未来网络的收费将来自服务而不是带宽。交互性的服务，如节目联网的视频游戏、电子报纸和杂志等服务将会成为未来网络价值的主体。

1. 高速交换式网络

现有的局域网以共享媒体为主，网上工作站共享同一频宽。虽然光纤环网（FDDI）相对于一般局域网速率快了近 10 倍，但始终没有摆脱共享型局域网的束缚，且光纤网与各局域网之间的连接通常需靠路由器来实现，使网络运行效率打折扣。高速交换网络是利用网段微化技术并通过在网段间建立多个并行连接（如同一部电话交换机可同时建立多对通道），可为每个单独网段提供专用频带，增大了网络的吞吐量，提高了传输效率。现高速交换网已经推向市场，它将是向 ATM 平滑过渡的极佳形式。

2. 通信网络的综合服务和宽带化

（1）ISDN 将进一步发展

ISDN 指的是 N-ISDN，即窄带综合业务数字网，它首先需要实现信息传输的数字化，将现有的模拟传输逐步过渡到数字传输，在通信网上能同时传输语音、数据和图形。

（2）B-ISDNT 和异步传输模式（ATM）

ATM 是实现 B-ISDN（Broadband ISDN，宽带 ISDN）的有效交换与传输方式，它能够适应从低速率到高速率的各种业务，能够传输从音频到视频的宽带信号。

（3）光交换（Photonic Switching）方式

目前采用光纤作为传输介质的通信网已很多，若能进一步实现光交换技术，则光交换与光传输结合为一体，将具有更宽的频带。

3. 移动通信技术

可移动的无线网的需求日益增加。无线数字网类似于蜂窝电话网，人们随时随地可将计算机接入网内。但目前的蜂窝电话网是建立在模拟广播技术基础上的，需利用调制解调器进行交换，对数字数据传输效率不高，故为了发展无线数字网，必须发展新技术。无线数字网的发展前景十分可观。

4. 网络智能化

网络智能化主要指网络管理方面的智能化。操作网络十分复杂，检测和修复故障十分困难。因此，将人工智能技术和专家系统引入网络管理十分必要。网络智能管理主要指将专家的知识放入数据库，使系统能自动地进行故障检测、诊断和排除。网络智能还表现在网络进行高级通信/信息处理业务，如通信介质变换和自动翻新。

5. 网络标准化

国际标准化组织（ISO）制定的开放系统互联（OSI）参考模式是国际上公认的开放系统结构，是实现网络互联的基础。开放系统环境除了 OSI 通信要求外，还包括标准数据交换格式、标准操作系统的接口、公共用户接口、图形接口、标准应用程序接口（API）、公共数据模型、存储、标准目录、管理和安全方法等。有关 ATM 的协议标准也有待全面完成。

网络标准化是网络发展的必然趋势。

计算机网络技术的进步，促进了网络应用的发展。从网络应用角度看，会在以下一些方面有更大的进步。

（1）CMC（Computer-Mediated Communication）将成为社会强有力的工具

CMC 包括电子邮件、电子公告牌和计算机会议等。CMC 的基础是电子邮件系统，但需进一步增强功能，集成到工作站环境中，能支持移动用户，采用 X.400 标准协议及支持多媒体通信。

（2）计算机支持的协同工作（Computer Supported Cooperative Work，CSCW）

CSCW 是新的网络应用领域。分布在不同地方的组织和人员要进行合作工作，需要进行快速和准确的通信，需要各种各样的通信系统。由于分布环境的合作日益普遍，这种合作活动更加计算机化和依靠网络环境，故研究支持协同计算的新的有效工具会受到普遍重视。

（3）客户机/服务器（Client/Server）

客户机服务器模式和浏览器/服务器（Browser/Server）模式是当前流行的网络模式。Client 可以是一个用户、一个应用进程或网上资源。服务器是网上的一个实体，它能完成复杂处理和提供必要的服务，以满足用户需求。这种模式的简要工作过程：Client 通过远程过程调用（RPC）产生一个请求，RPC 触发一个称为代理的机制识别和验证用户，并从相应的服务器中提供必要的服务。C/S 模式和分时系统相比，具有自治性、可靠性、扩展性、安全性和异构性等一系列优点。它已成为 20 世纪 90 年代主要的网络环境下的运行模式。

随着国际互联网 Internet 的广泛应用，浏览器/服务器（B/S）应用模式得到进一步发展。B/S 实质是 C/S 模式的扩展和延伸，它将会逐渐成为网络应用模式的主流。

未来的网络将充分利用超大规模集成电路技术和现代光通信技术，发展高速、智能、多媒体、移动和全球性网络技术，建立一个合作、协调的开放系统环境，实现网络的综合服务与应用。

计算机网络飞速发展的同时，安全问题不容忽视。网络安全经过了二十多年的发展，已经发展成为一个跨多门学科的综合性科学，它包括通信技术、网络技术、计算机软件、硬件设计技术、密码学、网络安全与计算机安全技术等。

总之，网络在今后的发展过程中将不仅仅是一个工具，也不再是一个遥不可及、仅供少数人使用的技术专利，它将成为一种文化、一种生活融入到社会的各个领域。

1.1.4　我国计算机网络的发展

我国互联网的发展始于 20 世纪 80 年代末。1987 年 9 月 20 日，钱天白教授通过意大利公用分组交换网 ITAPAC 设在北京的 PAD 发出我国的第一封电子邮件，与德国卡尔斯鲁厄大学进行了通信，揭开了中国人使用 Internet 的序幕。

1989 年 9 月，国家计委组织建立中关村地区教育与科研示范网络（NCFC）。立项的主要目标是在北京大学、清华大学和中国科学院 3 个单位间建设高速互联网络，并建立一个超级计算中心，这个项目于 1992 年建设完成。

1990 年 10 月，中国正式在 DDN-NIC 注册登记了我国的顶级域名 CN。1993 年 4 月，中国科学院计算机网络信息中心召集在京部分网络专家调查了各国的域名系统，据此提出了我国的域名体系。

1994 年 1 月 4 日，NCFC 工程通过美国 Sprint 公司连入 Internet 的 64kbps 国际专线开通，实现了与 Internet 的全功能连接。从此我国正式成为有 Internet 的国家。此事被国家统计公报列为 1994 年重大科技成就之一。

从 1994 年开始，分别由国家计委、邮电部、国家教委和中科院主持，建成了我国的四大互联网，即中国金桥信息网、中国公用计算机互联网、中国教育科研网和中国科技网。在短短几年内这些主干网络就投入使用，形成了国家主干网的基础。

1996 年以后，我国互联网的发展进入应用平台建设和增值业务开发阶段。中国互联网进入了空前活跃的高速发展时期。一大批中文网站，包括综合性的"门户"网站和各种专业性的网站纷纷出现，提供新闻报道、技术咨询、软件下载、休闲娱乐等 ICP 服务，以及虚拟主机、域名注册、免费空间等技术支持服务。与此同时各种增值服务也逐步展开，其中主要有电子商务、IP 电话、视频点播、无线上网等。在互联网的应用面和普及率快速增长的前提下，一些中国互联网公司开始进军海外股市纳斯达克，成为世纪之交，中国新经济发展的重要标志。

1997 年 11 月，中国互联网络信息中心发布了第一次《中国 Internet 发展状况统计报告》。截至 1997 年 10 月 31 日，我国共有上网计算机 29.9 万台，上网用户 62 万人，CN 下注册的域名 4 066 个，WWW 站点 1 500 个，国际出口带宽为 18.64Mb/s。

根据中国互联网络信息中心（CNNIC）发布的《第 22 次中国互联网络发展状况统计报告》，截至 2008 年 6 月底，我国网民数量达 2.53 亿，首次大幅超过美国跃居世界第一位，尽管如此，我国互联网普及率只有 19.1%，仍然低于 21.1%的全球平均水平。此外，根据 CNNIC 统计显示，我国网民中接入宽带比例为 84.7%，宽带网民数已达到 2.14 亿人，宽带网民规模为世界第一。同时，CNNIC 宣布截至 2008 年 7 月 22 日，我国 CN 域名注册量也以 1218.8 万个超过德国.de 域名，成为全球第一大国家顶级域名。我国互联网发展日趋成熟，网络媒体、网络商务等互联网深层次应用比例大幅提升。中国互联网正在逐渐走向成熟，在未来国际网络社会中的影响力也将更强。

1. 中国四大主干网

中国与 Internet 发生联系是在 20 世纪 80 年代中期，正式加入 Internet 是 1994 年，由中国国家计算机和网络设施（NCFC），代表中国正式向 InterNIC 的注册服务中心注册。注册标志着中国从此在 Internet 建立了代表中国的域名 CN，有了自己正式的行政代表与技术代表，意味着中国用户从此能全功能地访问 Internet 资源，并且能直接使用 Internet 的主干网 NSFNet。在 NCFC 的基础上，我国很快建成了国家承认的对内具有互联网络服务功能、对外具有独立国际信息出口（连接国际 Internet 信息线路）的中国四大主干网：

（1）中国科技网——CSTNet

随着国内网络事业的飞速发展，NCFC 中的一部分（主要是中科院网络系统的一部分）与其他一些网络一起演化为中国科技网——CSTNet。CSTNet 现有多条国际出口信道连接 Internet。中国科技网为非营利、公益性网络，主要为科技界、科技管理部门、政府部门和高新技术企业服务。目前，中国科技网已接入农业、林业、医学、地震、气象、电子、航空航天、环境保护，以及中国科学院分布在京地区和全国各地 45 个城市共 1 000 多家科研院所和高新技术企业，上网用户达 40 万人。中国科技网的服务主要包括网络通信、域名注册、信息资源和超级计算等项目。

（2）中国教育与科研网——CERNet

CERNet 是由政府资助的全国范围的教育与学术网络。1994 年由国家教委主持,北京大学、清华大学等十几所重点大学筹建,到 1995 年年底投入使用。目前已有 800 多所大学和中学的局域网连入中国教育与科研网。中国教育与科研网的最终目标是要把全国所有的大学、中学和小学通过网络连接起来。

（3）金桥网——ChinaGBN

中国金桥信息网简称金桥网,是面向企业的网络基础设施,是中国可商业运营的公用互联网。ChinaGBN 实行天地一网,即天上卫星网和地面光纤网互联互通,互为备用,可覆盖全国各省市和自治区。目前有数百家政府部门和企事业单位接入金桥网,上网拨号用户达几十万。金桥网在北京、上海、广州等 20 多个大城市建立了骨干网节点,并在各城市建设一定规模的区域网,可为用户提供高速、便捷的服务。中国金桥信息网目前有 12 条国际出口信道与国际互联网络相连。金桥网还提供多种增值服务,如国际、国内的漫游服务,IP 电话服务等。金桥工程的发展目标是覆盖全国 30 个省级行政建制、500 多个大城市,连接国内数万个企业,同时对社会提供开放的 Internet 接入服务。

（4）中国公众互联网——ChinaNet

ChinaNet 是邮电部门主建及经营管理的中国公众 Internet 主干网,1995 年 4 月开通,并向社会提供服务。到 1998 年,ChinaNet 已经发展成一个采用先进网络技术,覆盖国内所有省份和几百个城市、拥有数百万用户的大规模商业网络。ChinaNet 主要以电话拨号为主,省、市及大部分县一级地域铺设了电话拨号用户接入设备。随着入网用户的迅速增加,ChinaNet 骨干网节点和省网内部通信线路的带宽也在快速增加,从而有效地改善了国内用户使用 ChinaNet 访问国外的 Internet 和国外用户访问中国的 Internet 的业务质量。ChinaNet 建立了灵活的访问方式和遍布全国各城市的访问站点,用户可以方便地访问国际 Internet,享用 Internet 上的丰富资源和各种服务,也可以利用 ChinaNet 平台和网上的用户群组建其他系统的应用网络。我国四大主干网发展速度惊人,据 2002 年 1 月统计,我国接入国际 Internet 的出口带宽总量已达 7 597.5Mb/s,连接的国家有美国、加拿大、澳大利亚、英国、德国、法国、日本、韩国等。我国上网计算机数约 1 254 万台,上网用户人数约 3 370 万人。信息网络的飞速发展,极大地推动了我国教育科研及国民经济建设的发展。对促进社会进步、提高全民族整体素质、缩小与发达国家差距等方面都将起到不可估量的作用。

2. 中国有六大基础电信运营商

我国有六大基础电信运营商。

（1）联通

联通全称为中国联合通信有限公司,主要经营移动通信业务。号码段 130、131、132、133（CDMA）的都是联通的手机,另外,还经营 1791IP 电话、长途电话、165 拨号上网等业务;在重庆、成都、天津等地还经营固定电话业务。

（2）网通

网通全称为中国网络通信集团公司,原中国电信黄河以北部分并入中国网通,在北方 10 省经营当地的绝大部分固定电话业务和小灵通业务,在南方也经营固定电话和大灵通业务,和中国电信竞争。还有 196 长途电话业务。

（3）电信

电信全称为中国电信集团公司,原中国电信黄河以南部分成立新的中国电信。在南方 21

省经营当地的绝大部分固定电话业务和小灵通业务,在北方也经营固定电话业务和中国网通竞争。还有 190 长途电话业务。

（4）铁通

铁通全称为中国铁通集团公司，由原铁路专用通信服务改革成为电信运营商，与中国电信、中国网通竞争固定电话业务。还有 197 长途电话业务。

（5）移动

移动全称为中国移动通信集团公司，由原中国电信的移动通信部门独立而成，是中国最大的移动通信运营商。号码段 134（不含 1349）、135、136、137、138、139 的都是移动的手机。

（6）卫通

卫通全称为中国卫星通信集团公司，主要经营 1349 卫星手机，17970IP 电话及卫星专业服务。

1.2　计算机网络的基本概念

1.2.1　计算机网络的概念

什么是计算机网络？人们曾经从不同角度对它做出了不同的定义，这些定义归纳起来可以分为三类。

（1）从强调信息传输的角度出发，人们把计算机网络定义为"计算机技术和通信技术相结合实现远程信息处理或进一步达到资源共享的系统"。20 世纪 60 年代初，人们借助于通信线路将计算机与远方的终端连接起来，形成了具有通信功能的终端计算机网络系统，首次实现了通信技术与计算机技术的结合。为了与 ARPANet 网这类计算机网络区别开来，有人把按照这种观点定义的计算机网络称为"计算机通信网络"。

（2）从强调资源共享的角度出发，人们把计算机网络定义为"以能够共享资源（硬件、软件和数据）的方式连接起来，并且各自具备独立功能的计算机系统之集合体"。这种定义方法是在 ARPANet 网诞生以后不久，由美国信息处理学会联合会在 1970 年春天举行的联合会议上提出来的，以后在有关文献中便广为引用。

（3）从用户透明性的角度出发，人们把计算机网络定义为"由一个网络操作系统自动管理用户任务所需的资源，而使整个网络就像一个对用户是透明的计算机大系统"。这里"透明"的含义是指用户觉察不到在计算机网络中存在多个计算机系统。按照这种观点，如果不具备这种透明性，需要用户来熟悉资源情况，确定和调用资源，那么就认为这种网络是计算机通信网络而不是计算机网络。

上述三类观点代表了人们在不同的时期，在网络发展的不同阶段对计算机网络的不同理解。随着近年来该项技术的不断发展和完善，上述定义得到了大多数学者和工程技术人员的公认。

其实计算机网络就是指将地理位置不同的具有独立功能的多台计算机及其外部设备，通过通信线路连接起来，在网络操作系统、网络管理软件及网络通信协议的管理和协调下，实现资源共享和信息传递的计算机系统。

简单地说，计算机网络就是通过电缆、电话线或无线通信将两台以上的计算机互联起来的集合。

1.2.2 计算机网络的分类

1. 按网络的地理位置分类

（1）局域网（Local Area Network，LAN）

一般限定在较小的区域内，小于 10km 的范围，通常采用有线的方式连接起来。与日常工作和生活最密切的是局域网，如企业网和校园网。

（2）城域网（Metropolitan Area Network，MAN）

规模局限在一座城市的范围内，为 10～100km 的区域。有线电视网是城域网的例子。

（3）广域网（Wide Area Network，WAN）

网络跨越国界、洲界，甚至全球范围。

局域网是组成其他两种类型网络的基础。

LAN 和 WAN 主要差别在于通信距离和传输速率。局域网的通信距离一般限于几千米之内，传输速率为 10～100Mb/s，1000Mb/s 的局域网也在研制中；广域网的通信距离可在几十千米、几百千米，甚至几千千米、几万千米，传输速率则较低，1200b/s～2Mb/s。

一般情况下，局域网主要构建一个单位的内部网，如学校的校园网，企业的企业网。它们属该单位所有，单位有自主管理权，并且网络以资源共享为主。

广域网主要指公用数据通信网，一般由国家委托电信部门建造、管理和经营，以数据通信为主要目的。

2. 按传输介质分类

（1）有线网

有线网是采用同轴电缆和双绞线来连接的计算机网络。

（2）同轴电缆网

同轴电缆网是常见的一种联网方式。它比较经济，安装较为便利，传输率和抗干扰能力一般，传输距离较短。

（3）双绞线网

双绞线网是目前最常见的联网方式。它价格便宜，安装方便，但易受干扰，传输率较低，传输距离比同轴电缆要短。

（4）光纤网

光纤网也是有线网的一种，但由于其特殊性而单独列出，光纤网采用光导纤维作为传输介质。光纤传输距离长，传输率高，抗干扰性强，不会受到电子监听设备的监听，是高安全性网络的理想选择。不过由于其价格较高，且需要高水平的安装技术，所以现在尚未普及。

（5）无线网

采用空气作为传输介质，用电磁波作为载体来传输数据，目前无线网联网费用较高，还不太普及。但由于联网方式灵活方便，是一种很有前途的联网方式。局域网常采用单一的传输介质，而城域网和广域网则可采用多种传输介质。

3. 按网络的拓扑结构分类

网络的拓扑结构是指网络中通信线路和站点（计算机或设备）的几何排列形式。局域网中常用的拓扑结构有星型结构、环型结构、总线型结构。

另外，树型网、簇星型网、网状网等其他类型的拓扑结构网络是以上述三种拓扑结构为基础的。

4．按通信方式分类

（1）点对点传输网络

数据以点到点的方式在计算机或通信设备中传输。点到点网络（point-to-point Network）由一对对机器之间的多条连接构成。为了能从源地址到达目的地址，这种网络的分组必须通过一台或多台中间机器，在多条路径上进行选择，因而在点到点网络中路由算法十分重要。星型网、环型网采用这种传输方式。

（2）广播式传输网络

数据在共用介质中传输。广播式网络（Broadcast Network）仅有一条通信信道，由网络上的所有机器共享。将信息按某种语法规则组织为分组或包（Packet），这些分组或包可以被任何机器发送并被其他所有的机器所接收。分组的地址字段指明此分组应被哪台分组或包机器接收。一旦收到分组，各机器将检查它的地址字段。如果是发送给它的，则处理该分组，否则将它丢弃。

广播系统通常也允许在地址字段中使用一段特殊代码，以便将分组发送到所有目标。使用此代码的分组发出以后，网络上的每一台机器都会接收和处理它。这种操作称为广播（Broadcast）。

某些广播系统还支持向一个机器的一个子集发送的功能，称为多点广播。无线网和总线型网络属于这种类型。

5．按网络使用的目的分类

（1）共享资源网

使用者可共享网络中的各种资源，如文件、扫描仪、绘图仪、打印机及各种服务。Internet网是典型的共享资源网。

（2）数据处理网

用于处理数据的网络，例如，科学计算网络、企业经营管理用网络。

（3）数据传输网

用来收集、交换、传输数据的网络，如情报检索网络等。

目前由于网络使用目的不唯一，所以分类方式也不尽相同。

6．按服务方式分类

（1）客户机/服务器网络（Client/Server 网络）

C/S 服务器是指专门提供服务的高性能计算机或专用设备，客户机是用户计算机。这是客户机向服务器发出请求并获得服务的一种网络形式，多台客户机可以共享服务器提供的各种资源。这是最常用、最重要的一种网络类型。不仅适合于同类计算机联网，也适合于不同类型的计算机联网，如 PC、Mac 的混合联网。这种网络安全性容易得到保证，计算机的权限、优先级易于控制，监控容易实现，网络管理能够规范化。网络性能在很大程度上取决于服务器的性能和客户机的数量。目前，针对这类网络有很多优化性能的服务器称为专用服务器。银行、证券公司都采用这种类型的网络。

（2）对等网

对等网不要求文件服务器，每台客户机都可以与其他每台客户机对话，共享彼此的信息资源和硬件资源，组网的计算机一般类型相同。这种网络方式灵活方便，但是较难实现集中管理与监控，安全性也较低，较适合于部门内部协同工作的小型网络。

7．其他分类方法

如按采用的交换技术划分，可以分为电路交换网、分组交换网、信元交换网（ATM网）；按用途划分，可以分为专用网，例如，金融网、教育网、税务网，公用网、帧中继网、DDN网、X.25网；按信息传输模式的特点来分类的ATM（异步传输模式）网，网内数据采用异步传输模式，数据以53个字节单元进行传输，提供高达1.2Gb/s的传输率，有预测网络延时的能力。可以传输语音、视频等实时信息，是最有发展前途的网络类型之一。

另外还有一些非正规的分类方法：如企业网、校园网，根据名称便可理解。

从不同的角度对网络有不同的分类方法，每种网络名称都有特殊的含义。几种名称的组合或名称添加参数更可以看出网络的特征。千兆位以太网表示传输率高达100Mbps的总线型网络。了解网络的分类方法和类型特征，是熟悉网络技术的重要基础之一。

1.2.3　计算机网络的功能

计算机网络实现了同类型计算机系统之间及不同类型计算机系统之间的数据通信和资源共享，不但扩充了计算机系统自身的功能，而且提高了计算机系统的整体性能，使计算机技术的应用进入了一个新的时代。

计算机网络最主要的功能是提供资源共享和相互通信，具体说可以提供以下服务功能。

1．资源共享

网络的核心目的是实现资源共享，它包括共享的硬件、软件数据资源。大的计算机中心，昂贵的外部设备有高速打印机、超大容量硬盘存储器、绘图设备，还有公用数据库、各种应用软件、软件工具等。由于经济或其他因素的制约，这些资源不能为所有用户独立拥有，只能通过网络共享这些宝贵的资源。

2．数据传送

利用这一功能，分布在不同地区的计算机系统可以同时通过网络及时、高速地传送各种信息。现代局域网不仅能传送文件、数据信息，还可以同时传送声音和图像，这一功能对实现办公自动化有着特别重要的作用。

3．数据信息的集中和综合处理

通过网络系统可以将分散在各地计算机的数据资料适当地进行集中或分级管理，并经综合处理后形成各种图表，提供给管理者或决策者分析和参考。

4．易于进行分布式处理

利用网络技术能将多台计算机连成具有高性能的计算机系统，将较大型的综合问题通过一定算法将任务交给不同的计算机完成，以解决大量复杂问题，即分布式系统。它使整个系统的效能大为加强。

计算机网络和分布式系统（Distributed System）这两个概念容易混淆。二者的主要区别在于：在分布式系统中，多台自主计算机的存在对用户是透明的。用户可以输入一条命令运行某个程序，分布式系统便会运行它。操作系统会选择合适的处理器，寻找所有的输入文件，然后传送给该处理器，并把结果放到合适的地方。换言之，分布式系统的用户觉察不到多个处理器的存在，用户面对的是一台虚拟的单一处理机，它为处理器分配任务，为分磁盘分配文件，把文件从存储的地方传送到需要的地方，其他所有的系统功能都必须是自动完成的。

而在网络中，用户必须明确指定在哪一台机器上登录，明确地远程递交任务，明确指定文件传输的源和目的地，并且要管理整个网络。在分布式系统中，不需要明确指定这些内容，系统会自动地完成而无须用户的干预。

从效果上讲，分布式系统是建立于网络之上的软件系统。它具有高度的整体性和透明性。因此，网络和分布式系统的区别更多地取决于软件（尤其是操作系统）而不是硬件。

但是，两者也有共同之处。如都需要文件的传送。区别在于是谁来发起传送，是系统还是用户。

5. 提高了计算机系统的可靠性和可用性

网络上的计算机通过网络可以彼此互为后备机，一旦某台计算机出现故障，故障机的任务就可由其他计算机代为处理，避免了单机系统无后备机时可能出现因故障导致系统瘫痪现象，大大提高了系统的可靠性。这在重要的工业过程控制、实时数据处理等应用中是非常重要的。

提高计算机的可用性是指当网络中某台计算机负担过重时，网络可将新的任务转交给较空闲的计算机完成，均衡网络内各台计算机的负担，提高了可用性。

1.2.4 计算机网络的应用

计算机网络的应用涉及社会生活的各个方面。当前对人们的经济和文化生活影响最大的网络应用可以列举如下。

1. 办公自动化

网络化办公系统的主要功能是实现信息共享和公文流转。其功能包括领导办公、电子签名、公文处理、日程安排、会议管理、档案管理、财务报销、信访管理、信息发布、全文检索等模块，以解决各种类型的无纸化办公问题。这种系统应该简单、可靠、安全、易用、容易安装和普遍适用。在目前大力推广政府上网、企业上网的情况下，办公软件具有越来越广阔的应用环境。但是现在的大多数办公产品只能实现部分功能，集成性较差。形成这种状况的主要原因是没有统一的标准和规范，产品缺乏兼容性，难以形成整体产业优势。业界已经意识到必须通过标准的制定使办公自动化领域的众多企业有章可循，从而结束混乱无序的竞争状况，形成健康规范的产业市场，进而推动办公自动化和电子政务的发展。

2. 电子数据交换

电子数据交换（Electronic Data Interchange，EDI）是一种新型的电子贸易工具，是计算机、通信和现代管理技术相结合的产物。它通过计算机通信网络将贸易、运输、保险、银行和海关等行业信息表现为国际公信的标准格式，实现公司之间的数据交换和处理，并完成以贸易为中心的整个交易过程。由于使用 EDI 可以减少甚至消除贸易过程中的纸质文件，因而又称为"无纸贸易"。EDI 传输的文件具有跟踪、确认、防篡改、防冒领功能，以及一系列安全功能，并具有法律效力。中国公用电子数据交换业务网（ChinaEDI）是面向社会各行业开放的公用 EDI 网络，可作为专用 EDI 网的公共转接和交换中心。ChinaEDI 应用范围涉及电子报关、电子报税、银行托收、港口集装箱运输和铁路货运，以及制造业和商业订单的处理等。用户可以通过各种公用网络接入 ChinaEDI。

3. 远程教育

远程网络教学是利用因特网技术，与教育资源相结合，在计算机网络上进行的教学方式。通过网络进行教育最明显的优势是可以使有限的教育资源成为近乎无限的、不受时空和资金限制的、人人可以享受的全民教育资源。网络教学利用现代通信技术实施远程交互作用，学习者可以与远地的教师通过电子邮件、BBS 等建立联系，学员之间也可进行类似的交流和互助学习。网络教学可采用多种多样的教学形式，可以进行个别化教学，也可以进行小组协作学习，还可以接受远程广播教育。网络教学中可以组织优秀的教师、采用最好的教材与教法、利用最好的资源，最大限度地实现资源共享，取得更好的教学效果。

4. 电子银行

电子银行是一种在线服务系统。它以因特网为媒介，为客户提供银行账户信息查询、转账付款、在线支付、代理业务等自助金融服务。这种系统需要采用高强度加密算法，客户的资料和信用卡信息才不会被外界获取。电子银行的出现标志着人类的交换方式已经从物物交换、货币交换发展到了信息交换的新阶段。中国工商银行开办的 ICBC 个人网上银行为拥有工商银行个人牡丹灵通卡、信用卡、贷记卡或综合账户卡的客户提供账务信息查询、卡账户转账、银证转账、基金业务、外汇买卖、B2C 在线支付、异地汇款、代缴学费、个人抵押贷款、个人理财等金融服务。

5. 证券和期货交易

证券和期货交易是一种高利润、高风险的投资方式。由于行情变化很快，所以投资者更加依赖及时准确的交易信息。证券和期货市场通过计算机网络提供行情分析和预测、资金管理和投资计划等服务。还可以通过无线网络将各机构相连，利用手持通信设备输入交易信息，通过无线网络迅速传递到计算机、报价服务系统和交易大厅的显示板。管理员、经纪人和交易者也可以迅速利用手持通信设备直接进行交易，避免了由于手势、送话器、人工录入等方式而产生的不准确信息和时间延误所造成的损失。

6. 娱乐和在线游戏

随着宽带通信与视频演播的快速发展，网络在线游戏正在逐步成为互联网娱乐的重要组成部分，也是互联网最富群众性和最有潜力的增长点。

一般而言，计算机游戏可以分为四类：完全不具备联网能力的单机游戏、具备局域网联网功能的多人联网游戏、基于因特网的多用户小型游戏和基于因特网的大型多用户游戏。最后这一种游戏有大型的客户端软件和复杂的后台服务器系统。

目前世界各地一大批网络游戏犹如雨后春笋般涌现出来，已经在全球形成了一种极有前景的产业。

1.3　计算机网络的基本组成

1.3.1　计算机系统和数据通信设备

计算机网络是现代通信技术紧密结合的产物，所以网络组成一定与通信和计算机技术都有关系；另外，网络的组成不但有计算机和通信设备硬件系统，还必须配有网络软件系统。

根据网络的定义，无论网络在规模、结构、通信协议和通信系统、计算机硬件及软件配置方面有多大差异，也不论网络是简单还是复杂，从网络系统基本组成讲，一个计算机网络主要分成计算机系统、数据通信设备、网络软件及协议三大部分。

1. 计算机系统

计算机系统是网络的基本模块，主要完成数据信息的收集、存储、处理和输出任务，并提供各种网络资源。

计算机系统根据在网络中的用途可分为服务器和客户机。

（1）服务器（Sever）

服务器负责数据处理和网络控制，并提供网络资源。它主要由大型机、中小型机和高档微机组成，网络软件和网络的应用服务程序主要安装在服务器中。

（2）客户机（Client）

客户机是网络中数量大、分布广的设备，是用户进行网络操作、实现人机对话的工具，是网络资源的受用者。

在因特网中，有些计算机作为信息的提供者，那就是服务器，有些计算机作为信息的使用者，那就是客户机。

2. 数据通信设备

数据通信系统是连接网络基本模块的桥梁，它提供各种连接技术和信息交换技术，主要由通信控制设备、传输介质和网络连接设备等组成。

（1）通信控制设备

通信控制设备主要负责服务器与网络的信息传输控制，它的主要功能是线路传输控制、差错检测与恢复、代码转换及数据帧的装配与拆装等。这些设备构成了网络的通信子网。需要说明的是，在以交互式应用为主的局域网中，一般不需要配备通信控制设备，但需要安装网络适配器，用来担任通信部分的功能，它是一个可插入微机扩展槽中的网络接口卡（又称为网卡）。

（2）传输介质

传输介质是传输数据信号的物理通道，将网络中各种设备连接起来。网络中的传输介质是多种多样的，可分为有线传输介质和无线传输介质，常用的有线传输介质有双绞线、同轴电缆、光纤，无线传输介质有无线电、微波信号、卫星通信等。

（3）网络互联设备

网络互联设备是用来实现网络中各计算机之间的连接、网与网之间的互联、数据信号的变换及路由选择等功能。主要包括中继器（Repeater）、集线器（Hub）、调制解调器（Modem）、网桥（Bridge）、路由器（Router）、网关（Gateway）和交换机（Switch）等。

3．网络软件与协议

网络软件是计算机网络中不可缺少的重要部分。正像计算机是在软件的控制下工作的一样，网络的工作也需要网络软件的控制。网络软件一方面授权用户对网络资源访问，帮助用户方便、安全地使用网络；另一方面管理和调度网络资源，提供网络通信和用户所需的各种网络服务。网络软件一般包括网络操作系统、网络协议、通信软件，以及管理和服务软件等。

1.3.2 资源子网和通信子网

计算机网络是计算机应用的最高形式，它充分体现了信息传输与分配手段和信息处理手段的有机联系。从功能角度出发，计算机网络可以看成是由通信子网和资源子网两个部分构成的，如图 1-5 所示。

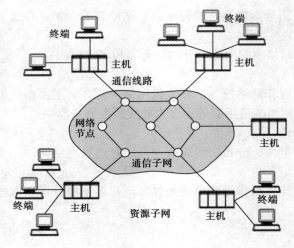

图 1-5 通信子网和资源子网

通信子网和资源子网的划分不但反映了当前网络系统的物理结构，同时还有效地描述出网络系统实现资源共享的方法。

1．资源子网

资源子网是计算机网络中面向用户的部分，其主体包括主计算机、I/O 设备、终端、各种网络协议、网络软件和数据库等。主计算机通过一条高速多路复用线或一条通信链路连接到通信子网的节点上。

资源子网负责整个网络数据处理业务，并向网络用户提供各种网络资源和网络服务。

2．通信子网

通信子网是计算机网络中负责数据通信的部分，它是由节点计算机和高速通信线路组成的独立的数据通信系统，承担全网的数据传输、交换、加工和变换等通信处理工作，即将一台主计算机的输出信息传送给另一台主计算机。它主要包括通信线路（传输介质）、网络连接设备（如网络接口设备、通信控制设备、网桥、路由器、交换机、网关、调制解调器、卫星地面接收站等）、网络通信协议、通信控制软件等。传输介质可以是双绞线、同轴电缆、光纤等有线通信线路，也可以是微波、通信卫星等无线通信线路。

网络用户通过终端对网络的访问分为本地访问和网络访问两种类型，本地访问是对本地主机资源的访问，它不经过通信子网，只在资源子网内部进行。网络用户访问远地主机则必须通过通信子网，称为网络访问。

在现代的计算机网络中资源子网和通信子网也是必不可少的部分，通信子网为资源子网提供信息传输服务，而且资源子网上用户间的通信是建立在通信子网的基础上的。没有通信子网，网络就不能工作，如果没有资源子网，通信子网的传输也就失去了意义，两者结合起来组成了统一的资源共享网络。

同时将计算机网络分为资源子网和通信子网，符合网络体系结构的分层思想，便于对网络进行研究和设计，在组网时，通信子网可以单独建立和设计，它可以是专用的数据通信网，也可以是公用数据通信网。

1.4　计算机网络的拓扑结构

计算机网络是由多台独立的计算机系统通过通信线路连接起来的。把通信线路的连接方式用一种抽象的结构（拓扑结构）进行描述是十分必要的。

抛开网络中的具体设备，把网络中工作站、服务器、通信设备等网络单元抽象为"点"，把网络中的电缆等通信介质抽象为"线"，这样采用拓扑学的观点看计算机和网络系统，就形成了点和线组成的几何图形，从而抽象出了网络系统的具体结构。这种采用拓扑学方法抽象出的网络结构称为计算机网络的拓扑结构。网络拓扑结构对整个网络的设计、功能、可靠性、费用等方面有重要的影响。

局域网中有三种主要的拓扑结构——星型、环型、总线型。

1.4.1　星型拓扑结构

星型拓扑结构由一个中心节点和一些与它相连的从节点组成。主节点可与从节点直接通信，而从节点之间必须经中心节点转接才能通信。

在星型拓扑结构中，网络中的各节点均连接到一个中心设备（集线器，Hub）上，如图 1-6 所示，由该中心设备向目的节点传送数据包。

星型拓扑结构一般分为两类：

一类是中心主节点为一台功能很强大的计算机，它具有数据处理和转接双重功能，为存储转发方式，转接会产生时间延迟。

另一类是转接中心，仅起到各从节点间的连通作用，例如，计算机交换分机（CBX 系统）或集线器转接系统。

目前较为流行的是在中心节点配置集线器，然后向外伸出许多分支电缆，每个入网设备通过分支电缆连到集线器。信号经电缆再通过集线器转送至其他电缆段上的设备。星型拓扑采用集中通信控

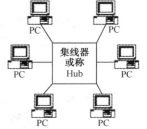

图 1-6　星型拓扑结构

制策略，因而集线器的实现较为复杂。为便于网络管理，现多数集线器具有一定智能，可执行简单网络管理协议。相对而言，星型网络中各分节点通信处理负担较轻。在目前流行的智能大楼双绞线布线技术中，一般是在每个楼层设置集线器，连接足够数量的站点设备，楼层间的集线器再通过总集线器连接起来。星型网络可采用线路交换和报文分组两种交换方式，尤其以线路交换方式为多。

星型拓扑结构的主要优点如下：

（1）维护管理容易

由于星型拓扑结构的所有数据通信都要经过中心节点，通信状况在中心节点被收集，所以维护管理比较容易。

（2）重新配置灵活

通过集线器连成的星型结构，若移去、增加或改变一个设备，仅涉及被改变的那台设备与集线器某个端口的连接，因而改变起来比较容易，适应性强。

（3）故障隔离和检测容易

由于各分节点都直接连向集线器，因而故障检测和隔离比较容易，可以很方便地将有故障的节点从系统中删除。

星型拓扑结构的主要缺点如下：

（1）依赖中心节点

如果处于连接中心的集线器出现故障，则全网瘫痪，故要求集线器的可靠性和冗余度都很高，如应注意采用中心系统的双机热备份。

（2）安装工作量大

星型结构的布线，在智能大楼建设中，通常与大楼施工一起进行。相对而言，星型结构安装工作量大、连线长、增加了电缆的费用。

在双绞线大量使用和帧中继与信元交换技术发展之后，星型结构大受欢迎。

1.4.2 环型拓扑结构

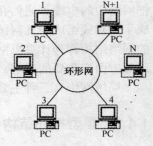

图 1-7 环型拓扑结构

环型拓扑结构为一个封闭环型，各节点通过中继器连入网内，各中继器间由点到点，链路首尾连接，信息单向沿环路逐点传送。

在环型拓扑结构中，连接网络中各节点的电缆组成了一个封闭的环，如图 1-7 所示。这是 IBM 的局域网结构，即令牌环网（Token Ring）。

环上传输的任何报文都必须穿过所有节点，因此，如果环的某一点断开，环上所有端间的通信便会终止。为克服这种网络拓扑结构的脆弱，每个端点除与一个环相连外，还连接到备用环上，当主环出现故障时，自动转到备用环上。

环型拓扑结构的主要优点如下：

（1）故障诊断定位比较准确

由于每个入网节点都唯一对应一个中继器，故可以比较容易找到介质或设备的故障点。

（2）适于光纤连接

由于环网是单向传输和点到点连接，非常适合于光纤传输介质，如 FDDI 网。

（3）初始安装比较容易

由于按环型连接，故传输线路较短，只是比总线结构略长一些，但远远短于其他拓扑结构。

环型拓扑结构的主要缺点如下：

（1）可靠性差

环网多数在物理上采用单环，在单环上出现的任何故障将导致全网不能工作。

（2）重新配置较困难

当环网某一网段需要改变时，这一段就要被截分为两段或由两个新段代替，故在环网中增、减、改站点均不容易，可扩展性和灵活性等相对于总线型结构较差。

环型拓扑结构并不常见于小型办公网络中，这一点与总线型拓扑结构不同，因为总线型结构中所使用的网卡便宜而且应用广泛。许多使用环型结构的公司都是使用 IBM 的大型机，因为采用环型结构易于将局域网用于大型机网络中。

1.4.3 总线型拓扑结构

总线拓扑结构采用公共总线作为传输介质，各节点都通过相应的硬件接口直接连向总线，信号沿介质进行广播式传送。由于总线拓扑共享无源总线，通信处理为分布式控制，故入网节点必须具有智能功能，能执行介质访问控制协议。

在总线型拓扑结构中，局域网的节点均连接到一个单一连续的物理链路上，如图 1-8 所示。由于各个节点之间通过总线电缆直接相连，因此，总线型拓扑所需要的电缆长度是最小的。但是，由于所有节点在同一线路中通信，任何一处故障都会导致节点无法完成数据的发送和接收，从而导致整个网络的瘫痪，当网络瘫痪时，又很难确定是哪个节点发生了故障，因此，总线型网络适用于 10～50 个工作站的小型网络。总线型拓扑可

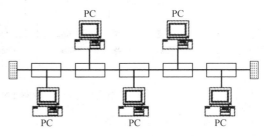

图 1-8　总线型拓扑结构

以方便地建立和维护小型网络。对于具有网络需求的小型办公室环境，它是一种成熟的、比较经济的解决方案。

总线型拓扑结构的主要优点如下：

（1）可靠性高

由于总线是无源介质，结构简单，十分可靠。

（2）增删容易

如需增加和删除节点，只需在总线的任何点将其接入或删除，相当方便。若需增加长度，可通过中继器加上一个附加段即可。

（3）电缆长度短、布线容易

因为所有节点都接到公共总线上，所以只需很短的电缆长度，布线容易，易于维护，安装费用少。

（4）安装容易

安装时一般只需简单地将总线从一处拉到另一处。

总线型拓扑结构的主要缺点如下：

（1）由于所有点在同一线路中通信，因此，任何一处故障都会导致该点无法完成数据的发送和接收，从而导致整个网络的瘫痪。

（2）由于采用分布式控制，故障检测需要在各节点进行，不容易管理，因而故障诊断和隔离比较困难。

1.4.4 树型拓扑结构和网状拓扑结构

1. 树型拓扑结构

它实际上是星型拓扑结构的发展和扩充，为分层结构，具有根节点和各分支节点，适用于分支管理和控制系统，如图 1-9 所示。

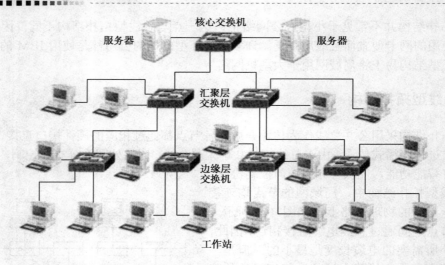

图 1-9　树型拓扑结构

树型拓扑结构的主要优点如下：

（1）容易扩展

树型结构可以延伸出很多分支和子分支，因此，扩展容易，新分支或新节点容易加入网内。

（2）故障隔离容易

如果某一线路或某一分支节点出现故障，主要影响局部区域，能比较容易地将故障部位与整个系统隔离开来。

树型拓扑结构的主要缺点：与星型结构类似，若根节点出现故障，也会引起全网不能正常工作。

2．网状拓扑结构

它实际上为任意状，主要适于广域网，它是网络协议最复杂和成本最高的一种网络。

网状拓扑结构的主要优点如下：

（1）信息传输线路有较多冗余，其容错性能较好。

（2）故障诊断比较准确。

由于网状拓扑结构的每根传输介质互相独立，因而确定故障点比较容易。

网状拓扑结构的主要缺点如下：

（1）网状拓扑结构复杂，其安装和重新配置都比较困难。

（2）信息传输具有较大延迟。

计算机网络的拓扑结构是网络很重要的特性，它对网络的设计、性能、可靠性和通信费用等方面都有重大影响。因此，我们应该合理地选择网络的拓扑结构。

1.5　网络绘图工具软件的使用

绘制网络拓扑结构图是网络技术学习中的一项重要内容，对于理解知识和提高动手能力非常必要。绘制网络拓扑结构图有多种方法，通过对目前市场中的各种绘图软件的比较、筛选，在众多的绘图工具中，Microsoft Visio 软件是绘制网络图比较理想的软件，该软件易学、易懂、易用，使用十分方便，是一款对综合布线工程设计人员非常适合的好工具。

Visio 公司的创始者是来自 ALDUS 公司的几个开发人员，他们于 1990 年成立了 Shape Ware 公司，并在 1995 年将公司改名为 Visio。Visio 程序一经面世就取得极大成功。1999年，微软公司并购了 Visio 公司，然后发布了 Microsoft Visio 系列产品。它与 Microsoft Word 及 Microsoft Excel 等一系列产品很相像。

Visio 是世界上最优秀的商业绘图软件之一，它可以帮助用户创建业务流程图、软件流程图、数据库模型图和平面布置图等。因此，不论用户是行政或是项目规划人员，还是网络设计师、网络管理者、软件工程师、工程设计人员，或者是数据库开发人员，Visio 都能在用户的工作中派上用场。

Microsoft Visio 可以建立流程图、组织图、时间表、营销图和其他更多图表，把特定的图表加入文件，让商业沟通变得更加清晰，令演示更加有趣，使复杂过程更加简单，文档重点更加突出，使我们的交流方式变得更有效率。

作为 Microsoft Office 家族的成员，Visio 拥有与 Office 其他组件非常相近的操作界面，与 Office 2003 一样，Visio 2003 具有任务面板、个性化菜单、可定制的工具条及答案向导帮助。内置自动更正功能、Office 拼写检查器、键盘快捷方式，非常便于与 Office 系列产品中的其他程序共同工作。

1. Visio 安装和激活

安装和激活 Visio 的过程既快速又简单。

开始安装之前，请在 Visio 光盘盒上找到产品密钥。为避免安装冲突，请关闭所有程序并关闭防病毒软件。然后，将 Visio CD 插入 CD-ROM 驱动器中。在大多数计算机上，Visio 安装程序会自动启动并引导用户完成整个安装过程。如果 Visio 安装程序不自动启动，则需要手动启动 Visio 安装程序。

首次启动 Visio 时，会得到提示，要求激活该产品。激活向导将引导用户完成通过 Internet 连接或电话激活步骤。

如果选择首次启动 Visio 时不激活它，以后也可以通过单击"帮助"菜单上的"激活产品"来完成激活过程。

提示：如果在使用了若干次后仍不激活产品，产品功能将减少。长此以往，最终在不激活 Visio 的情况下所能执行的操作就只是打开和查看文件了。

2. Microsoft Visio 集成环境

Microsoft Visio 拥有简单易用的集成环境，同时在操作使用上沿袭了微软软件的一贯风格，即简单易用、用户友好性强的特点，是完成综合布线设计图纸绘制的绝佳工具。与许多提供有限绘图功能的捆绑程序不同，Visio 提供了一个专用的、熟悉的 Microsoft 绘图环境，配有一整套范围广泛的模板、形状和先进工具，如图 1-10 所示。利用它，可以轻松自如地创建各式各样的业务图表和技术图表。

提示：Visio 2003 中包含有"图示库"，它提供了 Visio 中各种图表类型的图表示例，并说明了哪些用户可以使用它们及如何使用它们。要浏览这些图表示例，请单击"帮助"菜单上的"图示库"。

3. Microsoft Visio 的操作方法

Visio 提供了一种直观的方式来进行图表绘制，如图 1-11 所示。不论是制作一幅简单的流程图还是制作一幅非常详细的技术图纸，都可以通过程序预定义的图形，轻易地组合出图表。在"任务窗格"视图中，用鼠标单击某个类型的某个模板，Visio 即会自动产生一个新的绘图文档，文档的左边"形状"栏显示出经常用到的各种图表元素 SmartShapes 符号。

 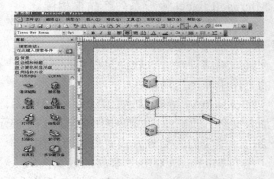

图 1-10　"Microsoft Visio"窗口　　　　　图 1-11　绘制网络拓扑图

在绘制图表时，只需要用鼠标选择相应的模板，单击不同的类别，选择需要的形状，拖动 SmartShapes 符号到绘图文档上，加上一定的连接线，进行空间组合与图形排列对齐，再加上引入的边框、背景和颜色方案，步骤简单、操作方便。也可以对图形进行修改或者创建自己的图形，以适应不同的业务和不同的需求，这也是 SmartShapes 技术带来的便利，体现了 Visio 的灵活。甚至，还可以为图形添加一些智能，如通过在电子表格（如 ShapeSheet 窗口）中编写公式，使图形意识到数据的存在或以其他的方式来修改图形的行为。例如，一个代表门的图形"知道"它被放到了一个代表墙的图形上，就会自动地适当地进行一定角度的旋转，互相嵌合。

另外，Visio 2003 包括以下可以帮助用户更迅速、更巧妙地工作的任务窗格。

（1）"开始工作"窗格。帮助用户快速打开图表，创建新图表，在计算机或 Office Online 上搜索特定形状、模板和图表信息。

（2）"Visio 帮助"窗格。获得针对用户提出的 Visio 疑问的详细、最新解答，以便用户有效地创建图表。

（3）"剪贴画"。在计算机或 Microsoft Office Online 上搜索剪贴画。然后将这些剪贴画合理地安排并插入用户的 Visio 图表中。

（4）"信息检索"。使用包含百科全书、字典和辞典的 Microsoft 信息咨询库，在 Microsoft 网站上搜索和检索图表特定的或与工作相关的主题。

（5）"搜索结果"。在 Microsoft 网站上搜索 Microsoft 产品信息。

在网络技术学习中，常用 Visio 绘制网络拓扑结构图和参考模型图。

1.6　基于工作过程的实训任务

任务一　使用 Visio 制作网络设计拓扑图

一、实训目的

要求熟练掌握绘图软件 Visio 2003 的使用方法，尤其是利用它绘制计算机网络拓扑结构图形。

二、实训内容

使用绘图软件 Visio 2003 绘制计算机网络拓扑结构图形。

三、实训环境

计算机、Microsoft Visio 2003 软件。

四、实训步骤

1. Visio 2003 软件应用的一般步骤

（1）选择一个所要的模板。

（2）拖入一个原件：将模板中的原件拖入绘图页中，形成图形。

（3）连接一些图形：将相互之间有关系的图形连接起来。

（4）加上一些文字说明：给所有图形包括连接图形加上必要的文字说明。

（5）对绘图文件进行美化处理和保存。

2. 具体内容

用 Visio 绘制如图 1-12 所示的计算机网络拓扑图。

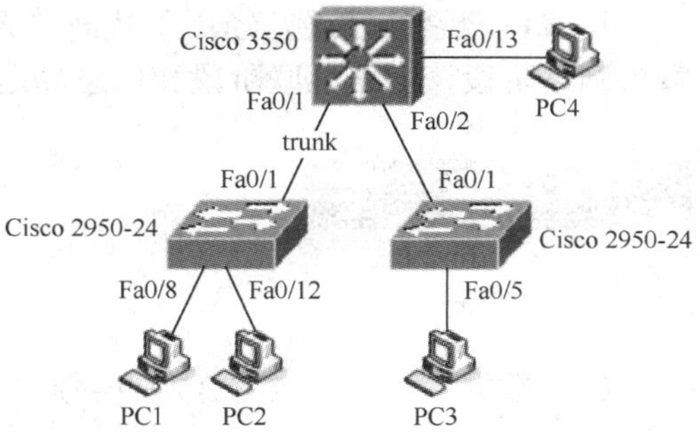

任务二　绘制校园网络拓扑结构图

一、实训目的

图 1-12　计算机网络拓扑图

根据校园网的实际情况，熟悉各连接节点的物理位置与逻辑连接方式，进一步掌握使用 Microsoft Visio 2003 软件绘制实际校园网络拓扑结构图方法。

二、实训内容

勘查校园网络实际现场，确定各节点的位置与连接方式，绘制完成校园网络拓扑结构图。

三、实训方法

（1）首先了解网络的规模、结构和任务需求。

（2）确定节点的位置与连接方式。

（3）确定连接设备名称和连接线型（双绞线和光纤）。

（4）绘制网络拓扑结构图。

四、实训总结

根据所给报告样式写出实训报告。

1.7　本章小结

1. 计算机网络的定义

计算机网络是把地理上分散的且具有独立功能的多个计算机系统通过通信线路和设备相

互连接起来，在相应软件支持下实现的数据通信和资源共享的系统。

2. 计算机网络的组成

计算机网络的基本组成包括三部分：计算机系统、数据通信系统、网络软件与协议；如果按网络的逻辑功能，计算机网络又可分为通信子网和资源子网。通信子网主要完成网络的数据通信，资源子网主要负责网络的信息处理，为网络用户提供资源共享和网络服务。

3. 计算机网络的功能和分类

网络的主要功能是通信和资源共享，即完成用户之间的信息交换和硬件、软件和信息资源的共享。网络按覆盖范围可分为局域网、城域网、广域网和国际互联网。

4. 计算机网络的发展历史

计算机网络的发展，经历了从简单到复杂的过程，大体上可分为远程终端联机阶段、计算机网络阶段、网络互联阶段和信息高速公路四个阶段。

习题与思考题

1. 名词解释

（1）数据　　　　　　　（2）信号　　　　　　　（3）传输

2. 填空

（1）编码是将模拟数据或数字数据变换成＿＿＿＿，以便于数据的传输和处理。信号必须进行＿＿＿＿，使得与传输介质相适应。

（2）在数据传输系统中，主要采用如下三种数据编码技术：即＿＿＿、＿＿＿和＿＿＿。

（3）在数字数据通信中，一个最基本的要求：＿＿＿＿＿＿＿＿ 以某种方式保持同步，接收端必须知道它所接收的数据流每一位的开始时间和结束时间，以确保数据接收的正确性。

（4）网络中通常使用三种交换技术：＿＿＿、＿＿＿和＿＿＿。

3. 简答

（1）什么是计算机网络？

（2）为什么要建立计算机网络？它有哪些基本功能？

（3）计算机网络由哪几部分组成？各有什么功能？

（4）按覆盖范围来分，计算机网络可划分为哪几种？

（5）计算机网络的发展可划分为几个阶段？每个阶段各有什么特点？

（6）通信子网和资源子网的功能是什么？它们各由哪些设备组成？

（7）什么是计算机网络的拓扑？网络的拓扑结构主要有哪几种？

第 2 章

网络传输介质与网络设备

计算机网络是现代计算机技术和通信技术相结合的产物。它通过通信线路和设备将一定地理范围内的计算机互联起来，在相应的通信协议和网络系统软件的支持下，这些计算机彼此共享网上的硬件、软件和数据资源。在这一章里，主要从应用的角度介绍网络传输介质及其相关的数据通信基础知识，从享用服务的角度介绍网络设备及其相关的网络体系结构和协议。

2.1 数据通信基础

计算机网络是计算机应用的最高形式。从功能结构上，我们把计算机网络看成一个两层结构的系统。外层是由主计算机构成的资源子网，它主要承担全网的数据处理和向网络用户提供共享资源及相应的服务；而内层则是通信控制设备和高速通信线路等组成的通信子网，它负责全网的数据传输、交换、加工和变换等通信处理工作，即负责将一台计算机输出的数据传送给另一台计算机。在计算机网络中，任何两台计算机之间的数据交换都是借助于通信手段来实现的。因而实质上是一个数据通信问题。

目前构成计算机网络的计算机或终端都是数字式的，它们之间交换信息的方式都是二进制数字信号。然而，数字信号以何种方式表示，需要选用什么样的通信路径，应该用怎样的数据传输方式，数据在通信子网中是如何进行交换的，而交换过程中出现了差错怎么办等，这些都是本节要了解的基本内容。

2.1.1 数据通信的基本概念

通信的目的就是传递信息。通信中产生和发送信息的一端称为信源，接收信息的一端称为信宿，信源和信宿之间的通信线路称为信道。信息在进入信道时要变换为适合信道传输的形式，在进入信宿时又要变换为适合信宿接收的形式。信道的物理性质不同，对通信的速率和传输质量的影响也不同。另外，信息在传输过程中可能会受到外界的干扰，我们把这种干扰称为噪声。不同的物理信道受各种干扰的影响不同，例如，如果信道上传输的是电信号，就会受到外界电磁场的干扰，光纤信道则基本不接受外界的电磁干扰。以上描述的通信方式忽略了具体通信中的物理过程和技术细节，于是我们得到了如图 2-1 所示的通信系统模型。

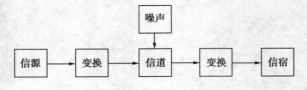

图 2-1 通信系统模型

作为一般的通信系统，信源产生的信息可能是模拟数据，也可能是数字数据。模拟数据取连续值，而数字数据取离散值。在数据进入信道之前要变成适合传输的电磁信号，这些信号也可以是模拟的或数字的。模拟信号是随时间连续变化的信号，这种信号的某种参量（例如，幅度、相位、频率等）可以表示要传送的信息。电话机、送话器输出的话音信号，电视摄像机产生的图像信号等都是模拟信号。数字信号只取有限个离散值，而且数字信号之间的转换几乎是瞬时的，数字信号以某一瞬间的状态表示它们传送的信息。

如果信源产生的是模拟数据并以模拟信道传输则称为模拟通信；如果信源发出的是模拟数据而以数字信号的形式传输，那么这种通信方式称为数字通信。如果信源发出的是数字数据，当然也可有两种传输方式，这时无论是用模拟信号传输或是用数字信号传输都称为数据通信。可见数据通信是专指信源和信宿中数据的形式是数字的，在信道中传输时则可以根据需要采用模拟传输方式或数字传输方式。

在模拟传输方式中，数据进入信道之前要经过调制，变换为模拟的调制信号。由于调制信号的频谱较窄，因而信道的利用率较高。模拟信号在传输过程中会衰减，还会受到噪声的干扰，如果用放大器将信号放大，混入的噪声也被放大了，这是模拟传输的缺点。在数字传输方式中，可以直接传输二进制数据或经过二进制编码的数据，也可以传输数字化了的模拟信号。因为数字信号只取有限个离散值，在传输过程中即使受到噪声的干扰，只要没有畸变到不可辨认的程度，就可以用信号再生的方法进行恢复，对某些数码的差错也可以用差错控制技术加以消除。所以数字传输对于信号不失真地传送是很有好处的。另外，数字设备可以大规模集成，比复杂的模拟设备便宜得多。然而传输数字信号比传输模拟信号所要求的频带要宽得多，因而信道利用率较低。

数据交换的本质是数据通信问题，数据通信是网络技术发展的基础，学习数据通信知识可以帮助我们理解网络中的数据传输原理与实现方法。

1. 数据、信号和码元

（1）数据：是对客观事物的符号的表示，用来记录事物的属性值，数据分为模拟数据和数字数据。模拟数据是指在某个区间产生的连续值。例如，声音、视频、温度和压力等都是连续变化的值。数字数据是指在某个区间产生的离散的值，例如，文本信息和整数。

（2）信号：信号是数据的表示形式。将要传送的语言、文字、图形等转换成随时间变化的电流、电压，这种随时间变化的电流、电压称为信号。它使数据能以适当形式在通信介质上传输。通常数据可用数字信号和模拟信号两种方式表示，模拟信号是在一定的数值范围内可以连续取值的信号，是一种连续变化的电信号。这种电信号可以按照不同频率在各种通信介质上传输；数字信号是一种离散的脉冲序列。它用恒定的正、负电压来表示二进制的 0 和 1，这种脉冲序列可以按照不同的速率在通信介质上传输。

（3）码元：码元是对计算机网络传送的二进制数字中的每一位的通称。二进制数字1000001 是由 7 个码元组成的序列，通常称为码字。在 7 位 ASCII 码中，这个码字就是字母 A。

（4）数据传输：数据传输是指用电信号把数据从发送端传送到接收端的过程。传输信道为数据信号从发送端传送到接收端提供了电通路。传输信道可以是由同轴电缆、光纤、双绞线等构成的有线线路，也可以是由地面微波接力或卫星中继等构成的无线线路，还可以是有线线路和无线线路的结合。

模拟数据和数字数据都可以用模拟信号和数字信号来表示。

模拟信号和数字信号都可在合适的传输介质上传输。

模拟传输是一种不考虑信号内容的信号传输方法，而数字传输与信号的内容有关。

在局域网中，主要采用数字传输技术。在广域网中则以模拟传输为主，随着光纤通信技术的发展，广域网中越来越多地开始用数字传输技术，它在价格和传输质量上优于模拟传输。

2. 信道特性

（1）信道的概念

信道是传输信息的"必经之路"。

（2）信道的分类

① 物理信道和逻辑信道。物理信道是指用来传送信号或数据的物理通路，它由传输介质及有关通信设备组成。逻辑信道也是网络上的一种通路，在信号的接收和发送之间不仅存在着一条物理上的传输介质，而且在物理信道的基础上，还通过节点内部的连接来实现，通常把逻辑信道称为连接。

② 有线信道和无线信道。根据传输介质是否有形，物理信道可以分为有线信道和无线信道。有线信道包括电话线、双绞线、同轴电缆、光缆等各种有形线路传递信息的方式；无线信道包括无线电、微波和卫星通信信道等以电磁波形式在空间传播信息的方式。

③ 模拟信道和数字信道。如果按照信道中传输不同类型的数据信号来分类，物理信道又可分为模拟信道和数字信道。模拟信道传输的是模拟信号，而数字信道直接传输二进制数字脉冲信号。如果要在模拟信道上传输计算机直接输出的二进制数字脉冲信号，就需要在信道两边分别安装调制解调器。

④ 专用信道和公共交换信道。如果按照信道的使用方式来分，又可以分为专用信道和公共交换信道。专用信道又称为专线，这是一种连接用户之间设备的固定线路，既可以是自行架设的专用线路，也可以向邮电部门租用。专用线路一般用在距离较短或数据传输量较大的场合。公共交换信道是一种通过公共交换机转接，为大量用户提供服务的信道。顾名思义，采用公共交换信道时，用户与用户之间的通信，通过公共交换机之间的线路转接。公共电话交换网属于公共交换信道。

（3）信道容量

信道容量是指数字信道能传输信息的最大能力，一般用单位时间内最大可传送的字节数来表示。信道容量由信道的带宽 F、B 可使用的时间 T 及信道质量（信号功率与干扰功率之比）来决定。实际应用中的传输速率要小于信道容量，高的传输速率将被信道容量限制而得不到充分利用。例如，56kbps 的调制解调器在较差的电话线路上却只能达到 28.8kbps 的传输速率。

（4）信道带宽

在模拟信道中，人们一般采用带宽表示信道传输信息的能力，即传送信号的高频率与低频率之差，如图 2-2 所示，单位为 Hz、kHz、MHz 或 GHz。例如，电话信道的带宽为 300～3400Hz。

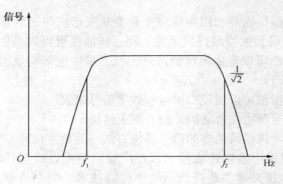

图 2-2 模拟信道的带宽

（5）数据传输速率

在数字信道中，人们通常用"数据传输速率"（比特率）表示信道的传输能力，即每秒传输的比特数，单位为 bps、kbps、Mbps 或 Gbps。例如，调制解调器的传输速率为 56kbps 或 28.8kbps 等。

（6）信道延迟

信号在信道中传播，从源端到达宿端需要一定的时间。这个时间与源端和宿端的距离有关，也与具体信道中的信号传播速度有关。我们以后考虑的信号主要是电信号（虽然在某些情况下可能会用到红外或激光），这种信号一般以接近光速的速度传播，但随传输介质的不同而略有差别。例如，在电缆中的传播速度一般为光速的 77%，即 2×10^5 km/s 左右。

一般来说，考虑信号从源端到达宿端的时间是没有意义的，但对于一种具体的网络，我们经常对该网络中相距最远的两个站之间的传播时延感兴趣。这时除了要计算信号传播速度外，还要知道网络通信线路的最大长度。例如，500m 同轴电缆的时延大约是 2.5μs，而卫星信道的时延大约是 270ms。时延的大小对有些网络应用有很大影响。

3. 数据通信系统的主要组成

目前构成计算机网络的计算机与终端设备都是数字式的，它们之间交换的信息均属于离散的数字序列（如 01001001）的形式。

（1）数据通信系统的主要构成

数据通信系统所要传的数据信息（包括控制信息）就是这些二进制序列。

数据通信系统如图 2-3 所示。

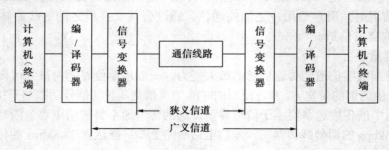

图 2-3 数据通信系统

（2）数据通信系统主要技术指标

数据通信系统的性能主要从数据传输的数量和质量两个方面衡量，其技术指标主要有数据传输速率、出错率和信道容量。

① 数据传输速率。数据传输速率是指单位时间内传送的构成代码的比特数，单位为位/秒，以 b/s 或 bps 表示，可由下式决定，即

$$S = \frac{1}{T} \log_2 N$$

式中

T——信号脉冲的重复周期；

N——一个脉冲所表示的有效状态。

这里需要提到调制速率的问题，因为数据传输速率与调制速率很容易混淆。调制速率是信号在调制过程中每秒钟状态变化的次数，即信号经调制后的传输速率，用 B 表示，单位为波特（Band），即

$$B = \frac{1}{T}$$

数据传输速率 S 与调制速率 B 之间的关系为

$$S = B \log_2 N$$

② 出错率，又称为误码率。是指信息在传输过程中的错误率。它是数据通信系统在正常工作状态下传输可靠性的指标。如果传输的信息以码元为单位，则在计算机网络通信系统中要求出错率低于 10^{-6}。

③ 信道容量。在讨论信道带宽时，假设信道中不存在噪声或干扰，即认为发送端发送的信号接收端都能收到。实际上，任何信道都存在噪声与干扰，因此，信道带宽的增加不能无限增加信道的容量。信道容量是指单位时间信道上所能传输的最大比特数，单位用 b/s 表示。因此，在实际应用中，要求数据传输速率不得大于信道容量。

4. 数据的通信方式

按照信息在通信线路上传送的方向与时间的关系，通信方式有三种：单工、半双工和全双工。

（1）单工通信。数据在通信线路上只能按一种方向传送，任何时间都不能改变。例如，在家中收看电视节目，观众无法给电视台传送数据，只能由电视台单方向给观众传送画面数据，如图 2-4（a）所示。

（2）半双工通信。数据在通信线路可以双向传送，但两个方向的传输交替进行，同一时间只允许数据按一个方向传送。例如，无线电对讲机，甲方讲话时，乙方无法讲，需等待甲讲完后乙才能讲。由于半双工在通信中频繁调换通信方向，所以效率低，但可节省传输线路，因而广泛使用于局域网中，如图 2-4（b）所示。

（3）全双工通信。允许数据在通信线路上同时进行双向传输。这种方式有两个信道，相当于把两个传输方向相反的单工通信方式组合在一起。一般采用四线制。

例如，日常生活中使用的电话，双方可同时讲话。全双工通信效率高、控制简单，但造价高，适用于计算机之间的通信，如图 2-4（c）所示。

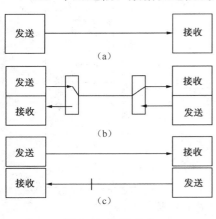

图 2-4 通信方式

5. 数据传输类型

（1）数据在传输中表现的类型

在计算机网络中，数据是以二进制数字（0，1）形式表示的，这种数据信号可以直接在数字信道上进行传输，也可以经调制后通过模拟信道进行传输，相应的数据传输方式分为基带传输和频带传输两种。

① 基带传输。在数据通信中，表示计算机传输的二进制数字信号是典型的矩形电脉冲。由于这种未经调制的电脉冲信号所占据的频带通常从直流和低频开始，因而把这种矩形电脉冲信号的固有频率称为基带，相应的信号称为基带信号。在数字通信信道上直接传送数字数据信号称为数字信号基带传输。它比较适用于传输距离不太远的情况。

② 频带传输。在进行远距离数据通信时，经常要借助于电话线路，它是目前世界上覆盖面最广，应用最普遍的一种通信线路。电话线路是为传输语音信号而设计的，只适于传输音频范围在 300～3400Hz 之间的模拟信号，不适合直接传输数字数据信号。为了利用电话线路这种模拟通信信道传输数字信号，必须首先将数字信号转换成模拟数据信号。在发送端将数字信号转换成模拟信号的变换称为调制，实现调制功能的设备称为调制器；在接收端将模拟信号还原成数字信号称为解调，具备这两种功能的设备称为调制解调器（Modem）。这种利用模拟通信信道进行数字信号的传输，称为频带传输。

（2）数据在信道中的传输类型

在数据通信系统中，通信信道为数据的传输提供了各种不同的通路。对应于不同类型的信道，通常由两种方式进行数据的传输。

① 并行传输。并行传输是一次同时传输若干比特的数据，从发送端到接收端的信道需要用相应的若干根传输线。例如，计算机的并行口常用于连接打印机，每次并行输出 8bit 信号，如图 2-5 所示。

② 串行传输。串行传输是一位一位地传送，从发送端到接收端只要一根传输线即可。显然，并行传输的速率高，但需要有多根传输线，一般用于短距离并要求快速传输的地方；虽然串行传输速率只有并行传输的 1/8，但可以节省设备，是当前计算机网络普遍采用的传输方式，如图 2-6 所示。

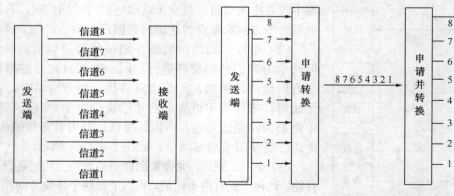

图 2-5　并行数据传输　　　　　　　　图 2-6　串行数据传输

应当指出，由于计算机内部操作多采用并行传输方式，因此，采用串行传输时，发送端需要通过并/串转换装置，将计算机输出的并行数据位流转变为串行数据位流，再送到信道上传输。在接收端，需要通过串/并转换装置，还原成并行数据位流。

6. 数据传输方式

在数字数据通信中，一个最基本的要求是发送端和接收端之间以某种方式保持同步，接收端必须知道它所接收的数据流每一位的开始时间和结束时间，以确保数据接收的正确性。因此，通信双方必须遵循同一通信规程，使用相同的同步方式进行数据传输。同步就是接收按照发送数据的重复频率和起止时间来接收数据，使收发双方在时间基准上保持一致。根据通信规程所定义的同步方式，可分为异步传输和同步传输两大类。

（1）异步传输

异步传输是以字符为单位的数据传输，其数据格式如图 2-7 所示。每个字符都要附加 1 位起始位和 1 位停止位，以标记字符的开始和结束。此外，还要附加 1 位奇偶校验位，可以选择奇校验和偶校验方式对该字符进行简单的差错控制。起始位对应于二进制值为 0，以低电平表示，占用 1 位的宽度。停止位应对于二进制值 1，以高电平表示，占用 1～2 位宽度。一个字符占用 5～8 位，具体取决于数据采用的字符集。例如，电报码字符为 5 位，ASCII 码字

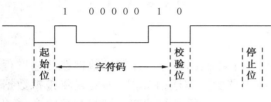

图 2-7　异步传输数据格式

符为 7 位，汉字码则为 8 位。起始位和结束位（停止位）结合起来，便可实现字符的同步。

发送端与接收端除了采用相同的数据格式（字符的位数、停止位的位数、有无校验位及校验方式等）外，还必须采用相同的传输速率。典型的标准速率为 300bps、600bps、9 600bps 和 19 200bps。

异步传输又称为起止式异步通信方式。其优点是简单、可靠、常用于面向字符传输的、低速的异步通信场合。例如，主计算机与终端之间的交互通信通常采用这种方式。

（2）同步传输

同步传输是以数据块为单位的数据传输。每个数据的头部和尾部都要附加一个特殊的字符或比特序列，标记一个数据块的开始和结束。根据同步通信规程，同步分为位同步、字符同步和帧同步。

① 位同步。使接收端接收的每一位数据信息都要与发送端准确地保持同步。实现位同步的方法有两种：外同步和自同步。

● 外同步。外同步法是接收端用发送端发送的同步时钟作为时间基准实现与接收端同步的方法。外同步法的同步时钟是由发送端单独送来的，不是从数据信号中提取的。

● 自同步。自同步法是通过从数据信号波形本身提取同步时钟，实现收发双方同步的方法。这种数据信号含有同步时钟，如曼彻斯特编码和差分曼彻斯特编码。

② 字符同步。位同步仅从传送的信号波形中识别出组成数据的每一位，这是不够的，如果还要识别出由哪些位组成一个字符，这就需要采用字符同步。字符同步有两种方法：

● 起止式，又称为异步式。每个字符作为一个独立的整体进行发送，一个字符发送完后到发送下一个字符的时间间隔是任意的。因而同步的方法是在每个发送的字符前加入一位起始位，字符的最后一位后加 1、1.5 或 2 位的终止位。当不发送字符时，发送端处于高电平，接收端一旦发现有负电位信号便知道有字符发送，开始接收一个字符，待收到停止位后，定时机构复位，准备接收下一个字符。

● 异步方式实现简单，传输可靠性高，但传输效率低，在低速终端信道上获得了广泛应用。

● 同步式。异步式对传送的每一个字符都要进行同步。通信线路的利用率低，为了提高

线路利用率，将字符组织成组，即传递的信息单位是一组数据一个报文，传送时在每组字符之前加上两个或两个以上的同步字符 SYN，组内每个字符前后不附加起止位，接收端收到同步字符 SYN 说明接收端达到同步，找到了划分字符的边界，再通过位同步接收组内每一个字符。

同步式传输效率高，适合于高速传输数据的系统。缺点是要求由时钟来实现发送端和接收端的同步，故而硬件复杂。

③ 帧同步。在以报文分组为数据单元传送信息时，传输的数据流划分成报文分组，或 HDLC 规程的帧，一帧数据的开始部分和结束部分是帧标志字符 F（01111110），用帧标志字符 F 表示一帧数据传输的开始与结束，从而实现帧同步。

2.1.2 数据编码技术

数据编码是将数据表示成适当的信号形式，以便于数据的传输。计算机数据在传输过程中的数据编码类型主要取决于它采用的通信信道所支持的数据通信类型。编码是将模拟数据或数字变换成数字信号，以便于数据的传输和处理，信号必须进行编码，使得与传输介质相适应。解码是在接收端，将数字信号变换成原来形式。

在数据传输系统中，主要采用如下三种数据编码技术：数字数据的数字信号编码、数字数据的模拟信号编码、模拟数据的数字信号编码。

1. 数字数据的数字信号编码

用不同的电压或电平值代表数字信号的"0"和"1"。数字信号的编码方式有三种：非归零码、曼彻斯特编码和差分曼彻斯特编码，如图 2-8 所示

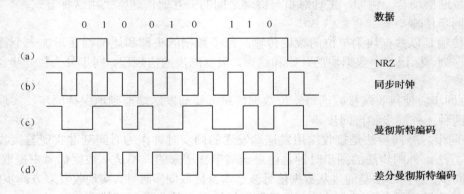

图 2-8　数字信号的编码方式

（1）非归零（NRZ）编码

NRZ 编码用负电平代表逻辑"0"，用正电平代表逻辑"1"。在 NRZ 编码方式中，当数字"1"或"0"连续出现时，信号将保持高电平或低电平不变，如图 2-8（a）所示。此时接收方无法判定一位的开始和结束，收发双方不能保证同步。为了保证收发双方的同步，必须增加一个信道用于发送同步时钟信号，如图 2-8（b）所示。此外，当信号包含"1"与"0"的个数不相同时，存在直流分量。在数据传输过程中，这是我们不希望出现的。

（2）曼彻斯特编码

曼彻斯特编码规定每位平均分成两部分，前一部分为该位的反码，后一部分为该位的原

码，在每一位的中间都发生一次电平跳变。当每位中间由低电平向高电平跳变代表"1"，由高电平跳到低电平代表"0"。曼彻斯特编码波形如图2-8（c）所示。

曼彻斯特编码的优点：每位的中间发生一次电平跳变，提取电平跳变可以作为收发双方的同步信号。所以这种编码内含使系统保持同步的时钟，称为"自含时钟编码"。采用这种编码的数字信号在传输时不存在直流分量。

（3）差分曼彻斯特编码

差分曼彻斯特编码是改进的曼彻斯特编码，它与曼彻斯特编码的区别：每位的取值是由每位开始的边界是否发生跳变来决定，每位开始处发生电平跳变表示"0"，不发生跳变表示"1"，每位中间的跳变仅作为同步用。差分曼彻斯特编码波形如图2-8（d）所示。

2．数字数据模拟信号编码

需要先将数字信号进行调制，相应的调制方式有三种：幅度调制、频率调制和相位调制。需借助于音频范围内某一频率的正弦信号作为载波，用它运载要传送的数字信号，该载波信号可表示为

$$s(t) = A\sin(\omega t + \phi)$$

这三者的变化都会使信号的波形发生变化，因而形成了相应的三种调制方法，即幅度调制、频率调制和相位调制。

（1）幅度调制

保持载波的频率和相位不变，使载波的幅度随发送的信号而变化。通常载波的幅度为最大值用数字1表示，载波的幅度为0时，用数字0表示。其数学表达式为

$$s(t) = \begin{cases} A\sin(\omega t + \phi) & \text{数字 1} \\ 0 & \text{数字 0} \end{cases}$$

振幅调制实现简单，但误码率高且频带窄，故很少采用。

（2）频率调制

其基本方法是保持载波的振幅和相位不变，使载波的频率随发送的信号而变化。通常传送的是数字1时，载波角频率为ω_1，传送的是数字0时，载波角频率为ω_2。其数学表达式为

$$s(t) = \begin{cases} A\sin(\omega_1 t + \phi) & \text{数字 1} \\ A\sin(\omega_2 t + \phi) & \text{数字 0} \end{cases}$$

频率调制方法实现容易，抗干扰能力强，在数据传输中获得了广泛的应用。但频带利用率低，适用于传输速率较低的数字信号。

（3）相位调制

相位调制中，载波的振幅和频率不变，用载波信号不同的相位值表示数字1和0。在两相调制中，使载波的相位相差为180°，则传送的信号为1；载波的相位为0°，传送的信号为0。数学表达式为

$$s(t) = \begin{cases} A\sin(\omega_1 t + \phi - 180^\circ) & \text{数字} \\ A\sin(\omega_2 t + \phi - 180^\circ) & \text{数字} \end{cases}$$

为了提高数据传输速率，经常采用多相调制的方法。如在四相调制中，将传送的数字信号按两位一组的方式分组，两位二进制数有四种组合，即00、01、10、11。每组是一个码元，可以用四个不同的相位值去表示四组码元，码元与相位的分配情况如表2-1所示。

表 2-1　码元与相位分配情况

比 特 值	00	01	10	11
相 位	0°	90°	180°	270°

相位调制方法使数据传输速率高，抗干扰能力强，但实现较复杂。

3. 模拟数据的数字信号编码

有些模拟数据，如声音，在接收端需要转化为数字信号进行处理。目前大量采用的是 PCM（Pulse Code Modulate）脉冲码调制技术，尤其是在现代电话系统中。PCM 编码是以采样定理为基础的，在规定的时间内，对信号的频率进行采样，并将采样的结果进行编码。

例如，声音数据限于 4000Hz 以下的频率，那么每秒 8000 次的采样可以完整地表示声音信号的特征。PCM 包括三个步骤：采样、电平量化、编码，如图 2-9 所示。

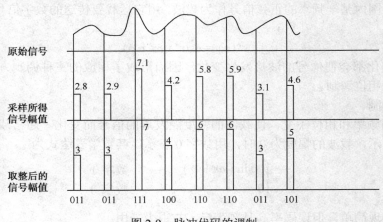

图 2-9　脉冲代码的调制

（1）采样

采样定理：如果在规定的时间间隔内，以高于两倍有效信号频率的速率对信号 $f(t)$ 进行采样的话，那么，这些采样值就包含了原始信号的全部信息。利用低通滤波器可以从这些采样中重新构造出函数 $f(t)$。

如果声音数据限于 4000Hz 以下的频率，那么每秒钟 8000 次的采样就可以完整地表示声音信号的特征。值得注意的是，这只是模拟采样。为了转换成数字采样，必须给每一个模拟采样值指定一个二进制代码。

（2）量化

量化是采样样本幅度按量化级决定取值的过程。经过量化后的样本幅度为离散的量值，已不是连续值了。

（3）编码

编码是将相应的二进制位数代码量化表示后的采样样本的量级。

2.1.3　多路复用技术

在通信系统中，通信线路的费用相当高，为了充分利用通信线路的容量，提高数据传输速率，人们通常采用多路复用技术。多路复用技术就是在一条物理线路上，同时传输多个来源不同的数据。即把多个低速信道组合成一个高速信道的技术。

这种技术要用到两个设备：多路复用器（Multiplexer）在发送端根据某种约定的规则把多个低带宽的信号复合成一个高带宽的信号；多路分配器（Demultiplexer）在接收端根据同一规则把高带宽信号分解成多个低带宽信号。多路复用器和多路分配器统称为多路器，简写为MUX，如图 2-10 所示。

只要带宽允许，在已有的高速线路上采用多路复用技术，可以省去安装新线路的大笔费用，因而现今的公共交换电话网（PSTN）都使用这种技术，有效地利用了高速干线的通信能力。

图 2-10　多路复用

相反地，也可以使用多路复用技术，即把一个高带宽的信号分解到几个低速线路上同时传输，然后在接收端再合成为原来的高带宽信号。例如，两个主机可以通过若干条低速线路连接，以满足主机间高速通信的要求。

1. 频分多路复用（Frequency Division Multiplexing，FDM，适合传输模拟信号）

频分多路复用就是把通信线路的总频带划分成若干个小频带，相邻小频带之间留有一定间隔，称为隔离频带，在每个小频带上建立一个信道，传送一路信号，FDM 原理示意图如图 2-11 所示。

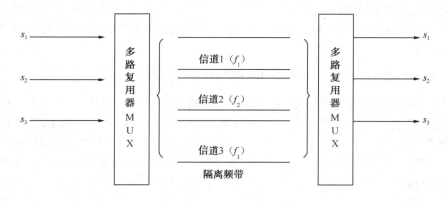

图 2-11　FDM 原理示意图

有三路信号通过一个信道传送时，信道的带宽为 f，分割成三个带宽为 f_1、f_2、f_3 的小频带，每路信号分配一个小频带，三路信号分别调制到各自频带范围内的正弦载波。这样，三路信号就可以在一个信道内传送，接收时根据不同信号的频率进行解调以恢复信号原来的波形。相邻小频带之间的"隔离频带"是为了防止相邻信号频率重叠造成的干扰。

频分多路复用技术早已用在无线电广播系统中。在有线电视系统（CATV）中也使用频分多路技术。一根 CATV 电缆的带宽大约是 500MHz，可传送 80 个频道的电视节目，每个频道6MHz 的带宽中又进一步划分为声音子通道、视频子通道及彩色子通道。 每个频道两边都留有一定的警戒频带，防止相互串扰。

FDM 也用在宽带局域网中，如图 2-12 所示。电缆带宽至少要划分为不同方向上的两个子频带，甚至还可以分出一定带宽用于某些工作站之间的专用连接。

2. 时分多路复用（Time Division Multiplexing，TDM，适合传送数字信号）

时分多路复用是把通信信道传输数据的时间分成若干个时间段（也称时间片），每一路信号占用一个时间片，在其占用的一段时间内，信号独自使用信道的全部带宽。图 2-13 所示为时分多路复用原理。三路信号 A、B、C 通过单一信道传送，它们所分配的时间片分别为 t_1、t_2、t_3。在时间 t_1 内，传送信号 A，在时间 t_2 内传送信号 B，在时间 t_3 内传送信号 C，依次轮流传送。

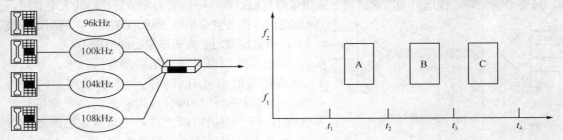

图 2-12　频分多路复用图　　　　　　　　　图 2-13　时分多路复用原理图

TDM 又分为同步时分多路复用和异步时分多路复用。同步时分多路复用是采用固定分配信道，在通信信道上形成一种时间上的逻辑子信道的通信媒体共享方式。其特点是对信道进行固定的时隙分配，也就是将一帧中的各时隙以固定的方式分配给各路数字信号，所以时隙利用率低。而异步时分多路复用则克服了这个问题，能够动态地按需分配时隙，避免了浪费。它不是固定的分配时隙，而是在只有当某一路用户有数据要发送时才分配给时隙，当用户暂时停止发送数据时，则不给它分配。这样，其他用户传输更多的数据时就可以使用尽可能多的时隙了。

3. 空分多路复用（Space Division Multiplexing，SDM）

空分多路复用是利用光缆中不同纤芯同时传输多个频道信号的一种方式。由于光纤很细，即使把许多根光纤组合在一起，其外径也不会很粗，所以光纤一般都是多芯的。SDM是一种最简便的复用方式，它是用各路基带信号分别进行光强度调制，然后把每路信号分别用一根光纤传输。这种方式简单、实用，但必须按信号复用的路数配置所需要的光纤传输芯数，投资效益较差。但是，随着技术的发展，SDM 已不是原来简单的基带信号的调制，而是用 WDM、FDM 和 TDM 方式下的宽带综合信息的调制，它不再是单向传输，而成为双向的互联互通。

4. 波分多路复用（Wave Division Multiplexing，WDM）

随着光通信技术的发展，科学家们开始研究采用光的波分多路复用技术，来充分利用带宽补充时分复用的速率趋进理论极限的不足。

波分多路复用就是利用光辐射的高频特性及光纤宽频带、低损耗的特点，用一根光纤同时传输几个不同波长的光，每个波长的光载有不同的电信号，在发送端每个信道的电信号对相应的光发射机进行光强调制，形成不同波长的光载波信号，然后用光合器将这些信号合成一路输出，用光缆传输到终端用户。在终端，用光分波器把输入的多路光载波信号分成单一波长的光载波信号，然后馈送给相应波长的光接收器。经光接收器解调后，输出相应频道的电信号，如图 2-14 所示。由此可见，波分复用实际上是在光频上进行频分复用。其突出优点：能在一根光纤中同时传输不同波长的几个甚至成百上千个光载波信号，不仅能充分利用光纤的宽带资源，增加系统的传输容量，而且还能提高系统的经济效益。

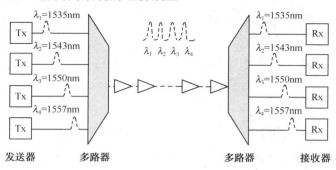

图 2-14　波分多路复用

5. 码分多路复用（Code Division Multiplexing，CDM）

码分多路复用是频分复用与时分复用两种技术的复合，频分复用是按频域正交来划分信号的，时分复用是按时域正交来划分信号的。同样，码分多路复用是利用码间的正交性来划分信号。利用正交编码来实现多路通信的方式称为码分复用。码分复用技术已在扩频移动无线电通信中得到应用。

CDMA 就是采用数字技术的分支——扩频通信技术发展起来的一种崭新而成熟的无线通信技术，它是在 FDM 和 TDM 的基础上发展起来的。

2.1.4　数据交换技术

一个通信网络由许多交换节点互联而成。信息在这样的网络中传输就像火车在铁路网络中运行一样，经过一系列交换节点（车站），从一条线路交换到另一条线路，最后才能到达目的地。交换是网络实现数据传输的一种手段。在数据进行通信实现交换的过程中，数据从信源节点到信宿节点所经过的中间节点并不关心数据的内容，只是提供一种交换功能，使数据从一个节点到另一个节点，直至到达目的地为止。数据交换节点转发信息的方式可分为电路（线路）交换、存储转发交换和异步传输模式。

1. 电路交换

电路交换是通过网络中的节点在两个站之间建立一条专用的通信线路。这种交换方式必须保证在两个站之间有一个实际的物理连接，在传输任何数据之前都必须建立点到点的线路。一般来说这种连接是全双工的，可以在两个方向上传输数据。

电路方式属于预分配电路资源系统，即在一次连线中，电路资源预先分配给一对用户固定使用，不管在这条电路上是否有数据传输，电路都一直被占用，直到双方通信完毕拆除连接为止。

最典型的是电话交换系统。当交换机收到一个呼叫后就在网络中寻找一条临时通路供两端的用户通话，这条临时通路可能要经过若干个交换局的转接，并且一旦建立连接就成为这一对用户之间的临时专用通路，别的用户不能打断，直到通话结束才拆除连接。即当用户要求发送数据时，交换机就在主叫用户终端和被叫用户终端之间建立一条物理的数据传输通路。图 2-15 所示是采用电路交换方式传送数据信息的示意图。

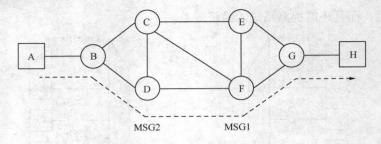

图 2-15   电路交换方式传送数据信息示意图

早期的电路交换机采用空分交换技术。图 2-16 表示由 n 条全双工输入/输出线路组成的纵横交换矩阵，在输入线路和输出线路的交叉点处有触发开关。每个站点分别与一条输入线路和一条输出线路相连，只要适当控制这些交叉触点的通断，就可以控制任意两个站点之间的数据交换。这种交换机的开关数量与站点数的平方成正比，成本高，可靠性差，已经被更先进的时分交换技术取代了。

时分交换是时分多路复用技术在交换机中的应用。图 2-17 表示常见的 TDM 总线交换，每个站点都通过全双工线路与交换机相连，当交换机中某个控制开关接通时该线路获得一个时隙，线路上的数据被输出到总线上。在数字总线的另一端按照同样的方法接收各个时隙上的数据。

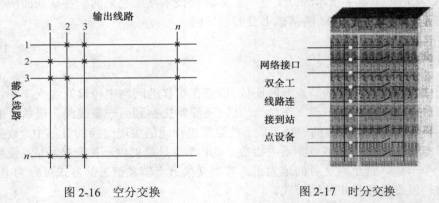

图 2-16   空分交换   图 2-17   时分交换

电路交换的特点是建立连接需要等待较长的时间。由于连接建立后通路是专用的，因而不会有别的用户的干扰，不再有等待延迟。这种交换方式适合于传输大量的数据，传输少量数据时效率不高。

2．存储转发交换

存储转发交换分为报文交换、分组交换和帧中继。

（1）报文交换

这种方式不要求在两个通信节点之间建立专用通路。节点把要发送的信息组织成一个数据包报文，该报文中含有目标节点的地址，完整的报文在网络中一站一站地向前传送。每一个节点接收整个报文，检查目标节点地址，然后根据网络中的交通情况在适当的时候转发到下一个节点。经过多次的存储—转发，最后到达目标节点（图 2-18），因而这样的网络称为存储—转发网络。其中的交换节点要有足够大的存储空间（一般是磁盘），用以缓冲收到的长报文。交换节点对各个方向上收到的报文排队，寻找下一个转发节点，然后再转发出去，所以报文交换技术是一种存储转发交换技术。

报文交换的线路利用率高，信道可为多个报文共享；接收方和发送方无须同时工作，在接收方"忙"时，报文可暂存交换设备处；可同时向多个目的站发送同一报文；能够在网络上实现报文的差错控制和纠错处理；还能进行速度和代码转换。但报文交换不适用于实时通信或交互通信，也不适用于交互的"终端—主机"连接。电子邮件系统（如 E-mail）适合采用报文交换方式。

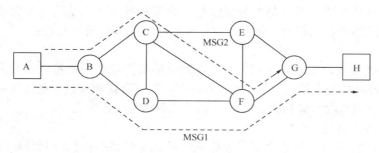

图 2-18　报文交换

（2）分组交换

报文交换的特点是对传输的数据块（报文）的大小不加限制，对某些大报文的传输，交换设备必须利用磁盘进行缓存，往往单个报文可能占用一条交换设备线路长达几分钟，这样显然不适合于交互通信。为了解决这个问题，分组报文交换技术将用户的大报文分成若干个报文分组（包），以报文分组为单位在网络中传输。每一个报文分组均含有数据和目的地址，同一个报文的不同分组可以在不同的路径中传输，到达终点以后，再将它们重新组装成完整的报文。由于分组交换技术严格限制报文分组大小的上限，使分组可以在交换设备的内存中存放，保证任何用户都不能独占线路超过几十毫秒，因而非常适合于交互式通信。另外，在具有多个分组的报文中，分组之间不必等齐就可以单独传送，这样既减少了时间的延迟又提高了交换设备的吞吐率。但拥塞、大报文分组与重组分组损失或失序等是分组交换存在的问题。

显然，在电路交换方式中，用户之间的通信是通过一条实际线路进行的，而在分组交换网中，采用复用技术，即一条实际线路可供给其他多个用户同时通信。分组交换具体又可分为面向连接的类似于电话系统中的物理线路"虚电路"和类似于邮政系统中的电报的"数据报"。

① 虚电路。

虚电路是指在各用户之间需要通信时，分组交换网就提供一条逻辑信道，这条逻辑信道不同于实际线路，它不存在实际线路接通和断开的延时，具有"虚"的性质，故称为"虚电路"。具体来说，每个与分组交换相连的用户都配上一组逻辑信道，通信开始时，先由发送端发送一个呼叫报文分组，给出呼叫者和被呼叫者的全称网络地址及逻辑信道号，使双方在逻辑信道之间建立一个连接；此时双方便可使用较短的逻辑信道号进行传输。为了提供虚电路服务，在分组交换网的每一个节点都有一张虚电路转换表，以便记录虚电路之间的连接关系。各节点上的转换表是传呼分组时，边选择路径边动态建立。一旦在逻辑信道之间建立了连接，就等于建立了一条通信路径，以后所要传输的分组都可沿着这条路径传输数据。

② 数据报。

数据报是分组交换提供的另一种传输形式，它是一种自含独立的数据单元，"自含"就是每个这样的单元均带有足够的信息，以便从源终端传送到目的终端，即发送方要在所有的分组中给出源终端和目的终端的全称——网络地址。这样各个分组均可单独通过分组交换网传输。从分组交换网的角度来说，分组传输它们的顺序与它们进入通信网的顺序无关。目的节点从网中收到的分组是无序的，所以目的节点一方要对收到的分组重新整序工作。

上述两种分组交换方式各有其优点。数据报方式适用于传输单个分组所组成的报文（如状态信息、控制信息等），而虚电路方式适用于通信时间较长的交互式会话作业，一般分组交换网最好是这两种方式都有。

由此可见，线路交换方式是静态分配线路；存储转发方式则是动态分配线路。因此，其传输可靠性高，线路的利用率高，使用也比较灵活，但应答时间延迟较长。

（3）帧中继

帧中继是在数据链路层用简化的方法传送和交换数据帧的一种技术。它采用虚电路的分组交换方式，将数据帧分为帧头、用户信息和帧尾，组成数据帧通过一条虚连接到达帧中继交换机的端口。交换机接收该帧后进行校验，如发现有错就将该帧丢弃。

（4）三种数据交换技术比较

电路交换：在数据传送开始之前必须建立一条完全的通路；在线路释放之前，该通路将被一对用户完全占用。对于突发式通信线路的利用率不高。

报文交换：报文被分成分组进行传输，并规定了最大的分组长度。在数据报方式中，目的站需要重新组装报文。

分组交换技术是网络中使用最为广泛的一种交换技术。

局域网采用的是分组交换技术。由于在局域网中，从源站到目的站之间只有一条单一的直接通路，因此，不需要具有像公共数据网中那样的路由选择和交换功能。

3. 异步传输模式

前面介绍的报文交换是以报文为单位，分组交换是以分组为单位进行交换，两者都是在网络层上进行的；而帧（中继）交换则是以一帧为单位进行的交换，它是在数据链路层上进行的。异步传输模式又称为信元（中继）交换，是以信元为单位，同样是在数据链路层上进行的。它建立在大容量光纤传输介质基础上，比帧中继具有更高的传输速率，在短距离时高达 2.2Gbps；在中、长距离时可达 10～100Mb/s。将来的高速信息公路有可能建立在 ATM 高速网络上。

ATM 以信元（Cell）为基本传输单位。信元由信头和信息段组成。ATM 通过信头来识别通路。在这种方式中，只要是信道空闲，便将信元投入信道。这有利于提高信道利用率。由于信元的发送无固定周期，因而将这种传输模式称为异步传输模式。

为了简化信元的传输控制，在 ATM 中采用了固定长度的信元，规定为 53 字节，其中信头为 5 字节，信息段为 48 字节。这样，每个信元都花费相同的传输时间，因而可以把信道的时间划分成为一个时间片序列，每个时间片用来传输一个信元。当交换机有信元发送时，便将时间片逐个把信元投入信道；接收时，若信道不空，也按时间逐个取得信元，时间片和信元一一对应。有这种对应关系，可以大大简化对信元的传输控制。可采用高速硬件对信头进行识别和交换处理。

2.1.5 差错控制技术

人们总是希望数据在通信线路中能够准确无误地传输。但由于来自信道内外的干扰与噪声，数据在传输与接收的过程中难免会发生错误。如何及时自动检测差错并进一步校正，这是数字通信系统研究的重要课题。解决的办法通常采用抗干扰编码或纠错编码。目前人们经常采用的办法有奇偶校验、方块校验和循环冗余校验等。

1. 奇偶校验

奇偶校验（也称垂直冗余校验，VRC）是以字符为单位的校验方法。一个字符由 8 位组成，低 7 位是信息字符的 ASCII 代码，最高位称为"奇偶校验码"。校验位可以使每个字符代码中"1"的个数为奇数或偶数，若字符代码中"1"的个数为奇数，称为"奇校验"；"1"的个数为偶数，称为"偶校验"。例如，一个字符的 7 位代码为 1010110，有 4 个"1"。若规定奇校验，则校验位为 1，整个字符的表示如图 2-19 所示。若为偶校验，则校验位应为 0，即整个字符为 01010110。

图 2-19 校验位位置

如果采用奇校验，发送端发送一个字符编码（8 位，含一位校验码）时，"1"的个数一定为奇数个，在接收端对 8 个二进位中的"1"进行统计时，如果"1"的个数为偶数个，则意味着传输过程中至少有一位（或奇数位）发生差错。在传输过程中，偶然一位出错的机会最多，故奇偶校验法经常被采用。但这种办法只能检查错误而不能纠正错误。

2. 方块校验

方块校验（也称水平冗余校验，LRC）是在 VRC 校验的基础上，在一批字符传送之后，另外增加一个称为"方块校验字符"的检验字符。方块校验字符的编码方式是使所传输的字符代码的每一纵向位代码中"1"的个数成为奇数（或偶数）。例如，传送 6 个字符代码及其奇偶校验位和方块校验字符的表示如图 2-20 所示，该图采用奇校验。采用这种校验方法，如果有二进位传输出错，则不仅从横行中的 VRC 校验位中反映出来，同时，也在纵列 LRC 校验位中得到反映。这种方法有较强的检错能力，不仅能发现所有一位、二位或三位的错误，而且可以自动纠正差错，使误码率降低 2～4 个数量级。因此，广泛用于通信和某些计算机外设中。

		奇偶校验位（VRC）
字符1	1001100	0
字符2	1000010	1
字符3	1010010	0
字符4	1001000	1
字符5	1010000	1
字符6	1000001	1
方块校验字符（LRC）	1111010	1

图 2-20 方块校验

3. 循环冗余校验

循环冗余校验（CRC）是一种较为复杂的校验方法，它将要发送的二进制数据（比特序列）当做一个多项式 $F(x)$ 的系数，在发送端用收发双方预先约定的生成多项式 $G(x)$ 去除，求得一个余数多项式。将此余数多项式加到数据多项式 $F(x)$ 之后发送到接收端。接收端用同样的生成多项式 $G(x)$ 去除收到的数据多项式 $F(x)$，得到计算余数多项式。如果此计算余数多项式与传过来的余数多项式相同，则表示传输无误；反之，表示传输有误，由发送端重发数据，直至正确为止。

CRC 码检错能力强，容易实现，是目前最广泛的检错码编码方法之一。此种方法的误码率比方块码还可降低 1～3 个数量级，因而得到了广泛的采用。

4. 差错控制机制

接收端可以通过检错码对传送过来的一帧数据是否出错进行检查，一旦发现传输有错，通常采用反馈重发（ARQ）的方法来纠正。数据通信系统的反馈重发的纠错实现方法有停止等待方式和连续工作方式两种。

（1）停止等待方式

在停止等待方式中，发送方在发送完一帧数据后，要等待接收方的应答帧的到来。只有在收到应答帧表示上一帧已正确接收之后，发送方才可以发送下一帧数据。

停止等待方式的 ARQ 协议简单，但系统的通信效率低，为了克服这些缺点，人们提出了连续的 ARQ 协议。

（2）连续的 ARQ 协议方式

实现连续的 ARQ 协议的方式有两种：拉回式方式和选择重发方式。

① 拉回式方式。

在拉回方式中，发送方可以连续向接收方发送数据帧，接收方对接收的数据帧进行校验，然后向发送方发回应答帧，如果发送方连续发送了 0～5 号数据帧，从应答帧中得知 2 号数据帧传输错误，发送方将停止当前数据帧的发送，重发 2、3、4、5 号数据帧。拉回状态结束后，再接着发送 6 号数据帧。

② 选择重发方式。

选择重发方式与拉回方式的不同之处在于：若在发送完编号为 5 的数据帧时，接收到编号为 2 的数据帧传输出错的应答帧，发送方在发完 5 号数据帧后，只重发 2 号数据帧。选择重发完成之后，再接着发送编号为 6 的数据帧。显然，选择重发方式的效率将高于拉回方式。

2.2 计算机网络体系结构

世界上第一个计算机网络体系结构是由美国 IBM 公司于 1974 年提出的，它就是著名的 SNA（Systems Network Architecture）系统网络结构。凡是遵循 SNA 标准生产的设备称为 SNA 设备，由于遵循了共同的标准，这些 SNA 设备可以方便地进行互联。此后，许多公司也纷纷建立自己的网络体系结构，这些体系结构大同小异，都采用了分层技术。当然这些体系结构还各有各的特点。计算机网络发展到今天，已经演变成一种复杂而庞大的系统。在计算机专业人员中，对付这种复杂系统的常规方法就是把系统组织成分层的体系结构，即把很多相关的功能分解开来，逐个予以解释和实现。在分层的体系结构中，每一层都是一些明确定义的相互作用的集合，称为对等协议；层之间的界限是另外一些相互作用的集合，称为接口协议。

2.2.1 计算机网络体系结构概述

研究计算机网络的基本方法是全面深入地了解计算机网络的功能特性，即计算机网络是怎样在两个端用户之间提供访问通路的。理解了计算机网络的功能特性才能够掌握各种网络的特点，才能了解网络运行的原理。

1. 计算机网络的功能特性

首先，计算机网络应该在源节点和目标节点之间提供传输线路，这种传输线路可能要经过一些中间节点。如果是远程联网，则要通过电信公司提供的公用通信线路，这些通信线路可能是地面链路，也可能是卫星链路。如果电信公司提供的通信线路是模拟的，还必须用调制解调器（Modem）进行信号变换，因而网络应该提供调制解调器的物理的和电气的接口。

计算机通信有一个特点，即间歇性或突发性。人们打电话时信息流是平稳而连续的，速率也不太高。然而计算机之间的通信不是这样。当用户坐在终端前思考时，线路中没有信息流过；当用户发出文件传输命令时，突然来到的数据需要迅速地发送，然后又沉默一段时间。因而计算机之间的通信链路要有较高的带宽，同时由许多对节点共享高速线路，以获得合理经济的使用效率。网络的设计者发明了一些新的交换技术来满足这种特殊的通信要求，例如，报文交换和分组交换技术。计算机网络的功能之一是对传输的信息流进行分组，加入控制信息，并把分组正确地传送到目的地。

加入分组的控制信息主要有两种：一种是接收端用于验证是否正确接收的差错控制信息；另一种是指明数据包的发送端和接收端的地址信息。因而网络必须具有差错控制功能和寻址功能。另外，当多个节点同时要求发送分组时，网络还必须通过某种冲突仲裁过程决定谁先发送，谁后发送。有这些带有控制信息的数据包在网络中通过一个个节点正确向前传送的功能称为数据链路控制功能（Data Link Control，DLC）。

关于寻址功能，还有更复杂的一面。如果网络有多个转发节点，则当转发节点收到数据包时必须确定下一个转发的对象，因此，每一个转发节点都要有根据网络配置和交通情况决定路由的能力。

复杂网络中的通信类似于道路系统中的交通情况，弄得不好会导致交通拥挤、阻塞，甚至完全瘫痪，所以计算机网络要有流量控制和拥塞控制功能。当网络中的通信量达到一定程度时必须限制进入网络中的分组数，以免造成死锁。万一交通完全阻塞，也要有解除阻塞的办法。

两个用户通过计算机网络会话时，不仅开始时要有会话建立的过程，结束时还要有会话终止的过程。同时他们之间的双向通信也需要进行管理，以确定什么时候该谁说，什么时候该谁听。一旦发生差错，该从哪儿说起。

最后，通信双方可能各有一些特殊性需要统一，才能彼此理解。例如，用户使用的终端不同，字符集和数据格式各异，甚至它们之间还可能使用某种安全保密措施，这些都需要规定统一的标准，以消除不同系统之间的差别。这样，才能保证用户使用计算机网络进行正常的通信。

由上面的介绍可知，网络中的通信是相当复杂的，涉及一系列相互作用的功能过程。用户与远地应用程序通信的过程可以用图 2-21 表示，以上提到的主要功能过程按顺序列在图中。用户输入的字符流按标准协议进行转换，然后加入各种控制位和顺序号用以进行会话管理，再进行分组，加入地址字段和校验字段等。上述信息经过调制解调器的变换，送入公共载波线路传送。在接收端进行相反的处理，就可得到发送的信息。

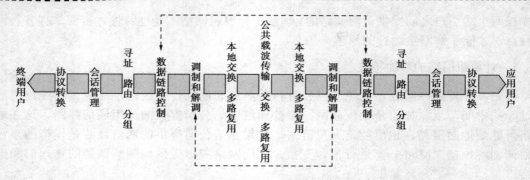

图 2-21　用户与应用程序通信的过程

值得注意的是，整个通信过程经过这样的功能分解后，得到的功能元素总是成对地出现。每一对功能元素互相通信，它们之间的约定不涉及相邻层次的功能。这样，把一对功能元素从整个功能过程中孤立出来，就形成了分层的体系结构。

把实现复杂的网络通信过程的各种功能划分成这样的层次结构，就是网络的分层体系结构。

2. 网络协议与分层体系结构

通过通信信道和设备互联起来的多个不同地理位置的计算机系统，要使其能协同工作实现信息交换和资源共享，它们之间必须具有共同的语言。交流什么、怎样交流及何时交流，都必须遵循某种互相都能接受的规则。

（1）网络的体系结构及其划分所遵循的原则

计算机网络系统是一个十分复杂的系统。将一个复杂系统分解为若干个容易处理的子系统，然后"分而治之"，这种结构化设计方法是工程设计中常见的手段。分层就是系统分解的最好方法之一。

在一般的分层结构中，n 层是 $n-1$ 层的用户，又是 $n+1$ 层的服务提供者。$N+1$ 层虽然只直接使用了 n 层提供的服务，实际上它通过 n 层还间接地使用了 $n-1$ 层及以下所有各层的服务。层次结构的好处在于使每一层实现一种相对独立的功能。分层结构还有利于交流、理解和标准化。

网络的体系结构（Architecture）就是计算机网络各层次及其协议的集合。层次结构一般以垂直分层模型来表示，如图 2-22 所示。

① 层次结构的要点。

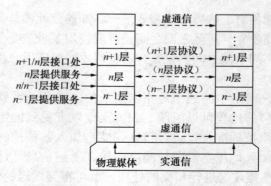

图 2-22　计算机网络的层次模型

- 除了在物理媒体上进行的是实通信之外，其余各对等实体间进行的都是虚通信。
- 对等层的虚通信必须遵循该层的协议。
- n 层的虚通信是通过 $n/n-1$ 层间接口处 $n-1$ 层提供的服务，以及 $n-1$ 层的通信（通常也是虚通信）来实现的。

② 层次结构划分的原则。

- 每层的功能应该是明确的，并且是相互独立的。当某一层的具体实现方法更新时，只要保持上、下层的接口不变，便不会对邻居产生影响。
- 层间接口必须清晰，跨越接口的信息量应尽可能少。
- 层数应适中。若层数太少，则造成每一层的协议太复杂；若层数太多，则体系结构过于复杂，使描述和实现各层功能变得困难。

③ 网络体系结构的特点。

- 以功能作为划分层次的基础。
- 第 n 层的实体在实现自身定义的功能时，只能使用第 $n-1$ 层提供的服务。
- 第 n 层在向第 $n+1$ 层提供的服务时，此服务不仅包含第 n 层本身的功能，还包含由下层服务提供的功能。
- 仅在相邻层间有接口，且所提供服务的具体实现细节对上一层完全屏蔽。

（2）网络协议

在计算机网络中，由许多互相连接的节点，这些节点不断进行数据交换，以完成各种各样的网络功能。为了使这种数据交换能够有条不紊地进行，网络中的各个节点都必须遵守共同的规则。这些规则规定了数据交换时所使用的数据格式及有关通信的同步问题。这些为了进行网络中的数据交换而建立的规则、标准或约定称为网络协议。

网络协议主要由以下 3 个要素组成：

① 语法，即数据与控制信息的结构或格式。
② 语义，即需要发出何种信息、完成何种动作及做出何种应答。
③ 同步，即事件实现顺序的详细说明。

在设计第一个计算机网络时，硬件被作为主要的因素来考虑，软件仅在事后才考虑。由于缺乏明确的体系结构，这样就导致网络协议软件的庞大和混乱。经过大量的实践，人们找到了一种比较理想的技术——协议分层。这样就可以将需要完成的功能分散到各层中实现，每一层的设计相对就简单了。在某一层的技术发生变化时，只要这一层对上一层的接口不变，就可以只对本层进行修改，而不影响其他层。

2.2.2 开放系统互联参考模型

1984 年，国际标准化组织（ISO）公布了一个作为未来网络协议指南的模型。该模型称为开放系统互联参考模型。

1. 开放系统互联（Open System Interconnection，OSI）基本参考模型

开放系统互联（Open System Interconnection）基本参考模型是由国际标准化组织（ISO）制定的标准化开放式计算机网络层次结构模型，又称为 ISO/OSI 参考模型。"开放"这个词表示能使任何两个遵守参考模型和有关标准的系统进行互联。

OSI 包括体系结构、服务定义和协议规范三级抽象。OSI 的体系结构定义了一个七层模型，用以进行进程间的通信，并作为一个框架来协调各层标准的制定；OSI 的服务定义描述了各层

所提供的服务，以及层与层之间的抽象接口和交互用的服务原语；OSI 各层的协议规范，精确地定义了应当发送何种控制信息及何种过程来解释该控制信息。

需要强调的是，OSI 参考模型并非是具体实现的描述，它只是一个为制定标准而提供的概念性框架。在 OSI 中，只有各种协议是可以实现的，网络中的设备只有与 OSI 和有关协议相一致时才能互联。

ISO/OSI 参考模型的主要特征：

① 这是一种将异构系统互联的分层结构，提供了控制互联系统交互规则的标准框架，定义抽象结构，并非具体实现的描述。

② 对等层之间的虚通信必须遵循相应层的协议，如应用层协议、传输层协议、数据链路层协议等。

相邻层间接口定义了基本（原语）操作和低层向上层提供的服务。

所有提供的公共服务面向连接的或无连接的数据通信服务。

2. ISO/OSI 参考模型的信息流动

在 ISO/OSI 参考模型中，系统 A 的用户向系统 B 的用户传送数据时，首先系统 A 的用户把需要传输的信息告诉系统 A 的应用层，并发布命令，然后再由应用层加上应用层的头信息送到表示层，表示层再加上表示层的控制信息送往会话层，会话层再加上会话层的控制信息送往传输层。以此类推，最后送往物理层，物理层不考虑信息的实际含义，以比特流（0、1 代码）传送到物理通道，然后到达系统 B 的物理层，接着把 B 系统的物理层所接收的比特流送往链路层，以此向上层传送，直到传送到应用层，告诉系统 B 的用户。这样看起来好像是对方应用层直接发送来的信息，但实际上相应之间的通信是虚通信，这个过程就像邮政信件的传送，如加信封、加邮袋、上邮车等，在各个邮送环节加封、传送，收件时再层层去掉封装。

如图 2-23 所示，ISO/OSI 七层模型从下到上分别为物理层（Physical Layer，PH）、数据链路层（Data Link Layer，DL）、网络层（Network Layer，NL）、传输层（Transport Layer，TL）、会话层（Session Layer，SL）、表示层（Presentation Layer，PL）和应用层（Application Layer，AL）。

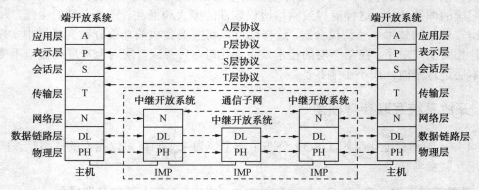

图 2-23　ISO/OSI 参考模型

从图中可见，整个开放系统环境由作为信源和信宿的端开放系统及若干中继开放系统通过物理媒体连接构成。这里的端开放系统和中继开放系统，都是国际标准 OSI7498 中使用的术语。通俗地说，它们相当于资源子网中的主机和通信子网中的节点机（IMP）。只有在主机中才可能需要包含所有七层的功能，而在通信子网中一般只需要最低三层甚至只要最低两层的功能就可以了。

3. ISO/OSI 参考模型各层功能

开放系统是指遵从国际标准的、能够通过互联而相互作用的系统。显然，系统之间的相互作用只涉及系统的外部行为，而与系统内部的结构和功能无关。因而关于互联系统的任何标准都只是关于系统外部特性的规定。1979 年，ISO 公布了开放系统互联参考模型 OSI/RM（Open System Interconnection/Reference Model），同时，CCITT（Consultative Committee International Telegraph and Telephone）认可并采纳了这一国际标准的建议文本（称为 X.200）。OSI/RM 为开放系统互联提供了一种功能结构的框架，ISO 7498 文件对它做了详细的规定和描述。

（1）OSI 参考模型的结构

OSI 参考模型的结构如图 2-24 所示。

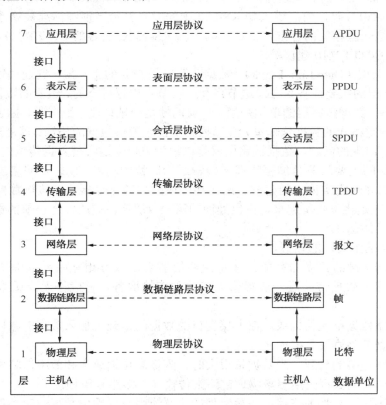

图 2-24　OSI 七层参考模型

（2）OSI/RM 各层的功能

① 物理层（Physical Layer）。物理层是参考模型最低层。它直接与物理信道相连，起到数据链路层和传输媒体之间的逻辑接口的作用，并提供一些建立、维护和释放物理连接的功能，在物理层数据交换的单元为二进制位，因此，要定义有关位（bit）在传输过程中的信息量的大小、线路传输中所采用的电气接口等。

物理层的功能是实现原始数据在通信信道上的传输，它直接面向实际承担数据传输的物理媒体，即通信信道。物理层的传输单位为比特，实际的比特传输必须依赖于传输设备和物理媒体，但是，物理层不是指具体的物理设备，也不是指信号传输的物理媒体，而是指在物理媒体之上，为数据链路层提供一个能传输原始比特流的物理连接。物理层负责保证数据在目标设备用与源设备发送它的同样方式进行读取。

物理层的基本功能具体表现在以下几个方面：

- 在数据终端设备和数据电路端接设备之间提供数据传输访问接口。
- 在通信设备之间提供有关的控制信号。
- 为同步数据流提供时钟信号，并管理比特传输率。
- 提供电平。
- 提供机械的电缆连接器（如连接器的插头、插座等）。

在实际的网络通信中，被广泛使用的物理层接口标准有 EIA RS-232C、EIA RS-499 及 CCITT（国际电报电话咨询委员会）建议的 X.21 等标准，这里的 EIA 是美国电子表业协会（Electronic Industries Association）的英文缩写，RS（Recommended Standard）表示该推荐标准，后面的 232、499 等为标识号码，而后缀（如 RS-232 中的 C）表示该推荐标准被修改过的次数。另外，CCITT 也是一些相应的标准，例如，与 EIA RS-232C 兼容的 CCITT V.24 建议，与 EIA RS-422 兼容的 CCITT V.10 建议等。

② 数据链路层（Date Link Layer）。数据链路层是 OSI 的第二层，它通过物理层提供的比特流服务。这一层的主要任务是在发送节点和接收节点进行可靠的、透明的数据传输，为网络层提供连接服务。数据链路层的单位是帧。一般的帧是由地址段、数据段、标志段及校验等字段组成的具有一定格式的数据传输单元。以帧为单位来考察数据的传输，就能解决以"位"为单位传输数据时出现的问题。数据链路层就是以帧为单位来这实现数据传输的。

数据链路层的主要任务是加强物理层传输原始比特的功能，使之对网络层显现为一条无错链路。它在相邻网络实体之间建立、维持和释放数据链路连接，并传输数据链路数据单元（帧，Frame）。它是将位收集起来，按包处理的第一个层次，完成发送前的最后封装，及时对到达包进行首次检测。

数据链路层的主要功能如下。

- 数据链路连接的建立与释放：在每次通信前后，双方相互联系以确认一次通信的开始和结束。数据链路层一般提供无应答无连接服务、有应答无连接服务和面向连接的服务。
- 数据链路数据单元的构成：在上层交付的数据的基础上加入数据链路协议控制信息，形成数据链路协议数据单元。
- 数据链路连接的分裂：当数据量很大时，为提高传输速率和效率，将原来在一条物理链路上传输的数据改用多条物理链路来传输（与多路复用相反）。
- 定界与同步：从物理连接上传输数据的比特流中，识别出数据链路数据单元的开始和结束，以及识别出其中的每个字段，以便实现正确的接收和控制。
- 顺序和流量控制：用以保证发送方发送的数据单元能以相同的顺序传输到接收方，并保持发送速率与接收速率的匹配。
- 差错的检测与恢复：检测出传输、格式和操作等错误，并对错误进行恢复，若不能恢复则向相关网络实体报告。

③ 网络层（Network Layer）。OSI 模型的第三层是网络层。网络层是通信子网与网络高层的界面。它主要负责控制通信子网的操作，实现网络上不相邻的数据终端设备之间在穿过通信子网逻辑信道上的准确数据运输。网络层协议决定了主机与子网间的接口，并向传输层提供两种类型的服务，即数据报服务和虚电路服务，以及从源节点出发选择一条通路通

过中间的节点，将报文分组运到目标节点。其中涉及路由选择、流量控制和拥塞控制等。

网络层从源主机接收报文，将报文转换成数据包，并确保这些数据包直接发往目标设备。

网络层还负责决定数据包通过网络的最佳途径，它通过查看目标设备是否在另一个网络中来完成这一任务。如果目标设备在另一个网络中，网络层必须决定数据包将发送至何处，以使到达最终目的地。另外，如果网络中同时存在太多功能数据包，它们会互相争抢通路，形成瓶颈。网络层可控制这样的阻塞。

IP 协议工作在本层，它提供"无连接的"或"数据报"服务。 具体实现包括如下功能。

- 路由选择和中继功能。利用路由选择算法从源节点通过其有中继功能的中间节点到目的节点建立网络连接。
- 数据传输过程实施流量控制、差错控制、顺序控制和多路复用。
- 根据传输层的要求来选择网络服务质量。
- 对于非正常情况的恢复处理及向传输层报告未恢复的差错。
- 在通信子网中，网络层向传输层提供与网络无关的逻辑信道通信服务，即提供透明的数据运输。
- 地址服务。它是网络层向传输层提供服务的接口标志，传输层实体就是通过网络地址向网络层提出请求网络连接服务。网络地址由网络层提供，它与数据链路层的寻址无关。
- 网络连接。它为运输实体之间进行数据运输提供了网络连接，并为此连接提供建立、维持和释放连接的各种手段，网络连接是逻辑上点到点的连接。

④ 传输层（Transport Layer）。传输层是资源子网与通信子网的界面和桥梁，负责完成资源子网中两节点间的直接逻辑通信，实现通信子网端到端的可靠传输。传输层的下面三层（物理层、数据链路层和网络层）属于通信子网，完成有关的通信处理，向传输层提供网络服务；传输层的上面三层完成面向数据处理的功能。传输层在七层网络模型中起到承上启下的作用，是整个网络体系结构中的关键部分。

由于通信子网向传输层提供通信服务的可靠性有差异（例如，可靠的虚电路服务或不可靠的数据报服务），所以无论通信子网提供的服务可靠性如何，经传输层处理后都应向上层提交可靠的、透明的数据运输。因此，传输层协议要复杂得多。也就是说，如果通信子网的功能完善、可靠性高，则传输层的任务就比较简单；若通信子网提供的质量很差，则传输层的任务就复杂，以填补会话层所要求的服务质量和网络层所能提供的服务质量之间的差别。传输层的基本功能是从会话层接收数据，并且必要时把它分成较小单位，传递给网络层并确保到达对方的各段信息正确无误，而且，这些任务都必须高效率地完成。从某种意义讲，传输层使会话层不受硬件技术变化的影响。

通常，会话层每请求建立一个连接，传输层就为其创建一个独立的网络连接。如果传输连接需要较高的信息吞吐量，传输层也可以为之创建多个网络连接，让数据在这些网络连接上分流，以提高吞吐量。然而，在任何情况下，都要求传输层能使多路复用对会话层透明。具体地说，传输层的主要功能如下：

- 建立、维护和拆除传输层连接。
- 传输层地址到网络层地址的映射。
- 多个传输层连接对网络层连接的复用。
- 在单一连接上端到端的顺序控制和流量控制。
- 端到端的差错控制及恢复。

⑤ 会话层（Session Layer）。会话层是利用传输层提供的端到端的服务，向表示层或会话用户提供会话服务。在 ISO/OSI 环境中，一次会话就是两个用户进程之间完成一次完整的数据交换的过程，包括建立、维护和结束会话连接。为了提供这种会话服务，会话协议的主要目的就是提供一个面向用户的连接服务，并对会话活动提供有效的组织和同步所必需的手段，对数据传送提供控制和管理。

会话层服务之一是管理对话，它允许信息同时双向传输，或任意时刻只能单向传输。类似于单线铁路，会话层将记录此时该轮到哪一方了。一种与会话有关的服务是令牌管理（Token Management），令牌可以在会话双方之间交换，只有持有令牌的一方可以执行某种关键操作。

另一种会话服务是同步（Synchronization）。同步是在连续发送大量信息时，为了使发送的数据更加精细地结构化，在用户发送的数据中设置同步点，以便记录发送过程的状态，并且在错误发生导致会话中断时，会话实体能够从一个同步点恢复会话继续传送，而不必从开头恢复会话。

⑥ 表示层（Presentation Layer）。表示层主体是标准的例行程序，其工作与用户数据的表示和格式有关，而且与程序所使用的数据结构有关。该层涉及的主要问题是数据的格式和结构。

表示层完成数据格式转换，确保一个主机系统应用层发送的信息能被另外一个系统的应用层识别，另外还负责文件的加密和压缩。

表示层以下的各层只关心可靠地传输比特流，而表示层关心的是所传输的信息语法和语义。表示层的功能如下：

- 语法变换。不同的计算机有不同的数据内部表示，用户传送数据时，应用层实体需将数据按一定表现形式交给其表示层实体，表示层接收到其应用层实体以抽象语法形式送来的数据之后，要对每层实体间传送的数据提供用一种大家一致同意的标准方法对数据进行编码并用公共语法表示。
- 传送语法的选择。应用层中存在多种应用协议相应的多种传送语法，即使是一种应用协议，也可能有多种传送语法对应。因此，必须对传送语法进行选择，并提供选择和修改的手段。
- 常规的功能。常规的一些功能，如表示层对等实体间的连接建立、传送、释放等。

⑦ 应用层（Application Layer）。应用层是 OSI/RM 的最高层，是直接面向用户的一层，是计算机网络与最终用户间的面最高层，它包含系统管理员管理网络服务涉及的所有基本功能。应用层以下各层提供可靠的传输，但对用户来说，它们并没有提供实际的应用。应用层是在其下六层提供的数据传输和数据表示等各种服务的基础上，为网络用户或应用程序提供完成特定网络服务功能所需的各种应用协议。应用层仅包含允许用户软件使用网络服务的技术，而不包括用户软件包本身。

应用层包含两类不同性质的协议。第一类是一般用户能直接调用或使用的协议，如超文本传输协议（HTTP）、远程登录协议（TELNet）、文件传输协议（FTP）和简单邮件传输协议（SMTP）。第二类是为系统本身服务的协议，如域名系统（DNS）协议等。

上面介绍了 OSI 模型的七层结构，下面我们用一个例子说明这七层的工作过程。

假设一位用户在其计算机上运行某聊天程序，该程序使它能够与另一个用户的计算机相连，并通过网络与该用户聊天。图 2-25 所示为该例子中使用的协议栈。用户将消息 "Good morning" 输入聊天程序。应用层将该数据从用户的应用程序传递至表示层。在表示层数据被转换并加密。然后数据被传递至会话层，在这一层建立一个全双工通信方式的对话。传输层将数据分割成数据段，接收设备的名称被解析成相应的 IP 地址。添加校验和，以进行差错校验。然后，网络层将数据打包成数据报。在检查完 IP 地址后，发现目标设备在远程网络中。然后，中间设备的 IP 地址作为下一个目标设备被添加。数据被传递至数据链路层，在这一层数据被打包成帧格式。设备的物理地址在这一层被解析。该地址实际上属于中间设备，该设备将把数据发送到真正的目的地。可以判断网络的访问类型为以太网。

图 2-25　该例使用的协议栈

数据接着被传递到物理层，在本层数据被打包成位，并通过传输介质从网络适配器发出去。中间设备在物理层读取网络介质上传送的位。数据链路层将数据打包成帧。目标设备的物理地址被解析成它的 IP 地址。网络层将数据打包成数据报，可以确定数据到达了其最终目的地，在那里数据以正确的顺序被记录下来。

然后，数据被传递到传输层。数据被编译成数据段，并进行差错检验。比较校验和以确定数据是否有错误。会话层确认已接收到数据。在表示层数据被转换和解密。应用层将数据由表示层传递至用户的聊天应用程序中。消息"Good morning"就出现在接收用户的屏幕上了。

2.2.3　局域网参考模型

电气电子工程师协会（The Institute of Electrical and Electronic Engineer，IEEE）是世界上最大的专业组织之一，对于网络而言，IEEE一项最了不起的贡献就是对IEEE802协议进行了定义。

局域网的标准主要是由IEEE 802委员会制定的。该委员会成立于1980年，它专门负责制定不同工业类型的网络标准，主要的几个标准如表2-2所示。应当指出，IEEE 802局域网标准相对于OSI七层模型协议来说是有局限性的，它只描述了较低两层（物理层和数据链路层），其余的高层协议并未制定。不过在局域网中，由于数据以编址帧的形式传输并且不存在立即交换等特点，高层协议对局域网来说并不那么重要。各局域网产品尽管存在高层软件不同，网络操作系统也有差别，但由于低层都采用了802局域网标准协议，几乎所有局域网都可以实现互联。

表 2-2　OSI 与几个 IEEE 802 标准比较

OSI	IEEE 802			
较高层	802.1 较高界面标准（系统结构和网络互联）			
数据链路层	802.1 逻辑链路控制标准（LLC）			
物理层	802.3CSMA/CD	802.4Token　Bus	802.5 Token Ring	802.6 MAN
	CSMA/CD 介质	Token Bus 介质	Token Ring 介质	MAN 介质

目前IEEE 802委员会已有11个分会，它们的分工如下：

（1）IEEE 802.1，概括了网络体系结构，以及网络互联、网络管理和性能。

（2）IEEE 802.2，逻辑链路控制，它提供了LLC子层的功能，是高层协议与MAC子层的接口。

（3）IEEE 802.3，CSMA/CD总线访问控制方法及物理层标准。

（4）IEEE 802.4，令牌总线访问控制方法及物理层标准。

（5）IEEE 802.5，令牌环访问控制方法及物理层标准。

（6）IEEE 802.6，城域网的MAC和物理层标准。

（7）IEEE 802.7，宽带技术。

（8）IEEE 802.8，光纤技术。

（9）IEEE 802.9，语音数据综合局域网。

（10）IEEE 802.10，局域网安全技术。

（11）IEEE 802.11，无线局域网。

IEEE 802.1～IEEE 802.6已成为ISO 8802—1～ISO 8802—6的国际局域网标准。IEEE 802.7和IEEE 802.8是宽带和光纤技术，供其他标准的物理层选用。IEE 802标准示意图如图2-26所示。

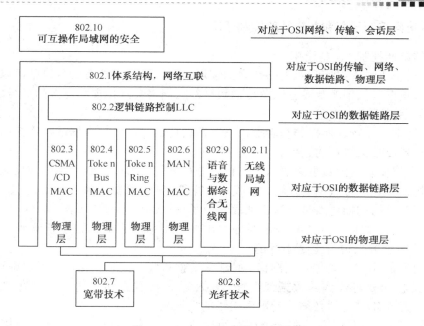

图 2-26 IEEE 802 标准示意图

1. IEEE 802 局域网参考模型

图 2-27 所示展现了 IEEE 802 局域网的参考模型，它说明了局域网的体系结构，以及与 OSI 模型的关系。IEEE 802 参考模型主要涉及 OSI 模型的物理层和数据链路层。在参考模型中，每个实体与另一个系统和同等实体按协议进行通信；而一个系统中上下层之间的通信，则通过接口进行，并用服务访问点 SAP（Server Access Point）来定义接口。

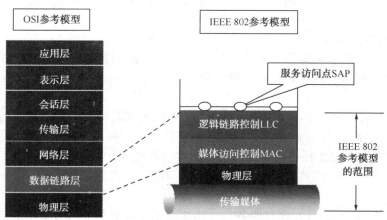

图 2-27 IEEE 802 参考模型与 OSI 参考模型对应关系

局域网只是一个计算机通信网，且不存在路由选择方式，因此，它不需要网络层，而只有最低的两个层次。为使局域网的数据链路层不过于复杂，一般将局域网的数据链路层划分为两个子层，即媒体访问控制 MAC（Media Access Control）子层、逻辑链路控制 LLC（Logical Link Control）子层，而物理层必须有。

2. 媒体访问控制子层和逻辑链路控制子层

（1）媒体访问控制 MAC 子层

MAC 子层负责物理寻址和对网络介质的物理访问，每次只能有一台设备可以在任一类型的介质上传输数据，如果多台设备试图传输数据，它们将会互相搅乱对方的信号，MAC 子层的具体功能包括以下主要内容：

① 链路管理。在物理连接的基础上，当有数据传输时，建立数据链路连接；在结束数据传输时，及时释放数据链路的连接。

② 成帧。将要发送的数据按照一定的格式进行分割后形成一定大小的数据块称为帧，以此作为数据传输单元进行数据的发送、接收、应答和校验，数据一帧一帧地传送，就可以在出现差错时，将有差错的帧再重传一次，从而避免了将全部数据都重传。

③ 差错控制。如果发送方只是不断地发出帧而不考虑它们是否能正确到达，这对可靠的、面向连接的服务来说肯定是不行的。

传送帧时可能出现的差错：位出错、帧丢失、帧重复、帧顺序错。为了保证可靠地传送，协议要求在接收端要对收到的数据帧进行差错校验，接收方向发送方提供有关接收情况的反馈信息。若发现差错，则必须重新发送出错的数据帧。

④ 流量控制。当发送方是在一个相对快速或负载较轻的机器上运行，而接收方是在一个相对慢速和负载较重的机器上运行时，怎样处理发送方的传送能力比接收方的接收能力大的问题？如果数据帧的发送速度不加控制的话，最终会"淹没"接收方。通常的解决办法是引入流量控制来限制发送方所发出的数据流量，使其发送速率不要超过接收方能处理的速率。这种限制通常需要某种反馈机制，使发送方能了解接收方是否能接收到。

大部分已知流量控制方案的基本原理都是相同的。例如，发送等待方法、预约缓冲法、滑动窗口控制方法、许可证法和限制管道容量方法等。协议中包括了一些定义完整的规则，这些规则描述了发送方在什么时候发送下一帧，在获得接收方直接或间接允许之前，禁止发出帧。

（2）逻辑链路控制 LLC 子层

LLC 子层建立和维护网络设备间的数据链路连接。它负责本层中的流量控制和错误纠正。根据数据链路层向网络层提供的服务质量、应用环境及是否有连接，LLC 子层提供的服务可分为以下三种。

① 无确认的无连接服务。在这种服务下，源主机可在任何时候发送独立的信息帧，而无须事先建立数据链路连接。接收主机的数据链路层将收到的数据直接送到网络层，并且不进行差错控制和流量控制，对于接收的有关情况也不做应答处理。此种服务的质量较低，适用于线路误码率很低及传送实时性要求较高的信息（如语音等）。大多数局域网的数据链路层采用这种服务。

② 有确认的无连接服务。这种服务与无确认的无连接服务不同之处在于：接收端要对接收的数据帧进行差错检验，并向发送端给出接收情况的应答；发送端收到应答或在发出数据后的一段规定时间内没有收到应答信息时，根据情况做出相应的处理（如重发等）。此种服务适用于传输不可靠（误码率高）的信道，例如无线电通信信道。

③ 有确认的面向连接的服务。这种服务的质量最好，是 OSI/RM 的主要服务方式。在这种服务中，数据传输的过程由以下几个阶段组成。第一阶段是进行数据链路的连接，通过询问和应答使通信双方都同意并做好传送数据和接收数据的准备；第二阶段是进行数据传输，在双方之间发送、接收数据，进行差错控制并做出相应的应答；第三阶段是数据链路的拆除，数据传

输完毕后，由任一方发出传输结束信号，经双方确认后，拆除连接，这个过程总是动态进行的。

3. 面向字符型数据链路规程和面向比特型数据链路规程协议

（1）面向字符型数据链路规程

面向字符协议曾经是传统的数据链路层协议，至今在某些场合仍被使用。它主要是利用已定义的一种代码字符集的一个子集来执行通信控制功能。常用字符集有 ASCII 码和 EBCDIC 码等，面向字符的典型协议有 ISO1745 数据通信系统的基本型控制规程等，IBM 的二进制同步通信（Binary Synchronous Communication，BSC）协议。

常用的面向字符协议的控制字符和功能，如表 2-3 所示。

表 2-3　面向字符协议的控制字符和功能

控制字符	ASCII 码	功　　能	英文名称	EBCDIC 码
SOH	01	表示报头开始	Start of Head	01
STX	02	表示正文开始	Start of Text	02
EXT	03	表示正文结束	End of Text	03
EOT	04	通知对方，传输结果	End of Transmission	37
ENQ	05	询问对方，要求回答	Enquiry	2D
ACK	06	肯定应答	Acknowledge	2E
NAK	15	否定应答	Negative Acknowledge	3D
DLE	10	转义字符,与后继字符一起组成控制功能	Date Link Escape	10
SYN	16	同步空位	Synchronous Character	32
ETB	17	正文信息组结束	End of Transmission Block	26

其中，各传输控制字符的功能如下。

SOH：标题开始，用于表示报文（块）的标题信息或报头的开始。

STX：文始，标志标题信息的结束和报文（块）文本的开始。

ETX：文终，标志报文（块）文本的结束。

EOT：送毕，用以表示一个或多个文本块的结束，并拆除链路。

ENQ：询问，用以请求远程站给出响应，响应可能包括远程站的身份或状态。

ACK：确认，由接收方发出肯定确认，作为对正文接收来自发送方的报文（块）的响应。

NAK：否认，由接收方发出的否定确认，作为对未正确接收来自发送方的报文（块）的响应。

DLE：转义，用以修改紧跟其后的有限个字符的意义。用于在 BSC 中实现透明方式的数据传输，或者当 10 个传输控制字符不够用时提供新的转义传输控制字符。

SYN：同步字符，在同步协议中，用以实现节点之间的字符同步，或用于在无数据传输时保持该同步。

ETB：块终或组终，用以表示当报文分成多个数据块时，一个数据块的结束。

面向字符协议的报文有数据报文和控制报文。格式如图 2-28 所示。

由于面向字符协议与通信双方所选用的字符集有密切的关系，面向字符协议存在一定的缺点。例如，在正文信息中可能会出现一些控制字符，而且在控制字符上都要加转义字符，形成双字符序列，以便与数据字符相区别，为此增加了硬件和软件实现时的负担，同时也减少了传输的信息。

SYN	SYN	SOH	报头	正文	EXT（ETB）	BCC

（a）数据报文格式

SYN	SYN	ENQ	建立数据链路连接

SYN	SYN	EOT	结束数据链路连接

SYN	SYN	ACK	肯定回答（表示正确接收）

SYN	SYN	NAK	否定回答（表示错误接收）

（b）控制报文格式

图 2-28　面向字符协议的报文格式

（2）面向比特型数据链路规程（High-level Data Link Control，HDLC）协议

20 世纪 70 年代初，出现了面向比特型数据链路规程，它比面向字符协议有更大的灵活性和更高的效率，成为链路层的主要协议。其特点是以位来定位各个字段，而不是用控制字符，各字段内均由 bit 组成，并以帧为统一的传输单位。高级数据链路控制规程协议是 IBM 公司研制的面向比特型数据链路层协议。为了能适应不同配置、不同操作方式和不同传输距离的数据通信链路，HDLC 定义了三种类型的通信站、两种链路结构和三种操作模式。

三种类型的通信站分别是主站、从站和复合站。主站负责链路的控制，包括对从站的恢复、组织传送数据及恢复链路差错。从站在主站控制下进行操作，接收主站发来的命令帧，并发回响应帧，配合主站控制链路。复合站同时具有主站和从站的双重功能。

两种链路结构分别是平衡链路结构和非平衡链路结构。平衡链路结构中链路两端的通信站均是组合站，则链路结构是一个平衡系统；若链路两端均具有主站和从站功能，且配对通信，则称为对称平衡链路结构。非平衡链路结构中链路的一端为主站，另一端为一个或多个从站，它适应点到点连接和多点连接的链路。

三种操作模式分别是正常响应模式、异步响应模型和异步平衡模式。正常响应模式适用于非平衡多点链路结构，特点是当从站收到主站询问后，才能发送信息。异步响应模式适用于平衡和非平衡的点到点链路结构，特点是从站不必等上站询问即可发送信息。异步平衡模式适用于通信双方均为复合站的平衡链路结构，特点是链路两端的复合站是平等的，任一组合站无须取得另一复合站的同意即可发送信息。

HDLC 协议使用统一结构的帧进行同步传输。HDLC 帧结构如表 2-4 所示。每个段占的bit 数由协议规定。

表 2-4　HDLC 的帧结构

8	8×n	8	≥0	16	8
F	A	C	I	FCS	F
开始字段	地址字段	控制字段	信息字段	检验字段	结束标志

所有的帧都必须以标志字段来开头和结尾。地址字段用于标志站的地址。控制字段主要是一些控制信息，包括帧的类型、接收和发送帧的序号、命令和响应等。信息字段包含要发送的数据，其长度没有规定，但实际应用时往往规定了最大长度。校验字段含有对除标志 F 以外的所有字段进行 CRC 校验的有关信息。

HDLC 协议规定了三种类型的帧，即信息帧、管理帧和无编号帧。信息帧用于数据传输，还可以同时用来对已收到的数据进行确认和执行轮询等功能。管理帧用于数据流控制，帧本身不包含数据，但可执行对信息帧确认、请求重发信息帧和请求暂停发送信息帧等功能。无编号

帧主要用于控制链路本身，它不使用发送或接收帧序号。某些无编号帧可以包含数据。

2.2.4 TCP/IP 参考模型

美国国防部高级研究计划局 ARPA 从 20 世纪 60 年代开始致力于研究不同类型计算机网络之间的互相连接问题，成功地开发出著名的 TCP/IP 协议，它是 ARPANet 网络结构的一部分，提供了连接不同厂家计算机的通信协议。事实上，它是由一组通信协议所组成的协议集。其中两个主要协议是网际协议（IP）和传输控制协议（TCP）。

1. TCP/IP 参考模型

TCP/IP 协议体系与 OSI 参考模型一样，也是一种分层结构。它是由基于硬件层次上的四个概念性层次构成的，即网络接口层、互联网层、传输层和应用层。图 2-29 所示表示了 TCP/IP 协议体系及其与 OSI 参考模型的对应关系。

OSI模型	TCP/IP协议体系			
应用层	应用层	Telnet FTP HTTP SMTP		TIME DNS SNMP TFTP
表示层				
会话层				
传输层	传输层	TCP		UDP
网络层	互联网层	IP ICMP		
数据链路层	网络接口层	Ethernet	Token-Ring	PPP	Other Media
物理层	硬件	Hardware		

图 2-29 TCP/IP 协议体系与 OSI 参考模型的对应关系

（1）网络接口层

网络接口层又称为数据链路层，它是 TCP/IP 的底层，但是 TCP/IP 协议并没有严格定义该层，它只是要求主机必须使用某种协议与网络连接，以便能在其上传递 IP 分组。因此，在传统的 UNIX 里，网络接口通常是一个设备驱动器，并且随主机和网络的不同而不同。

（2）互联网层

互联网层（Internet Layer）俗称 IP 层，它处理机器之间的通信。它接受来自传输层的请求，传输某个具有目的地址信息的分组。该层把分组封装到 IP 数据报中，填入数据报的首部（又称为报头），使用路由算法来选择是直接把数据报发送到目标机还是把数据报发送给路由器，然后将数据报交给下面的网络接口层中的对应网络接口模块。该层处理接收到的数据报，检验其正确性，使用路由算法来决定对数据报是否在本地进行处理还是继续向前传送。

（3）传输层

传输层的基本任务是提供应用层之间的通信，即端到端的通信。传输层管理信息流，提供可靠的传输服务，以确保数据无差错地按序到达。为了这个目的，传输层协议软件要进行协商，让接收方回送确认信息及让发送方重发丢失的分组。传输层协议软件将要传送的数据流划分成分组，并把每个分组连同目的地址交给下一层去发送。

（4）应用层

在这个最高层，用户调用应用程序来访问 TCP/IP 互联网络提供的多种服务。应用程序负责发送和接收数据。每个应用程序选择所需的传输服务类型，可以是独立的报文序列，或者是连续的字节流。应用程序将数据按要求的格式传送给传输层。

2. TCP/IP 分层工作原理

TCP/IP 协议体系和 OSI 模型的分层结构虽然不完全相同，但它们的分层原则是一致的，即都遵循这样的一个思想：分层的协议要被设计成达到这样的效果，即目标机的第 n 层所收到的数据就是源主机的第 n 层所发出的数据。

图 2-30 所示描述了 TCP/IP 分层的工作原理，它表示两台主机上的应用程序之间传输报文的路径。主机 B 上的第 n 层所收到的正是主机 A 上的第 n 层所发出的对象。

在图 2-30 中我们忽略了一个重要的内容，即没有描述发送方主机上的应用程序与接收主机的应用程序之间通过路由器进行报文传输的情况。在图 2-31 中，描述使用路由器的 TCP/IP 分层工作，图中报文经历了两种结构不同的网络，也使用了两种不同的网络帧，即一个是从主机 A 到路由器 R，另一个是从路由器 R 到主机 B。主机 A 发出的帧和路由器 R 接收到的帧相同，但不同于路由器 R 和主机 B 之间传送的帧。与此形成对照的是应用层和传输层处理端到端的事务，因此，发送方的软件能与最终接收方的对等层软件进行通信。也就是说，分层原则保证了最终接收方的传输层所收到的分组与发送方的传输层送出的分组是一样的。

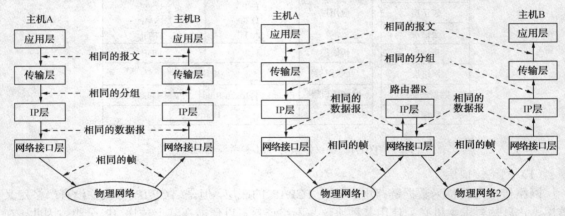

图 2-30　TCP/IP 分层工作原理　　　　图 2-31　使用路由器的 TCP/IP 分层工作原理

作为高层协议来说，TCP/IP 协议是世界上应用最广的异种网互联的标准协议，已成为事实上的国际标准。利用它，异种机型和异种操作系统就可以方便地构成单一协议的互联网络——TCP/IP 网络。关于 TCP/IP 协议的详细内容将在本书其他有关章节中做补充介绍。

2.3　网络传输介质

在计算机之间联网时，如果没有传输介质传送信号，就不存在网络，因为传输介质是网络中信息传输的物理传输基础。在网络中，一台计算机将信号通过传输介质传输到另一台计算机，传输介质可以是电缆、光纤等有线介质，也可以是微波、卫星信号等无线介质。目前有形传输介质主要用双绞线和光纤。

2.3.1　双绞线

双绞线（Twisted Pair）是局域网组建时常用的一种传输介质。

1. 组成及分类

双绞线由两根具有绝缘保护层的铜导线组成，如图 2-32 所示。把两根绝缘的铜导线按一定密度互相绞在一起，可降低信号干扰的程度，每一根导线加绝缘层并由色标来标记，在传输中辐射的电波会被另一根线上发出的电波抵消。如果把一对或多对双绞线放在一个绝缘套管中便成了双绞线电缆。与其他传输介质相比，双绞线在传输距离、信道宽度和数据传输速度等方面均受到一定限制，但价格较低。

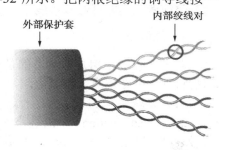

图 2-32　双绞线的内部组成

现行双绞线电缆中一般包含 4 个双绞线对，具体为橙 1/白橙 2、蓝 4/白蓝 5、绿 6/白绿 3、棕 8/白棕 7。计算机网络使用 1-2、3-6 两组线分别来发送和接收数据。双绞线接头为具有国际标准的 RJ-45 插头和插座。

值得注意的是，一般一段双绞线的最大长度为 100m，只能连接一台计算机；双绞线的每端需要一个 RJ-45 插件（头或座）；各段双绞线通过交换机（Switch）或集线器（Hub）互联。

虽然双绞线主要是用来传输模拟声音信息的，但同样适用于数字信号的传输，特别适用于较短距离的信息传输。在传输期间，信号的衰减比较大，并且产生波形畸变。采用双绞线的局域网的带宽取决于所用导线的质量、长度及传输技术。只要精心选择和安装双绞线，就可以在有限距离内达到每秒几百万位的可靠传输率。当距离很短，并且采用特殊的电子传输技术时，传输率可达 100～155Mbps。由于利用双绞线传输信息时要向周围辐射，信息很容易被窃听，因而要花费额外的代价加以屏蔽。目前，双绞线可分为屏蔽双绞线（Shielded Twisted Pair，STP）和非屏蔽双绞线（Unshielded Twisted Pair，UTP）。

（1）屏蔽双绞线

如图 2-33 所示，STP 的外层由铝箔包裹，以减小辐射，但并不能完全消除辐射。但它有较高的传输速率，100m 内可达到 155Mbps。屏蔽双绞线价格相对较高，安装时要比非屏蔽双绞线电缆困难。类似于同轴电缆，它必须配有支持屏蔽功能的特殊连接器和相应的安装技术。所以，除非有特殊需要，通常在综合布线系统中只采用非屏蔽双绞线。

（2）非屏蔽双绞线

如图 2-34 所示，UTP 对电磁干扰的敏感性较大，而且绝缘性不是很好，信号衰减较快，与其他传输介质相比，在传输距离、带宽和数据传输速率方面均有一定的限制。它的最大优点是直径小、重量轻、易弯曲、价格便宜、易于安装，具有独立性和灵活性，适用于结构化综合布线，所以被广泛用于传输模拟信号的电话系统。

图 2-33　屏蔽双绞线

图 2-34　非屏蔽双绞线

通常，还可以将双绞线按电气性能划分为三类、四类、五类、超五类、六类、七类双绞线等类型，数字越大、版本越新，技术越先进，带宽也越宽。目前在一般局域网中常见的是五类、超五类或者六类非屏蔽双绞线。

2. 性能指标

对于双绞线，用户最关心的是表征其性能的几个指标。这些指标包括衰减、近端串扰、阻抗特性、分布电容、直流电阻等。

（1）衰减

衰减（Attenuation）是沿链路的信号损失度量。衰减与线缆长度有关系，随着长度的增加，信号衰减也随之增加。衰减用"db"作为单位，表示源传送端信号到接收端信号强度的比率。由于衰减随频率而变化，因此，应测量在应用范围内的全部频率上的衰减。

（2）近端串扰

串扰分为近端串扰（NEXT）和远端串扰（FEXT），测试仪主要是测量 NEXT，由于存在线路损耗，因而 FEXT 的量值的影响较小。近端串扰损耗是测量一条 UTP 链路中从一对线到另一对线的信号耦合。对于 UTP 链路，NEXT 是一个关键的性能指标，也是最难精确测量的一个指标。随着信号频率的增加，其测量难度将加大。NEXT 并不表示在近端点所产生的串扰值，它只是表示在近端点所测量到的串扰值。这个量值会随电缆长度不同而变化，电缆越长，其值变得越小。同时发送端的信号也会衰减，对其他线对的串扰也相对变小。实验证明，只有在 40m 内测量得到的 NEXT 是较真实的。如果另一端是远于 40m 的信息插座，那么它会产生一定程度的串扰，但测试仪可能无法测量到这个串扰值。因此，最好在两个端点都进行 NEXT 测量。现在的测试仪都配有相应设备，使得在链路一端就能测量出两端的 NEXT 值。

（3）直流电阻

直流环路电阻会消耗一部分信号，并将其转变成热量。它是指一对导线电阻的和，11801 规格的双绞线的直流电阻不得大于 19.2Ω。每对间的差异不能太大（小于 0.1Ω），否则表示接触不良，必须检查连接点。

（4）特性阻抗

与环路直流电阻不同，特性阻抗包括电阻及频率为 $1\sim100MHz$ 的电感阻抗及电容阻抗，它与一对电线之间的距离及绝缘体的电气性能有关。各种电缆有不同的特性阻抗，而双绞线电缆则有 100Ω、120Ω 和 150Ω 几种。

（5）衰减串扰比（ACR）

在某些频率范围内，串扰与衰减量的比例关系是反映电缆性能的另一个重要参数。ACR 有时也以信噪比（Signal-Noise Ratio，SNR）表示，它由最差的衰减量与 NEXT 量值的差值计算。ACR 值较大，表示抗干扰的能力更强。一般系统要求至少大于 10dB。

（6）电缆特性

通信信道的品质是由它的电缆特性描述的。信号噪声（SNR）是在考虑到干扰信号的情况下，对数据信号强度的一个度量。如果 SNR 过低，将导致数据信号在被接收时，接收器不能分辨数据信号和噪声信号，最终引起数据错误。因此，为了将数据错误限制在一定范围内，必须定义一个最小的可接收的 SNR。

3. 常用的双绞线电缆

（1）超五类 4 对非屏蔽双绞线

它是美国线缆规格为 24 的实心裸铜导体，以氟化乙烯作为绝缘材料，基本参数如表 2-5 所示。

表 2-5　超五类 4 对非屏蔽双绞线基本参数

型　　号	超五类 UTP
产品类型	布线产品
主要参数	抗输速率为 100Mbps，使用温度为−20～75℃，储存温度为−25～80℃，抗拉强度为 11N，适用于 100MHz 语音和数据的各种工程应用
其他性能	性能达到 TIA/EIA568B 标准，适用于 100MHz 语音和数据的各种工程应用，标准布线长度为 90m

（2）六类 4 对非屏蔽双绞线

1997 年年底，ISO 提出一个电缆系统（E 级/6 类）目标。这个提议的系统应能在 200 MHz 下提供 5 类系统，在 100MHz 下提供功率和 ACR （PSACR）性能 （实际性能规范高达 250 MHz）。到 1998 年中期，对六类电缆系统的电缆、连接器、接插线、连接和信道等各方面性能提出了要求。

六类标准包含的另一个"新的"性能参数是平衡。平衡涉及电缆系统抵消环境（普通模式）噪声的能力。基本参数如表 2-6 所示。

表 2-6　六类 4 对非屏蔽双绞线基本参数

型　　号	六五类 UTP
产品类型	布线产品
主要参数	传输速率为 250Mbps，使用温度为−20+70℃，储存温度为−25/80℃，抗拉强度为 200N，抗压强度为 250N，适合各种工程应用，达到千兆位以太网性能
其他性能	采用十字骨架分结构，性能达到 TIA/EIA 568B.2 六类标准，适合各种工程应用，达到千兆位以太网性能，标准布线长度为 90m

（3）超五类布线系统

超五类布线系统是一个非屏蔽双绞线布线系统，通过对它的"链接"和"信道"性能的测试表明，它超过 TIA/EIA568 的五类线要求。与普通的五类 UTP 比较，其衰减更小，串扰更少，同时具有更高的衰减与串扰的比值，更小的时延误差，性能得到了提高。它具有以下四大优点：

① 提供了坚实的网络基础，可以方便转移、更新网络技术。

② 能够满足大多数应用的要求，并且满足低偏差和低串扰总和的要求。

③ 被认为是为将来网络应用提供的解决方案。

④ 充足的性能余量，给安装和测试带来方便。

与五类线缆相比，超五类在近端串扰、串扰总和、衰减和信噪比四个主要指标上都有较大的改进。近端串扰（NEXT）是评估性能的最重要标准。高速的 LAN 在传送和接收数据时是同步的。NEXT 是当传送与接收同时进行时所产生的干扰信号。NEXT 的单位是 dB，它表示传送信号与串扰信号之间的比值。

串扰总和（Power Sum NEXT）是从多个传输端产生 NEXT 的和。如果一个布线系统能够满足五类线在 Power Sum 下的 NEXT 要求，那么就能处理从应用共享到高速 LAN 应用的任何问题。超五类布线系统的 NEXT 只有五类线要求的 1/8。

结构回路损耗（SRL）是衡量线缆阻抗一致性的标准，阻抗的变化引起反射。一部分信号的能量被反射到发送端，形成噪声。SRL 是测量能量变化的标准，由于线缆结构变化而导致阻抗变化，使得信号的能量发生变化。反射的能量越少，意味着传输信号越完整，在线缆上的噪声越小。比起普通五类双绞线，超五类系统在 100MHz 频率下运行时，为用户提供 8dB 近端串扰的余量，用户的设备受到的干扰只有普通五类线系统的 1/4，使系统具有更强的独立性和可靠性。

2.3.2 光纤

光纤是光导纤维的简称，是目前发展和应用最为迅速的信息传输介质，主要用于距离较远或网络速度要求较快的网络系统。

1. 组成及分类

光纤是一种传输光束的细而柔韧的媒质。它由纯净的石英玻璃经特殊工艺拉制成的粗细均匀的玻璃丝组成。它质地脆，易断裂。一般在玻璃芯的外面包裹一层折射率较低的玻璃封套，再外面是一层薄的塑料外套，用来保护光纤。光纤通常被扎成束，外面有外壳保护，其结构如图 2-35 所示。

光纤主要有以下两种分类方式。

（1）按传输点模数分类

按传输点模数分类，光纤分为单模光纤（Single Mode Fiber）和多模光纤（Multi Mode Fiber），如图 2-36 所示。

| 图 2-35　光纤结构图 | 图 2-36　单模光纤和多模光纤传输图 |

单模光纤的纤芯直径很小，中心玻璃芯的芯径一般为 9μm 或 10μm，只能传输一种模式的光，即在给定的工作波长上只能以单一模式传输，传输频带宽，传输容量大，适用于远程通信。单模光纤对光源的谱宽和稳定性有较高的要求，即谱宽要窄，稳定性要好。

多模光纤中心玻璃芯较粗，芯径一般为 50μm 或 62.5 μm，可传输多种模式的光，即在给定的工作波长上，能以多个模式同时传输。与单模光纤相比，多模光纤的传输性能较传输的距离比较近，一般只有几千米。

（2）按折射率分布分类

按折射率分布分类，光纤可分为跳变式光纤和渐变式光纤。

跳变式光纤纤芯的折射率和保护层的折射率都是一个常数。在纤芯和保护层的交界面，折射率呈阶梯式变化，其成本低，模间色散高。适用于短途低速通信，由于单模光纤间色散很小，所以单模光纤都采用跳变式。

　　渐变式光纤芯的折射率随着半径的增加按一定规律减小，在纤芯与保护层交界减小为保护层的折射率。纤芯折射率的变化近于抛物线，这能减少模间色散，提高光纤带宽，增加传输距离，但成本较高，现在的多模光纤多为渐变光纤。

　　光纤的类型由模材料（玻璃和塑料纤维）、芯和外层尺寸决定，芯的尺寸大小决定光的传输质量。常用的光纤缆如下：

　　① 8.3μm 芯、125μm 外层、单模。

　　② 62.5μm 芯、125μm 外层、多模。

　　③ 50μm 芯、125μm 外层、多模。

　　④ 100μm 芯、140μm 外层、多模。

2. 光纤通信特点

　　与铜导线相比，光纤具有非凡的性能。首先，光纤能够提供比铜导线高得多的带宽，在目前技术条件下，一般传输速率可达几十 Mb/s 到几百 Mb/s，其带宽可达 1Gbps，而在理论上，光纤的带宽可以是无限的。其次，光纤中光的衰减很小，在长线路上第 30km 才需要一个中继器，而且光纤不受电磁干扰，不受空气中腐蚀性化学物质的侵蚀，可能在恶劣环境中正常工作。第三，光纤不漏光，而且难于拼接，使得它很难被窃听，安全性很高，是国家主干网传输的首选介质。另外，光纤还具有体积小、重量轻、韧性好等特点，其价格也会随着工程技术的发展而大大下降。

　　（1）优点

　　① 传输速率高，目前实际可达到的传输速率为几十 Mb/s 至几千 Mb/s。

　　② 抗电磁干扰能力强，重量轻、体积小、韧性好、安全保密性高等。

　　③ 传输衰减极小，使用光纤传输时，可以达到在 6～8 km 距离内不使用中继器的高速率的数据传输。

　　④ 传输频带宽，通信容量大。

　　⑤ 线路损耗低，传输距离远。

　　⑥ 抗化学腐蚀能力强。

　　⑦ 光纤制造资源丰富。

　　（2）缺点

　　① 光纤多作为计算机网络的主干线。光纤的最大问题是与其他传输介质相比价格昂贵。

　　② 光纤衔接和光纤分支均较困难，而且在分支时，信号能量损失很大。

3. 连接方式

　　光纤有三种连接方式如下所示。

　　① 可以将它们接入连接头并插入光纤插座，连接头要损耗 10%～20%的光，但是它使重新配置系统很容易。

　　② 可以用机械方法将其接合。方法是将两根小心切割好的光纤一端放在一个套管中，然后钳起来，可以让光纤通过结合处来调整，以使信号达到最大。机械结合需要训练过的人员花大约 5 min 的时间完成，光的损失大约为 10%。

　　③ 两根光纤可以被融合在一起形成坚实的连接。融合方法形成的光纤和单根光纤差不多是相同的，仅仅有一点衰减，但需要特殊的设备。

　　对于这三种连接方法，结合处都有反射，并且反射的能量会与信号交互作用。

4. 光纤的性能指标

（1）衰减

所有的光纤网络安装中的最大问题就是衰减。衰减是指光信号在功率上的损失和减弱的程度，它的单位是分贝（dB 或 dBpkm，后者是针对某一特定的网络而言），光纤连接中 3dB 的衰减就相当信号损失了 50%。

在一根光纤中，若从发送端到接收终端之间存在的衰减越大，两者间可能的最大距离就越短。影响光纤中光信号衰减的主要因素：光纤连接中间的缝隙过大；连接器的安装不正确；光纤本身质地不纯，混有杂质；网线受到过多的弯折；网线受到过分的拉伸。

（2）许可度

许可度是指特定的光纤（多模光纤）能接受光信号作为其入射信号的角度。

（3）数值孔径

数值孔径是易被人们忽略的一个问题，但它是一个非常重要的性能要素，特别是在接合两根光纤网络时，数值孔径是用来表示一根特定的光纤网络容纳光信号的参数。在数值上等于一个包含许可角的数学表达式的值。

数值孔径的数值是一个 0 和 1 之间的小数，数值取 0 表示光纤没有接收任何光信号，数值取 1 表示光纤接收了入射的所有光信号。数值孔径值越小，光纤接收入射的光信号就越少，光信号能传输出的距离也就越短；反过来，一个较大的值就表示信号可以传输得更远，但是只能提供一个较低的带宽。

（4）色散

色散是指不同波长的光穿过光纤时散射开的现象，是因为不同波长的光在同一种介质中的传播速度是不同的。当它们反复反射穿过光纤时，不同波长的光会在光纤壁上以不同的角度反射，不同波长的光会越来越伸展分离，直到在完全不同的时间到达目的地。

2.3.3 同轴电缆（Coaxial Cable）

广泛使用的同轴电缆有两种：一种为 50Ω 同轴电缆，用于数字信号的传输，即基带同轴电缆；另一种为 75Ω 同轴电缆，用于宽带模拟信号的传输，即宽带同轴电缆。同轴电缆以单根铜导线为内芯，外裹一层绝缘材料，使中心导体免受外界干扰，故同轴电缆比双绞线具有更高的带宽和更好的噪声抑制特性。

现行以太网同轴电缆的接法有两种——直径为 0.4cm 的 RG-11 粗缆采用凿孔接头接法，直径为 0.2cm 的 RG-58 细缆采用 T 型头接法。粗缆要符合 10BASE5 介质标准，使用时需要一个外接收发器和收发器电缆，单根最大标准长度为 500m，可靠性强，最多可接 100 台计算机，两台计算机的最小间距为 2.5m。细缆按 10BASE2 介质标准直接连到网卡的 T 型头连接器（BNC 连接器）上，单段最大长度为 185m，最多可接 30 个工作站，最小站间距为 0.5m。由于目前同轴电缆在实际中用的较少故此不再赘述。

2.3.4 无线介质

双绞线和光纤属于有线介质，但有线传输并不是在任何时候都能实现的。例如，通信线路要通过一些高山、岛屿或公司临时在一个场地做宣传而需要联网时就很难施工。当通信距离很远时，铺设电缆既昂贵又费时，而且我们的社会正处于一个信息时代，人们无论何时何地都需有及时的信息，这就不可避免地要用到无线传输。

1. 微波

微波的频率范围为 300MHz～300GHz ，但主要是使用 2～40GHz 之间的频率范围。无线电微波通信在数据通信中占有重要地位，主要分为地面系统与卫星系统两种。

地面微波采用定向抛物面天线，地面微波信号一般在低 GHz 频率范围内。由于微波连接不需要什么电缆，所以它比起基于电缆方式的连接，较适合跨越荒凉或难以通过的地段。一般它经常用于连接两个分开的建筑物或在建筑群中构成一个完整网络。由于微波在空间是直线传输，而地球表面是个曲面，因而其传输距离受到限制，只有 50km 左右。但若采用 100m 的天线塔，则距离可增大至 100km。为了实现远距离信，必须在一条无线电通信信道的两个终端之间建立若干中继站。中继站把前一站送来信号经过放大后再送到下一站，所以也将地面微波通信称为"地面微波接力通信"。

卫星微波利用地面上的定向抛物天线，将视线指向卫星。卫星发出的电磁波覆盖范围广，跨度可达 18 000km，可覆盖球表面 1/3 的面积，卫星微波传输跨越陆地或海洋，所需要的时间与费用却很少。地球站之间利用位于 36 000km 高空的人造同步地球卫星作为中继器进行卫星微波通信。

2. 红外系统

红外系统采用发光二极管（LED）、激光二极管（ILD）来进行站与站之间的数据交换。红外设备发出的光，一般只包含电磁波或小范围电磁频谱中的光子。传输信号可以直接或经过墙面、天花板反射后，被接收装置收到。

红外信号没有能力穿透墙壁和一些其他固体，每一次反射都要衰减 1/2 左右，同时红外线也容易被强光源盖住。红外系统的特性可以支持高速度的数据传输，它一般可分为点到点与广播式两类。

（1）点到点红外系统

点对点红外应用系统如图 2-37 所示。

这是我们最熟悉的，如常用的遥控器。红外传输器使用光频为 100GHz～1 000THz 之间的最低部分。除高质量的大功率激光较贵以外，一般用于数据传输的红外线装置都非常便宜。然而它的安装必须精确到绝对点对点。目前它的传输率一般为每秒几千比特。根据发射光的强度、纯度和大气情况，衰减有较大的变化，一般距离为几米到几千米不等。聚焦传输具有极强的抗干扰性。

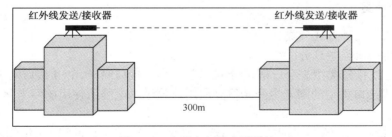

图 2-37　点到点红外应用系统

（2）广播式红外系统

广播式红外系统是把集中的光束，以广播或扩散方式向外发送。利用这种设备，一个收发设备就可以与多个设备通信，如图 2-38 所示。

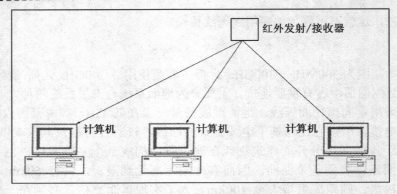

图 2-38　广播式红外系统

2.4　网络设备

网络可由各种各样的设备构成，它们分别完成不同的功能，实现网络的互联、保障网络的功能和应用。

2.4.1　网卡

网卡（Network Interface Card）又称为网络接口卡或网络适配器，是局域网组网的核心设备，它提供接入局域网的电缆接头，每一台接入局域网的工作站和服务器，都必须使用一个网卡连入网络。

1．网卡的功能

网卡的功能是将工作站或服务器连接到网络上，实现网络资源共享和相互通信。具体来说，网卡作用于 LAN 的物理层和数据链路层的介质访问控制子层（MAC），一方面网卡要完成计算机与电缆系统的物理连接；另一方面它根据所采用的 MAC 协议实现数据帧的封装和拆封，并进行相应的差错校验和数据通信管理。另外，每块网卡都有一个网卡地址，这个地址将作为局域网工作站的地址。以太网网卡的地址是 12 位 16 进制数，这个地址在国际上统一分配，不会重复。

2．网卡的种类

网卡可按如下几种方式分类。

（1）按总线接口类型划分

按网卡的总线接口类型来分一般可分为早期的 ISA 接口网卡、PCI 接口网卡。目前在服务器上 PCI-X 总线接口类型的网卡也开始得到应用，笔记本电脑所使用的网卡是 PCMCIA 接口类型的。

① ISA 总线网卡。这是早期的一种的接口类型网卡，在 20 世纪 80 年代末，20 世纪 90 年代初期几乎所有内置板板卡都是采用 ISA 总线接口类型，一直到 20 世纪 90 年代末期都还有部分这类接口类型的网卡。当然这种总线接口不仅用于网卡，像现在的 PCI 接口一样，当时也普遍应用于包括网卡、显卡、声卡等在内的所有内置板卡。

ISA 总线接口由于 I/O 速度较慢，随着 20 世纪 90 年代初 PCI 总线技术的出现，很快被淘汰了。目前市面上基本上看不到有 ISA 总线类型的网卡。图 2-39 所示是一款 ISA 总线型网卡示意图。与 PCI 接口一样，也只有一个缺口位，但这一缺口位离两端的距离比 PCI 接口金手指缺口位要长许多。

② PCI 总线网卡（Peripheral Component Interconnect，PCI，外设部件互联标准）。这种总线类型的网卡在当前的台式机上相当普遍，也是目前最主流的一种网卡接口类型。因为它的 I/O 速度远比 ISA 总线型的网卡快，ISA 最高仅为 33Mbps，而目前的 32 位的 PCI 接口数据传输速度最高可达 133Mbps，所以在这种总线技术出现后很快就替代了原来老式的 ISA 总线。它通过网卡所带的两个指示灯颜色初步判断网卡的工作状态。目前主流 PCI 规范有 PCI 2.0、PCI 2.1 和 PCI 2.2 三种，PC 机上用的是 32 位 PCI 网卡，如图 2-40 所示。三种规范的网卡外观基本上差不多。

 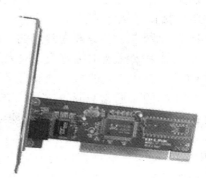

图 2-39　ISA 总线网卡　　　　　图 2-40　32 位 PCI 总线网卡

③ PCMCIA 总线网卡。这种类型的网卡是笔记本电脑专用的，它受笔记本电脑的空间限制，体积远不可能像 PCI 接口网卡那么大。随着笔记本电脑的日益普及，这种总线类型的网卡目前在市面上较为常见，很容易找到，而且现在生产这种总线型的网卡的厂商也较原来多了许多。PCMCIA 总线分为两类，一类为 16 位的 PCMCIA，另一类为 32 位的 CardBus。

CardBus 是一种用于笔记本电脑的新的高性能 PC 卡总线接口标准，就像广泛地应用在台式计算机中的 PCI 总线一样。该总线标准与原来的 PC 卡标准相比，具有以下的优势：第一，32 位数据传输和 33MHz 操作。CardBus 快速以太网 PC 卡的最大吞吐量接近 90 Mbps，而 16 位快速以太网 PC 卡仅能达到 20～30Mbps；第二，总线自主，使 PC 卡可以独立于 CPU 与计算机内存间直接交换数据，这样 CPU 就可以处理其他的任务；第三，3.3V 供电，低功耗，提高了电池的寿命，降低了计算机内部的热扩散，增强了系统的可靠性；第四，兼容 16 位的 PCI 卡。老式以太网和 Modem 设备的 PC 卡仍然可以插在 CardBus 插槽上使用。

如图 2-41 所示的是一款千兆网卡，网卡传输速率为 10/100/1000Mbps，全双工，支持总线标准，支持 32 位 CardBus 总线标准及 PC Card Type Ⅱ标准。

④ USB 接口网卡。作为一种新型的总线技术，USB（Universal Serial Bus，通用串行总线）已经被广泛应用于鼠标、键盘、打印机、扫描仪、Modem 和音箱等各种设备。由于其传

图 2-41　支持 32 位 CardBus 总线标准的网卡

输速率远远大于传统的并行口和串行口，设备安装简单并且支持热插拔。USB 设备一旦接入，

就能够立即被计算机所承认，并装入任何所需要的驱动程序，而且不必重新启动系统就可立即投入使用。当不再需要某台设备时，可以随时将其拔除，并可再在该端口上插入另一台新的设备，然后，这台新的设备也同样能够立即得到确认并马上开始工作，所以越来越受到厂商和用户的喜爱。USB 这种通用接口技术不仅在一些外置设备中得到广泛的应用，如 Modem、打印机、数码相机等，在网卡中也使用。

（2）按网络接口划分

除了可以按网卡的总线接口类型划分外，我们还可以按网卡的网络接口类型来划分。网卡最终是要与网络进行连接，所以也就必须有一个接口使网线通过它与其他计算机网络设备连接起来。不同的网络接口适用于不同的网络类型，目前常见的接口主要有以太网的 RJ-45 接口、细同轴电缆的 BNC 接口和粗同轴电缆 AUI 接口、FDDI 接口、ATM 接口等。而且有的网卡为了适用于更广泛的应用环境，提供了两种或多种类型的接口，如有的网卡会同时提供 RJ-45、BNC 接口或 AUI 接口。

① RJ-45 接口网卡。它是最为常见的一种网卡，也是应用最广的一种接口类型网卡，这主要得益于双绞线以太网应用的普及。因为这种 RJ-45 接口类型的网卡就是应用于以双绞线为传输介质的以太网中，它的接口类似于常见的电话接口 RJ-11，但 RJ-45 是 8 芯线，而电话线的接口是 4 芯的，通常只接 2 芯线（ISDN 的电话线接 4 芯线）。在网卡上还自带两个状态指示灯，通过这两个指示灯颜色可初步判断网卡的工作状态，如图 2-42 所示的是 RJ-45 接口的网卡。

② BNC 接口网卡。这种接口网卡用于以细同轴电缆为传输介质的以太网或令牌网中，目前这种接口类型的网卡较少见，主要因为用细同轴电缆作为传输介质的网络就比较少。如图 2-43 所示的是 BNC 接口网卡。

图 2-42　RJ-45 接口网卡示意图　　　　图 2-43　BNC 接口网卡示意图

③ AUI 接口网卡。该网卡主要应用于以粗同轴电缆为传输介质的以太网或令牌网中，这种接口类型的网卡目前更是少见，因为用粗同轴电缆作为传输介质的网络更少。

④ FDDI 接口网卡。这种接口类型的网卡主要用在 FDDI 网络中，这种网络具有100Mbps 的带宽，但它所使用的传输介质是光纤，所以这种 FDDI 接口网卡的接口也是光膜接口。随着快速以太网的出现，它的速度优越性已不复存在，但它需采用昂贵的光纤作为传输介质的缺点并没有改变，所以目前也非常少见。

⑤ ATM 接口网卡。这种接口类型的网卡是应用于 ATM 光纤（或双绞线）网络中。它能提供物理的传输速率达 155Mbps。图 2-44 所示分别是两款接口不一样（分别为 MMF-SC 光接口或 RJ45 电接口）的 ATM 网卡产品示意图。

图 2-44　MMF-SC 光接口和 RJ-45 电接口网卡示意图

（3）按带宽划分

随着网络技术的发展，网络带宽也在不断提高，但是不同带宽的网卡所应用的环境也有所不同，当然价格也完全不一样了，为此有必要对网卡的带宽做进一步了解。

目前主流的网卡主要有 10Mbps 网卡、100Mbps 以太网卡、10Mbps/100Mbps 自适应网卡、1 000Mbps 千兆以太网卡四种。

① 10Mbps 网卡。10Mbps 网卡是一种比较老式、低档的网卡。它的带宽限制在 10Mbps，这在使用 ISA 总线类型的网卡中较为常见，目前 PCI 总线接口类型的网卡中也有一些，不过目前这种网卡已不是主流。仅适应于一些小型局域网或家庭需求，中型以上网络一般不选用。但它的价格比较便宜，一般仅为几十元。

② 100Mbps 网卡。100Mbps 网卡是目前一种技术比较先进的在市面上已逐渐得到普及的网卡，但它的价格稍贵，一般都要几百元以上。注意：一些杂牌 100Mbps 网卡不能向下兼容 10Mbps 网络。

③ 10Mbps/100Mbps 自适应网卡。这是一种 10Mbps 和 100Mbps 两种带宽自适应的网卡，也是目前应用最为普及的一种网卡类型，最主要的是因为它能自动适应两种不同带宽的网络需求，保护了用户的网络投资。它既可以与老式的 10Mbps 网络设备相连，又可应用于较新的 100Mbps 网络设备连接，所以得到了用户普遍的认同。

④ 1 000Mbps 以太网卡。千兆位以太网（Gigabit Ethernet）是一种高速局域网技术，它能够在铜线上提供 1Gbps 的带宽。与它对应的网卡就是千兆网卡了，同理，这类网卡的带宽也可达到 1Gbps 。千兆位网卡的网络接口也有两种主要类型，一种是普通的双绞线 RJ-45 接口，另一种是多模 SC 型标准光纤接口。

（4）按网卡应用领域来分

如果根据网卡所应用的计算机类型来分，我们可以将网卡分为应用于工作站的网卡和应用于服务器的网卡。前面所介绍的基本上都是工作站网卡，其实通常也应用于普通的服务器上。但是在大型网络中，服务器通常采用专门的网卡。它相对于工作站所用的普通网卡来说在带宽（通常在 100Mbps 以上，主流的服务器网卡都为 64 位千兆位网卡）、接口数量、稳定性、纠错等方面都有比较明显的提高。还有的服务器网卡支持冗余备份、热拔插等服务器专用功能。

3. 网卡的选购

在组网时是否能正确选用、连接和设置网卡，往往是能否正确连通网络的前提和必要条件。一般来说，在选购网卡时要考虑以下因素。

（1）网络类型

现在比较流行的有以太网、令牌环网、FDDI 网等，选择时应根据网络的类型来选择相对应的网卡。

（2）传输速率

应根据服务器或工作站的带宽需求并结合物理传输介质所能提供的最大传输速率来选择网卡的传输速率。以以太网为例，可选择的速率有 10Mbps、10/100Mbps、1 000Mbps，甚至 1Gbps 等多种，但不是速率越高就越合适。

（3）总线类型

计算机中常见的总线插槽类型有 ISA、EISA、PCI 和 PCMCIA 等。在服务器上通常使用 PCI 或 EISA 总线的智能型网卡，工作站则采用 PCI 或 ISA 总线的普通网卡，笔记本电脑则用 PCMCIA 总线的网卡或采用并行接口的便携式网卡。目前 PC 基本上已不再支持 ISA 连接，所以当为自己的 PC 购买网卡时，千万不要选购已经过时的 ISA 网卡，而应当选购 PCI 网卡。

（4）网卡支持的电缆接口

网卡最终是要与网络进行连接，所以也就必须有一个接口使网线通过它与其他计算机网络设备连接起来。不同的网络接口适用于不同的网络类型，目前常见的接口主要有以太网的 RJ-45 接口、细同轴电缆的 BNC 接口、粗同轴电缆 AUI 接口、FDDI 接口和 ATM 接口等。而且有的网卡为了适用于更广泛的应用环境，提供了两种或多种类型的接口，如有的网卡会同时提供 RJ-45、BNC 接口或 AUI 接口。

（5）价格与品牌

不同速率、不同品牌的网卡价格差别较大。

4．网卡的安装

网卡是网络的重要组成器件之一，网卡的好坏直接影响网络的运行状态。安装网卡包括网卡的硬件安装、连接网络线、网卡工作状态设置和网卡设备驱动程序的安装。网卡的安装步骤如下：首先关闭主机电源，拔下电源插头，打开机箱；从防静电袋中取出网卡，根据网卡底部的金手指长度为网卡寻找一个合适的插槽（ISA 卡底部金手指略长于 PCI 卡的金手指）；PCI 插槽（白色）在主板后侧中部，ISA 插槽（黑色）在主板右后侧；拧下机箱后部挡板上固定防尘片的螺丝，取下防尘片，露出条形窗口；将卡对准插槽，使有输出接口的金属接口挡板面向机箱后侧，然后适当用力平稳地将卡向下压入槽中；将卡的金属挡板用螺丝固定在条形窗口顶部的螺丝孔上。这个小螺钉既固定了卡，又能有效地防止短路和接触不良，还连通了网卡与计算机主板之间的公共地线。

当网卡插入主板，重新启动计算机后，系统报告检测到新的硬件，可按照其提示进行网卡驱动程的安装，网卡安装好以后，选择"开始—设置—控制面板"打开"控制面板"窗口，双击"系统"图标，打开"系统特性"对话框，单击对话框中的"硬件"选项卡，打开"系统特性—硬件"对话框，单击"设备管理器"按钮，打开"设备管理器"对话框，单击"网卡"选项前面的"＋"号，展开"网卡"选项，即可以看到已安装的网卡型号信息，出现的信息前面无"？"号表示安装成功。

网卡设备驱动程序安装完成，还必须进行 Windows 的设置。如果启动机器后，按提示重新启动以后，在"控制面板"→"网络"→"属性"标签的"已安装下列网络组件"窗口中通常会有以下条目：

Microsoft 网络客户——用于与其他 Microsoft Windows 计算机和服务器相连接的软件，以便其他的计算机共享文件和打印机。

NetWare 网络客户——用于与 NetWare 服务器相连接的软件，以便其他计算机共享文件和打印机。'

Novell/Anthem NE2000——当前网络适配器（网卡），是物理上连接计算机与网络的硬件。

IPX/SPX 兼容协议 NetWare 和 Windows NT 服务器及 Windows XP，Windows 2000 计算机使用的通信语言，两台计算机间必须用相同的协议才能相互通信。

NetBEUI 用于连接 Windows NT，Windows for Workgroups 或 LAN Manager 服务器的协议。

用户使用"IPX/SPX 兼容协议"和"NetBEUI"其中之一就可以 Windows 对等网中通信。

如想通过服务器连接 Internet 必须添加"TCP/IP"协议，在安装网卡的过程中，Windows 操作系统会自动安装 TCP/IP 协议，如果要添加其他协议，可以进行如下操作：在"控制面板"/"网络"对话框中单击"添加"按钮，打开"选定网络组件类型"窗口，在"选定网络组件类型"窗口中选定"协议"后，单击"添加"按钮，出现"选择网络协议"对话框，在"网络协议"列表框中选中要安装的协议，再单击"确定"按钮完成安装。完成上述工作后，用户就可以登录网络，但还需根据网络的要求进行一些设置，例如，设置计算机 IP 地址及网关、DNS，更改计算机名称及工作组等。

2.4.2 交换机

交换机的英文名称为 Switch，从外观上看，它是带有多个端口的长方形盒状体。交换机是按照通信两端传输信息的需要，通过人工或设备把要传输的信息送到符合要求的相应路由上的技术统称。广义的交换机就是一种在通信系统中完成信息交换功能的设备。

交换机的主要功能包括物理编址、网络拓扑结构、错误校验、帧序列及流量控制。目前一些高档交换机还具备了一些新的功能，如对 VLAN（虚拟局域网）的支持、对链路汇聚的支持，甚至有的还具有路由和防火墙的功能。

交换机除了能够连接同种类型的网络之外，还可以在不同类型的网络（如以太网和快速以太网）之间起到互联作用。如今许多交换机都能够提供支持快速以太网或 FDDI 等的高速连接端口。

1. 交换机的工作原理

交换机遵循 IEEE802.3 及其扩展标准。简单地说，由交换机构建的网络称为交换式网络，每个端口都能独享带宽，所有的端口都能够同时进行通信，并且能够在全双工模式下提供双倍的传输速率。

（1）"共享"与"交换"数据传输技术

要明白交换机的优点首先就必须明白交换机的基本工作原理，而交换机的工作原理其实最根本的是要理解"共享"（Share）和"交换"（Switch）这两个概念。集线器是采用共享方式进行数据传输的，而交换机是采用"交换"方式进行数据传输的。可以把"共享"和"交换"理解成公路。"共享"方式就是来回车辆共用一个车道的单车道公路，而"交换"方式则是来回车辆各用一个车道的双车道公路。从日常生活中明显可以感受到双车道交换方式的优越性。因为双车道来回的车辆可以在不同的车道上单独行走，一般来说如果不出现意外的话是不可能出现大塞车现象，而单车道上来回的车辆每次只能允许往一个方向行驶，这样就很容易出现塞车现象。

交换机进行数据交换的原理就是在这样的背景下产生的，在交换机技术上把这种"独享"道宽（网络上称为"带宽"）称为"交换"，这种网络环境称为"交换式网络"，它是一种"全双工"状态，即可以同时接收和发送数据，数据流是双向的。交换式网络必须采用交换机来实现。

另外，在交换式网络中的设备各自都有自己的信道，各行其道基本上是不太可能发生争抢信道的现象。但也有例外，那就是数据流量增大，而网络速度和带宽没有得到保证时才会在同一信道上出现碰撞现象，就像我们在双车道或多车道也可能发生撞车现象一样。解决这一现象的方法有两种，一种是增加车道，另一种方法就是提高车速，很显然增加车道这一方法是最基本的，但它不是最终的方法，因为车道的数量肯定有限，如果所有车辆的速度上不去，那还是会效率低的。第二种方法是一种比较好的方法，提速有助于车辆正常有序地快速流动，这就是为什么高速公路出现撞车的现象反而比普通公路上少许多的原因。计算机网络也一样，虽然我们的交换机能提供全双工方式进行数据传输，但是如果网络带宽不宽、速度不快，每传输一个数据包都有要花费大量的时间，则信道再多也无济于事，网络传输的效率还是高不起来的，况且网络上的信道也是非常有限的，这要决定于带宽。目前最快的以太网交换机带宽可达到10Gbps。

（2）数据传递方式

对于交换机而言，它能够"认识"连接到自己身上的每一台计算机，这就要靠每块网卡的物理地址，俗称"MAC地址"。交换机还具有MAC地址学习功能，它会把连接到自己身上的MAC地址记住，形成一个节点与MAC地址对应表。凭这样一张表，它就不必再进行广播了，从一个端口发过来的数据，其中会含有目的地的MAC地址，交换机在保存在自己缓存中的MAC地址表里找与这个数据包中包含的目的MAC地址对应的节点，找到以后，便在这两个节点间架起了一条临时性的专用数据传输通道，这两个节点便可以不受干扰地进行通信了。通常一台交换机具有1024个MAC地址记忆空间，因而都能满足实际需求。从上面的分析来看，我们知道交换机所进行的数据传递是有明确的方向的，而不是通过广播方式。同时由于交换机可以进行全双工传输，所以能够同时在多对节点之间建立临时专用通道，形成了立体交叉的数据传输通道结构。

交换机的数据传递方式可以简单地这样来说明：当交换机从某一节点收到一个以太网帧后，将立即在其内存中的地址表（端口号—MAC地址）进行查找，以确认该目的MAC的网卡连接在哪一个节点上，然后将该帧转发至该节点。如果在地址表中没有找到该MAC地址，也就是说，该目的MAC地址是首次出现，交换机就将数据包广播到所有节点。拥有该MAC地址的网卡在接收到该广播帧后，将立即做出应答，从而使交换机将其节点的"MAC地址"添加到MAC地址表中。换言之，当交换机从某一节点收到一个帧时，将对地址表执行两个动作，一是检查该帧的源MAC地址是否已在地址表中，如果没有，则将该MAC地址加到地址表中，这样以后就知道该MAC地址在哪一个节点；二是检查该帧的目的MAC地址是否已在地址表中，如果该MAC地址已在地址表中，则将该帧发送到对应的节点即可，从而提供了更高的传输速率。如果该MAC地址不在地址表中，则将该帧发送到所有其他节点（源节点除外），相当于该帧是一个广播帧。

当然，对于刚刚使用的交换机，其MAC地址表是一片空白。那么，交换机的地址表是怎样建立起来的呢？当一台计算机打开电源后，安装在该系统中的网卡会定期发出空闲包或信号，交换机即可据此得知它的存在及其MAC地址，这就是自动地址学习。由于交换机能够自动根据收到的以太网帧中的源MAC地址更新地址表的内容，所以交换机使用的时间越长，学到的 MAC 地址就越多，未知的 MAC 地址就越少，因而广播的包就越少，速度就越快。

那么，交换机是否会永久性地记住所有的端口号—MAC 地址关系呢？不是的。由于交换机中的内存毕竟有限，因此，能够记忆的 MAC 地址数量也是有限的。工程师为交换机设定了一个自动老化时间，若某 MAC 地址在一定时间内（默认为 300s）不再出现，那么，交换机将自动把该 MAC 地址从地址表中清除。当下一次该 MAC 地址重新出现时，将会被当做新地址处理。

综上所述，如果网络上拥有大量的用户、繁忙的应用程序和各式各样的服务器，而且还未对网络结构做出任何调整，那么最为有效的解决方法就是使用交换机作为网络的连接设备，提高网络的性能。

2. 交换机的分类

由于交换机具有许多优越性，所以它的应用和发展速度远远高于集线器，出现了各种类型的交换机，主要是为了满足各种不同的应用环境需求。

（1）从网络覆盖范围划分

① 广域网交换机。广域网交换机主要是应用在城域网互联、互联网接入等领域中。

② 局域网交换机。这种交换机就是最常见的交换机了。主要应用于局域网络，用于连接终端设备，如服务器、工作站、集线器、路由器、网络打印机等，提供高速独立通信通道。

（2）根据传输介质和传输速度划分

一般可将局域网交换机分为以太网交换机、快速以太网交换机、千兆位以太网交换机、10 千兆位以太网交换机、FDDI 交换机、ATM 交换机和令牌环交换机等。

① 以太网交换机。这里所指的"以太网交换机"是指带宽在 100Mbps 以下的以太网所用的交换机，它是最普遍和便宜的，档次也比较齐全，应用领域也非常广泛。以太网包括三种网络接口：RJ-45、BNC 和 AUI，所用的传输介质分别为双绞线、细同轴电缆和粗同轴电缆。目前采用同轴电缆作为传输介质的网络已经很少见了，一般是在 RJ-45 接口的基础上为了兼顾同轴电缆介质的网络连接，配上 BNC 或 AUI 接口。如图 2-45 所示的是一款带有 RJ-45 和 AUI 接口的以太网交换机产品示意图。

② 快速以太网交换机。这是一种在普通双绞线或者光纤上实现 100Mbps 传输带宽的网络技术。事实上目前还是以 100Mbps 自适应型的为主，同样这种快速以太网交换机通常所采用的介质也是双绞线，有的快速以太网交换机为了兼顾与其他光传输介质的网络互联，会留有光纤接口"SC"。如图 2-46 所示的是一款快速以太网交换机产品示意图。

图 2-45　以太网交换机

图 2-46　快速以太网交换机

③ 千兆位以太网交换机。千兆位以太网交换机是用于目前较新的一种网络——千兆位以太网中，也有人把这种网络称为"吉位（GB）以太网"，那是因为它的带宽可以达到 1 000Mbps。它一般用于一个大型网络的骨干网段，所采用的传输介质有光纤、双绞线两种，

对应的接口为"SC"和"RJ-45"接口。如图 2-47 所示的就是两款千兆以太网交换机产品示意图。

④ 10 千兆位以太网交换机。10 千兆位以太网交换机主要是为了适应当今 10 千兆位以太网络的接入，它一般用于骨干网段上，采用的传输介质为光纤，其接口方式也就相应为光纤接口。目前 10 千兆位以太网技术在各用户的实际应用还不是很普遍，多数企业用户都早已采用了技术相对成熟的千兆位以太网，且认为这种速度已能满足企业数据交换需求。如图 2-48 所示的是一款 10 千兆位以太网交换机产品示意图，从图中可以看出，它全部采用了光纤接口。

  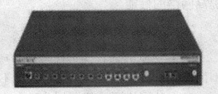

图 2-47　千兆位以太网交换机　　　　　　图 2-48　10 千兆位以太网交换机

⑤ ATM 交换机。ATM 交换机是用于 ATM 网络的交换机产品。ATM 网络由于其独特的技术特性，现在还只用于电信、邮政网的主干网段，因而其交换机产品在市场上很少看到。如 ADSL 宽带接入方式中如果采用 PPPoA 协议的话，在局端（NSP 端）就需要配置 ATM 交换机，有线电视的 Cable Modem 互联网接入法在局端也采用 ATM 交换机。它的传输介质一般采用光纤，接口类型同样一般有两种：以太网 RJ-45 接口和光纤接口，这两种接口适合于不同类型的网络互联。图 2-49 所示就是一款 ATM 交换机产品示意图。它相对于物美价廉的以太网交换机而言，价格是很高的，所以也就在普通局域网中见不到它的踪迹。

⑥ FDDI 交换机。FDDI 技术是在快速以太网技术开发出来之前开发的，它主要是为了解决当时 10Mbps 以太网和 16Mbps 令牌网速度的局限，因为它的传输速度可达到 100Mbps，这比当时的前两个速度高出许多，所以在当时还是有一定市场的。但它当时是采用光纤作为传输介质的，比以双绞线为传输介质的网络成本高许多，所以随着快速以太网技术的成功开发，FDDI 技术也就失去了它应有的市场。正因为如此，FDDI 交换机也就比较少见了，FDDI 交换机是用于老式中、小型企业的快速数据交换网络中的，它的接口形式都为光纤接口，如图 2-50 所示的是一款 3COM 公司的 FDDI 交换机产品示意图。

图 2-49　ATM 交换机产品示意图　　　　图 2-50　FDDI 交换机产品示意图

（3）根据应用层次划分

根据交换机所应用的网络层次，可以将网络交换机划分为企业级交换机、校园网交换机、部门级交换机、工作组交换机和桌面型交换机五种。

① 企业级交换机。企业级交换机属于一类高端交换机，一般采用模块化的结构，可作为企业网络骨干构建高速局域网，所以它通常用于企业网络的顶层。

企业级交换机可以提供用户化定制、优先级队列服务和网络安全控制，并能很快适应数据增长和改变的需要，从而满足用户的需求。对于有更多需求的网络，企业级交换机不仅能传送海量数据和控制信息，更具有硬件冗余和软件可伸缩性特点，保证网络的可靠运行。这种交换机从它所处的位置可以清楚地看出它自身的要求非同一般，起码在带宽、传输速率、背板容量要比一般交换机要高出许多，所以企业级交换机一般都是千兆位以太网交换机。企业级交换机所采用的端口一般都为光纤接口，这主要是为了保证交换机高的传输速率。如图 2-51 所示的是友讯的一款模块化千兆位以太网交换机，它属于企业级交换机范畴。

② 校园网交换机。校园网交换机应用相对较少，主要应用于较大型网络，且一般作为网络的骨干交换机。这种交换机具有快速数据交换能力和全双工能力，可提供容错等智能特性，还支持扩充选项及第三层交换中的虚拟局域网（VLAN）等多种功能。

③ 部门级交换机。部门级交换机是面向部门级网络使用的交换机，它较前面两种所能应用的网络规模要小许多。这类交换机可以是固定配置，也可以是模块配置，一般除了常用的 RJ-45 双绞线接口外，还带有光纤接口。部门级交换机一般具有较为突出的智能型特点，支持基于端口的 VLAN，可实现端口管理，可任意采用全双工或半双工传输模式，可对流量进行控制，有网络管理的功能，可通过 PC 的串口或经过网络对交换机进行配置、监控和测试。一般认为支持 300 个信息点以下的中型企业的交换机为部门级交换机，如图 2-52 所示是一款部门级交换机产品示意图。

图 2-51 企业级交换机

图 2-52 部门级交换机

④ 工作组交换机。工作组交换机是传统集线器的理想替代产品，一般为固定配置，配有一定数目的 10Base-T 或 100Base-TX 以太网口。交换机按每一个包中的 MAC 地址相对简单地决策信息转发，这种转发决策一般不考虑包中隐藏的更深的其他信息。与集线器不同的是交换机转发延迟很小，操作接近单个局域网性能，远远超过了普通桥接互联网络之间的转发性能。

工作组交换机一般没有网络管理的功能，一般认为支持 100 个信息点以内的交换机为工作组级交换机。如图 2-53 所示的是一款快速以太网工作组交换机产品示意图。

⑤ 桌面型交换机。桌面型交换机，这是最常见的一种低档交换机，它区别于其他交换机的一个特点是支持的每端口 MAC 地址很少，通常端口数也较少，只具备最基本的交换机特性，当然价格也是最便宜的。

这类交换机虽然在整个交换机中属最低档的，但是相比集线器来说它还是具有交换机的通用优越性，况且有许多应用环境也只需这些基本的性能，所以它的应用还是相当广泛的。它主要应用于小型企业或中型以上企业。在传输速度上，目前桌面型交换机大都提供多个具有 10/100Mbps 自适应能力的端口。如图 2-54 所示是两款不同品牌型号的桌面型交换机产品示意图。

图 2-53　工作组交换机　　　　　　　　　　　图 2-54　桌面型交换机

（4）根据交换机的结构划分

如果按交换机的端口结构来分，交换机大致可分为固定端口交换机和模块化交换机两种不同的结构。其实还有一种是两者兼顾，那就是在提供基本固定端口的基础之上再配备一定的扩展插槽或模块。

① 固定端口交换机。固定端口顾名思义就是它所带有的端口是固定的，如果是 8 端口的，就只能有 8 个端口，再不能添加。16 个端口也就只能有 16 个端口，不能再扩展。目前这种固定端口的交换机比较常见，端口数量没有明确的规定，一般的端口标准是 8 端口、16 端口和 24 端口。但现在也是各生产厂家各自说了算，他们认为多少个端口有市场就生产多少个端口的。

固定端口交换机虽然相对来说价格便宜一些，但由于它只能提供有限的端口和固定类型的接口，因此，无论从可连接的用户数量上，还是所从可使用的传输介质上来讲都具有一定的局限性，但这种交换机在工作组中应用较多，一般适用于小型网络、桌面交换环境。如图 2-55 和图 2-56 所示分别是 16 端口和 24 端口的交换机产品示意图。

图 2-55　16 端口的交换机　　　　　　　　　　图 2-56　24 端口的交换机

固定端口交换机按其安装架构又分为桌面式交换机和机架式交换机。机架式交换机更易于管理，更适用于较大规模的网络，它的结构尺寸要符合 19 英寸国际标准，是用来与其他交换设备或者是路由器、服务器等集中安装在一个机柜中。而桌面式交换机，由于只能提供少量端口且不能安装于机柜内，所以通常只用于小型网络。如图 2-57 和图 2-58 所示的分别为桌面式固定端口交换机和机架式固定端口交换机。

图 2-57　桌面式固定端口交换机　　　　　　　图 2-58　机架式固定端口交换机

② 模块化（机箱式）交换机。模块化交换机虽然在价格上要贵很多，但拥有更大的灵活性和可扩充性，用户可任意选择不同数量、不同速率和不同接口类型的模块，以适应千变万化

的网络需求。而且，机箱式交换机大都有很强的容错能力，支持交换模块的冗余备份，并且往往拥有可热插拔的双电源，以保证交换机的电力供应。在选择交换机时，应按照需要和经费综合考虑选择机箱式或固定方式。一般来说，企业级交换机应考虑其扩充性、兼容性和排错性，因此，应当选用机箱式交换机；而骨干交换机和工作组交换机则由于任务较为单一，故可采用简单明了的固定式交换机。如图 2-59 所示是一款模块化快速以太网交换机产品示意图，在其中就具有 4 个可拔插模块，可根据实际需要灵活配置。

（5）根据交换机工作的协议层划分

网络设备都是对应工作在 OSI RM 这一开放模型的一定层次上，工作的层次越高，说明其设备的技术性越高，性能也越好，档次也就越高。交换机也一样，随着交换技术的发展，交换机由原来工作在 OSI RM 的第二层，发展到可以工作在第四层的交换机，所以根据工作的协议层交换机可分第二层交换机、第三层交换机和第四层交换机。

① 第二层交换机。第二层交换机是对应于 OSI RM 的第二协议层来定义的，因为它只能工作在 OSI RM 数据链路层。第二层交换机依赖链路层中的信息（如 MAC 地址）完成不同端口数据间的线速交换，主要功能包括物理编址、错误校验、帧序列及数据流控制。目前第二层交换机应用最为普遍（主要是价格便宜，功能符合中、小企业实际应用需求），一般应用于小型企业或中型以上企业网络的桌面层次。如图 2-60 所示的是一款第二层交换机的产品示意图。要说明的是，所有的交换机在协议层次上来说都是向下兼容的，也就是说所有的交换机都能够工作在第二层。

图 2-59　模块化交换机

图 2-60　第二层交换机

② 第三层交换机。第三层同样是对应于 OSI RM 开放体系模型的第三层——网络层来定义的，也就是说这类交换机可以工作在网络层，它比第二层交换机更加高档，功能更加强。第三层交换机因为工作于网络层，所以它具有路由功能，它是将 IP 地址信息提供给网络以进行路径选择，以实现不同网段间数据的线速交换。当网络规模较大时，可以根据特殊应用需求划分为小而独立的 VLAN 网段，以减小广播所造成的影响。通常这类交换机是采用模块化结构，以适应灵活配置的需要。在大中型网络中，第三层交换机已经成为基本配置设备。如图 2-61 所示的是 3COM 公司的一款第三层交换机产品示意图。

③ 第四层交换机。第四层交换机是采用第四层交换技术而开发出来的交换机产品，当然它工作于 OSI RM 模型的第四层，即传输层，直接面对具体应用。第四层交换机支持的协议是各种各样的，如 HTTP，FTP，Telnet 等。在第四层交换中为每个供搜寻使用的服务器组设立虚 IP 地址（VIP），每组服务器支持某种应用。在域名服务器（DNS）中存储的每个应用服务器地址是 VIP，而不是真实的服务器地址。当某用户申请应用时，一个带有目标服务器组的 VIP 连接请求发给服务器交换机。服务器交换机在组中选取最好的服务器，将终端地址中的 VIP 用实际服务器的 IP 取代，并将连接请求传给服务器。这样，同一区间所有的包由服务器交换机进行映射，在用户和同一服务器间进行传输。如图 2-62 所示的是一款第四层交换机产品示意图，从图中可以看出它也是采用模块结构的。

图 2-61　第三层交换机

图 2-62　第四层交换机

第四层交换技术相对原来的第二层、第三层交换技术具有明显的优势，从操作一方面来看，第四层交换是稳固的，因为它将包控制在从源端到宿端的区间中。另一方面，路由器或第三层交换，只针对单一的包进行处理，不清楚上一个包从哪来、也不知道下一个包的情况。它们只是检测包报头中的 TCP 端口数字，根据应用建立优先级队列，路由器根据链路和网络可用的节点决定包的路由；而第四层交换机则是在可用的服务器和性能基础上先确定区间。目前由于这种交换技术尚未真正成熟且价格昂贵，所以，第四层交换机在实际应用中还较少见。

3. 第二层交换技术

局域网交换机是一种第二层网络设备，交换机在操作过程中不断地收集资料去建立它本身的地址表，这个表相当简单，主要标明某个 MAC 地址是在哪个端口上被发现的。当交换机接收到一个数据封包时，检查该封包的目的 MAC 地址，核对一下自己的地址表以决定从哪个端口发送出去。而不是像集线器那样，任何一个发送方数据都会出现在集线器的所有端口上（不管是否为你所需）。这时的交换机因为只能工作在 OSI RM 的第二层，所以称为第二层交换机，所采用的技术称为"第二层交换技术"。

"第二层交换"是指 OSI RM 第二层或 MAC 层的交换。第二层交换机的引入，使得网络站点间可独享带宽，消除了无谓的碰撞检测和出错重发，提高了传输效率，在交换机中可并行地维护几个独立的、互不影响的通信进程。在交换网络环境下，用户信息只在源点与目的节点之间进行传送，其他节点是不可见的。但有一点例外，当某一节点在网上传送广播信息时，或某一节点发送了一个交换机不认识的 MAC 地址封包时，交换机上的所有节点都将收到这一广播信息。整个交换环境构成一个大的广播域。也就是说第二层交换机仍可能存在"广播风暴"，从而导致网络性能下降。正因如此，基于路由方式的第三层交换技术顺应时代的需要而产生了。

4. 第三层交换技术

在网络系统集成的技术中，直接面向用户的第一层接口和第二层交换技术方面已得到令人满意的方案。但是，作为网络核心、起到网间互联作用的路由器技术却没有质的突破。传统的路由器基于软件，协议复杂，与局域网速度相比，其数据传输的效率较低。但同时它又作为网段（子网，虚拟网）互联的枢纽，这就使传统的路由器技术面临严峻的挑战。随着 Internet 的迅猛发展和 B/S 模式的广泛应用，跨地域、跨网络的业务急剧增长，一种新的路由技术应运而生，这就是第三层交换技术。说它是路由器，因为它可操作在网络协议的第三层，是一种路由理解设备并可起到路由决定的作用；说它是交换器，是因为它的速度极快，几乎达到第二层交换的速度。

一个具有第三层交换功能的设备是一个带有第二层路由功能的第二层交换机，但它是二者的有机结合，并不是简单地把路由器设备的硬件及软件简单地叠加在局域网交换机上。从硬件的实现上看，目前第二层交换机的接口模块都是通过高速背板/总线（速率可高达几十 Gbps）交换数据的。在第二层交换机中，与路由器有关的第二层路由硬件模块也插接在高速背板上，这种方式使得路由模块可以与需要路由的其他模块间高速地交换数据，从而突破了传统的外接路由器接口速率的限制（10～100Mbps）。在软件方面，第二层交换机将传统的基于软件的路由器软件进行了界定。目前基于第二层交换技术的第二层交换机得到了广泛的应用，并得到了用户一致的赞同。

5．交换机的选购

交换机要根据局域网组建的原则和需要进行选择，但在满足要求的情况下，还应该注意下面的要点：

（1）注意合适的尺寸

现在的局域网建设除了功能实用外，局域网结构的布局合理也是要考虑的问题。因此，现在局域网常常使用控制柜，来对各种网络设备进行整体控制和统一管理。因此，交换机的尺寸必须与控制柜相吻合。最好选择符合机架标准的 19in 机架式交换机。该类交换机符合统一的工业规范，可以轻松地安装在机柜中，便于堆叠、级联、管理和维护。如果没有上述需求，桌面型的交换机具有更高的性能价格比。

（2）交换的速度要快

交换机传输速度的选择，要根据不同用户的不同通信要求来选择。现在一般的局域网都是 100Mbps 以太网，再考虑到升级换代的需要，100Mbps/1 000Mbps 自适应交换机就成为局域网交换机的主流，甚至可以成为局域网的标准交换设备。但随着通信要求的不断提高，数据传输流量的不断增大，现在又开始出现 100Mbps 的交换机，还有千兆位交换机甚至万兆位交换机了。如果组建的局域网规模较小，只要选择 100Mbps/1 000Mbps 自适应交换机就可以了，因为该类型的交换机价格不是太高，而且性能、速度等各方面都可以满足这些用户的需求。100Mbps、1 000Mbps 的交换机通常是高端应用用户的好选择，它在一定程度上解决了服务器与服务器之间的带宽瓶颈问题。而那些千兆位交换机甚至万兆位交换机是用于骨干网建设的。

（3）端口数能够升级

现在局域网对网络通信的要求越来越高，网络扩容的速度也是越来越快，因此，在选购交换机时，要考虑到足够的扩展性，来选择适当的端口数目。现在市场上常见的交换机端口数有 8，12，16，24，48 等几种，而且不同的端口数在价格上也有一定的差别，如果从节约成本的角度来看，选择合适端口数的交换机也是一个不可忽视的环节。现在市场上 24 端口的交换机是卖得最火的。在建立局域网时，应首先规划好局域网中可能包含多少个节点，然后根据节点数来选择交换机；不过从应用的角度来看，24 口交换机较 8 口和 16 口的交换机有更大的扩展余地，对局域网规模的拓展非常方便。

（4）根据使用要求选择合适的品牌

这就要根据各个用户的实际经济承受能力了，较好品牌的交换机在价格上可能要比普通品牌交换机要高出几个价位。好品牌的交换机确实质量上乘，性能稳定并且功能强大。在目前的交换机市场上，3Com、Cisco 一直是交换机市场中的大哥大，不过该品牌的交换机的价格比较高，一台交换机的价格要比一台相同带宽的国产交换机的价格高很多，因此，该品牌应该是大型网络中骨干交换机的首选。如果只是部门级或者工作组级局域网使用，建议选择实达、联想 Dlink、TP-Link 等价格非常实惠的普通品牌交换机，其中联想 Dlink 由于有较好的品牌知名度和完整的产品线，其交换机价格比其他同档次产品要高 10%左右。如果企业有充裕的资金又对网络的要求较高，则从技术成熟的角度考虑，国外品牌仍是首选。不过国外品牌的交换机一旦发生故障，需要售后维修时，可能要比国产交换机费时，长达几个月的情况都有可能出现。

（5）管理控制功能要强大

由于网络交换机属于较为昂贵的设备，即使投资不能一次到位，也尽量做到三年内不落伍，这就要求在选择交换机时，也要把交换机的管理控制技术考虑在内。交换机的管理控制技术主要表现在交换机是否能够支持智能化管理技术，因为有了这种技术，网络管理员就可以减轻网络管理的维护工作量了；其次表现在交换机是否能支持多种信息流，现在一些新型交换机可以支持第三层的 IP/IPX 路由功能，有了这种功能，可以在必要时使用交换机来实现路由器的相关功能；再者，有效的缓冲技术也是人们在选购交换机时考虑的要点，缓冲区可以应付网络中各种突发性数据流量增加的需求，从而避免在网络访问高峰期间出现网络瓶颈或者网络堵塞甚至瘫痪。此外，良好的可伸缩性及可扩展性技术也是大家应该考虑的，因为从长远的角度来看，这些技术直接关系或者影响到交换机的升级换代。

2.4.3　路由器

路由器是连接异型网络的核心设备。路由器工作于网络层，它具有不同网络间的地址翻译、协议转换和数据格式转换的功能，以实现广域网之间、广域网和局域网之间的互联。图 2-63 所示为最新的路由器产品。

图 2-63　最新的路由器产品

1．路由器的基本功能

（1）实现 IP、TCP、UDP、ICMP 等互联网协议。

（2）连接到两个或多个数据包交换的网络。对每个连接到的网络，实现该网络所要求的功能。此功能包括如下几项：

① 将 IP 数据包封装到链路层帧或从链路层帧中取出 IP 数据包。

② 按照该网络的最大传输单元（MTU）发送或接收 IP 数据报。

③ 将 IP 地址与相应网络的链路层地址相互转换。

（3）实现网络支持的流量控制和差错指示。

① 接收及转发数据包，在收发过程中实现缓冲区管理、拥塞控制及公平性处理。

② 出现差错时辨认差错并产生 ICMP 差错及必要的差错消息。

③ 丢弃生存时间（TTL）域为 0 的数据包。

（4）必要时将数据包分段。

（5）按照路由表信息，为每个 IP 数据包选择下一跳目的地。

（6）支持至少一种内部网关协议（IGP）与其他同一自治域中路由器交换路由信息及可到达信息。支持外部网关协议（EGP）与其他自治域交换拓扑信息。

2. 路由器的选购

路由器的价钱从几百元到上百万元人民币，如何选择合适的路由器，实质是路由器的分类问题。弄清楚路由器的分类是正确选择合适产品的基础。通常根据路由器的性能和所适应的环境，把路由器分为低端、中端和高端三种，这是许多产商的划分方法。

低端路由器：主要使用在分级系统中最低一级的应用，或者中小企业的应用。至于具体选用哪个档次的路由器，应该根据自己的需求来决定，其中考虑的主要因素除了包交换能力外，端口数量也非常重要。

中端路由器：中端路由器适用于大中型企业和 Internet 服务供应商，或者行业网络中地市级网点的应用。选用的原则也是考虑端口的支持能力和包交换能力。

高端路由器：高端路由器主要是应用在核心和骨干网络中，端口密度要求极高。选用高端路由器时，性能因素显得更加重要。

无论是低端、中端还是高端路由器，在进行选择时都应注意安全性、控制软件、网络扩展能力、网管系统、带电插拔能力等方面的问题。

（1）由于路由器是网络中比较关键的设备，针对网络存在的各种安全隐患，路由器必须具有如下的安全特性。

① 可靠性与线路安全：可靠性要求是针对故障恢复和负载能力而提出来的。对于路由器来说，可靠性主要体现在接口故障和网络流量增大两种情况下，因此，备份是路由器不可或缺的手段之一。当主接口出现故障时，备份接口自动投入工作，保证网络的正常运行。当网络流量增大时，备份接口又可分担负载。

② 身份认证：路由器中的身份认证主要包括访问路由器时的身份认证，对端路由器的身份认证和路由信息的身份认证。

③ 访问控制：对于路由器的访问控制，需要进行口令的分级保护。有基于 IP 地址的访问控制和基于用户的访问控制。

④ 信息隐藏：与对端通信时，不一定需要用真实身份进行通信。通过地址转换，可以做到隐藏网内地址，只以公共地址访问外部网络。除了由内部网络首先发起的连接，网外用户不能通过地址转换直接访问网内资源。

⑤ 数据加密。

⑥ 攻击探测和防范。

⑦ 安全管理。

（2）路由器的控制软件是路由器发挥功能的一个关键环节。从软件的安装、参数自动设置到软件版本的升级都是必不可少的。软件安装、参数设置及调试越方便，用户使用就越容易。

（3）随着计算机网络应用的逐渐增加，现有的网络规模有可能不能满足实际需要，会产生扩大网络规模的要求，因此，扩展能力是一个网络在设计和建设过程中必须要考虑的。扩展能力的大小主要看路由器支持的扩展槽数目或者扩展端口数目。

（4）随着网络的建设，网络规模会越来越大，网络的维护和管理就越难进行，所以网络管理显得尤为重要。

（5）在安装、调试、检修和维护或者扩展计算机网络的过程中，免不了要给网络中增减设备，也就是说可能会要插拔网络部件。那么路由器能否支持带电插拔，是路由器的一个重要的性能指标。

2.4.4 网桥和网关

在网络的实际应用中，互联已经成为网络的基本结构模式，因为互联可以使分布在不同地理位置的网络、设备相连，构成规模更大的网络系统，能更方便、更大范围地进行资源共享，网桥和网关就是网络互联使用的设备。网桥用于局域网之间的互联，属数据链路层互联；网关用于局域网与广域网之间的互联，属高层互联（传输层及以上）。

1. 网桥

网桥是一种存储转发设备，用来连接类型相似的局域网，如图 2-64 所示。

网桥工作在 OSI 模型的第二层，即数据链路层的介质访问控制（MAC）子层，它能够进行两个在物理层或数据链路层使用不同协议的网络间的连接。

（1）网桥的工作过程

网桥接收数据并送到数据链路层进行差错校验，然后送到

图 2-64 网桥

物理层再经物理传输媒体送到另一个子网。网桥一般不对转发帧做修改。网桥应该有足够的缓冲空间，能满足高峰负荷的要求。另外，网桥必须具有寻址和路由选择的功能。

例如，一个使用 802.3 协议的网络中有一台主机 A 要发送一个分组，该分组被传到数据链路层的 LLC 子层并加上一个 LLC 头，随后该分组又传到 MAC 子层并加上一个 802.3 头。此信元被发送到电缆上，最后传到网桥中的 MAC 子层，在此去掉 802.3 头，然后将它（带有 LLC 头）交给网桥中的 LLC 子层。若此时网桥的 LLC 层发现数据是要发向 802.4 局域网中另一台主机 B，则将数据经过 MAC 子层加上相应控制信息送到 802.4 局域网中，再由主机 B 接收。

（2）网桥的功能

① 过滤与转发。网络上的各种设备和工作站都有一个"地址"，在信息的传输过程中，当网桥接到信息帧时，它检查信息帧的源地址和目的地址，如果目的地址与源地址不在同一网络上，则网桥将"转发"该信息到扩展的另一个网络上，如果目的地址与源地址在同一网络上，则网桥便不"转发"该信息，起到了一个"过滤"的作用。由于网桥只将该转发的信息帧编排到它的通信流量中，这样就提高了整体网络的效率。

② 学习功能。当网桥接到一个信息帧时，它查看该帧的源地址是否在其地址表中，如果不在，网桥则把该地址加到地址表中，即网桥具有"地址学习"能力。网桥可以根据学习到的地址重新配置网桥。然后对比目的地址和路径表中的源地址，进行"过滤"。

（3）网桥在实际中的应用

① 网络分段。网桥可以用来分割一个负载较重的网络，以均衡负载，增加效率。例如，可以利用网桥将财务部门和销售部门分成两段，两个部门在没有数据交换时在两段上分别运行，有数据交换时才跨过网桥，如图 2-65 所示。

② 扩展网络。使用中继器的网络仍然受到距离的限制。使用网桥可以进一步延伸距离，扩展网络。

③ 网桥用以实现局域网之间、远程局域网和局域网之间的连接。

④ 网桥可以连接使用不同传输介质的网络。

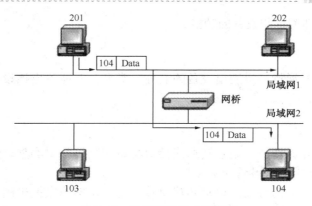

图 2-65　网桥在网络中的应用

（4）网桥的分类

从硬件配置来分，网桥可分为内部网桥和外部网桥两种。在文件服务器上安装、使用两块网卡，就可以组成网桥；而外部网桥的硬件则可以放在专门用做网桥的计算机上或其他设备上。

从地理位置来分，网桥还可以分为近程网桥和远程网桥。连同两个相近的 LAN 电缆段只需一个近程网桥（或称为本地网桥），但连通经过低速传输媒体间隔的两个网络是要使用两个远程网桥，注意：远程网桥应该成对使用。

2．网关

网关又称为协议转换器，用于传输层及以上各层的协议转换，通常是指运行连接异构网软件的 PC、工作站和小型机。由于网关能进行协议转换，适用于两种完全不同的网络环境的通信，因而网关是网间互联设备中最复杂的种设备，如图 2-66 所示。

使用网关可以实现局域网和广域网互联，局域网和 Internet 互联及异型局域网互联。与路由器和网关不同的是，使用前者连接网络时，传输层及以上各层的协议应该相同，而后者却可以是完全不同的两个网络。网关在对高层协议的实际转换中，不一定要分层，从传输层到应用层可以一起进行。

图 2-66　网关

网关还可以应用于使用公用电话网互联的计算机网络。通过网关可以将远程硬盘、打印机等设备映射为本地设备，实现资源的共享。

网关工作复杂，效率较低，因而经常用于针对某种特殊用途的专用连接。

2.5　基于工作过程的实训任务

任务一　认识网络设备

一、实训目的

通过本次实训，能够熟练地辨别各种常用的网络设备，包括网卡、交换机和路由器及它们的类型，进一步地理解这些设备的功能。

二、实训内容

根据网络设备的外形特征辨别出设备的名称、类型，并能说出该设备的用途，了解目前常用的设备型号。

三、实训方法

（1）观察网卡的外形特征，记录其总线接口类型和网络接口类型，进一步熟悉网卡的分类及用途，了解目前常用的网卡型号。

（2）观察交换机的结构特征，记录其端口数，进一步熟悉交换机的分类及其适用场合，了解目前常用的交换机型号。

（3）观察路由器的外形特征，熟悉它的分类及适用场合，了解目前常用的路由器型号。

四、实训总结

详细记录各产品的型号和生产厂家。

任务二　认识网络传输介质

一、实训目的

通过本次实训，能够熟练地辨别各种常用的网络传输介质，包括双绞线、光纤和无线传输介质，掌握各种产品的使用方法。

二、实训内容

根据产品外形辨别出传输介质的名称、类型，并说明其用途和使用方法。

三、实训方法

（1）辨别屏蔽双绞线和非屏蔽双绞线。

（2）辨别粗缆和细缆。

（3）辨别多模光纤和单模光纤。

（4）辨别各种无线传输介质。

四、实训总结

详细记录各产品的型号和生产厂家。

任务三　网络设备与传输介质的选购

一、实训目的

通过本次实训，能够进行市场调研，熟悉常用网络设备厂家和市场价格，包括网卡、交换机、路由器、双绞线、光纤及无线介质，并能够根据自身需要和投资合理选购产品。

二、实训内容

根据网络设备及传输介质的外形特征辨别出其名称、类型，并能说出它的用途和使用方法。

三、实训方法

（1）分组进行市场调查，了解本地网络设备与网络传输介质的销售和生产厂家。

（2）观察各产品的外形特征，记录其产品类型、型号、生产厂家，进一步熟悉它的用途和使用方法。

四、实训总结

分组交流常用网络设备的特征和选购技巧。

任务四　制作网线并测试其连通性

一、实训目的

（1）理解双绞线的制作方法。

（2）了解双绞线的测试方法。

二、实训内容

（1）观看视频制作过程。

（2）制作 RJ-45 水晶头。

（3）测试。

三、实训方法

双绞线（Twisted Pair，TP）是网络工程中最常用的一种传输介质。双绞线由两根具有绝缘保护层的铜导线组成，其直径一般为 0.4～0.65mm，常用的是 0.5mm。它们各自包在彩色绝缘层内，按照规定的绞距互相扭绞成一对双绞线。把两根绝缘的铜导线按一定密度互相绞在一起，可降低信号干扰的程度，每一根导线在传输中辐射的电波会被另一根线上发出的电波抵消。双绞线一般由两根 22～26 号绝缘铜导线相互缠绕而成。

下面以 100Mbps 的 EIA/TIA 568B 作为标准规格，介绍 RJ-45 网线的制作步骤。

步骤 1：利用斜口钳剪下所需要的双绞线长度，至少 8cm，最多不超过 10cm。然后再利用双绞线剥线器将双绞线的外皮除去 2～3cm。有一些双绞线电缆上含有一条柔软的尼龙绳，如果在剥除双绞线的外皮时，觉得裸露出的部分太短，而不利于制作 RJ-45 接头时，可以紧握双绞线外皮，再捏住尼龙线往外皮的下方剥开，就可以得到较长的裸露线，如图 2-67 所示。

步骤 2：剥线完成后的双绞线如图 2-68 所示。

步骤 3：接下来就要进行拨线的操作。将裸露的双绞线中的橙色线对拨向自己的前方，棕色线对拨向自己的方向，绿色对线拨向左方，蓝色对线拨向右方，如图 2-69 所示。上为橙，左为绿，下为棕，右为蓝。

步骤 4：将绿色对线与蓝色线对放在中间位置，而橙色对线与棕色线对保持不动，即放在靠外的位置，如图 2-70 所示。

图 2-67　露出的双绞线　图 2-68　剥线后的双绞线　图 2-69　拨线　图 2-70　调整位置

调整线序为以下顺序。

左一为橙，左二为蓝，左三为绿，左四为棕。

步骤 5：小心地剥开每一对线，白色混线朝前。因为我们是遵循 EIA/TIA 568B 的标准来制作接头的，所以线对颜色是有一定顺序的，如图 2-71 所示。

需要特别注意的是，绿色条线应该跨越蓝色对线。这里最容易犯错的地方就是将白绿线与绿线相邻放在一起，这样会造成串扰，使传输效率降低。左起为白橙/橙/白绿/蓝/白蓝/绿/白棕/棕。常见的错误接法是将绿色线放到第 4 只引脚的位置，如图 2-72 所示。

应该将绿色线放在第 6 只引脚的位置才是正确的，因为在 100BaseT 网络中，第 3 只引脚与第 6 只引脚是同一对的，所以需要使用同一对线（见标准 EIA/TIA 568B）。左起为白橙/橙/白绿/蓝/白蓝/绿/白棕/棕。

步骤 6：将裸露出的双绞线用剪刀或斜口钳剪下只剩约 14mm 的长度，之所以留下这个长度是为了符合 EIA/TIA 的标准，可以参考有关用 RJ-45 接头和双绞线制作标准的介绍。最后再将双绞线的每一根线依序放入 RJ-45 接头的引脚内，第一只引脚内应该放白橙色的线，其余以此类推，如图 2-73 所示。

步骤 7：确定双绞线的每根线已经正确放置之后，就可以用 RJ-45 压线钳压接 RJ-45 接头，如图 2-74 所示。市面上还有一种 RJ-45 接头的保护套，可以防止接头在拉扯时造成接触不良。使用这种保护套时，需要在压接 RJ-45 接头之前就将这种胶套插在双绞线电缆上。

  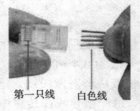

第一只线　　白色线

检查双绞线是否超过了金属管

图 2-71　正确接法　　图 2-72　错误接法　　　图 2-73　插入接头　　　　图 2-74　压接接头

步骤 8：重复步骤 2～步骤 7，再制作另一端的 RJ-45 接头。因为工作站与集线器之间是直接对接的，所以另一端 RJ-45 接头的接法完全一样。完成后的连接线两端的 RJ-45 接头无论引脚和颜色都完全一样，这种连接方法适用于 ADSL Modem 和计算机网卡之间的连接，计算机与集线器（交换机）之间的连接。完成的 RJ-45 接头如图 2-75 所示。

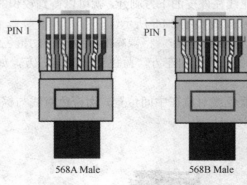

PIN 1　　　　　　　PIN 1

568A Male　　　　　568B Male

图 2-75　T568A 线序

交叉网线用于 ADSL Modem 和集线器 HUB 的连接（与 Modem 设计有关系并非全部如此

或用于双机互联），以及两台计算机直接通过网卡相互连接。制作方法与上面基本相同，只是在线序上不像 568B，采用了 1-3，2-6 交换的方式，也就是一头使用 568B 制作，另外一头使用 568A 制作，如图 2-76 所示。

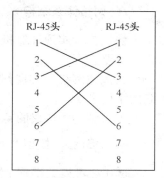

图 2-76　T568B 线序

四、实训总结

（1）写出 T568B 标准规定的线序。

（2）简述如何利用测试仪检查双绞线的导通性。

（3）写出主要实验步骤。

（4）双绞线连接过程中分为直通双绞线和交叉双绞线的连接，简述它们之间的区别。

（5）可否用万用表测试双绞线的导通性？

2.6　本章小结

1. 数据通信的基本概念

数据通信是两个实体间数据的传输和交换，通信系统的作用是在两个实体间交换数据。数据传输中要有数据源系统、传输系统和目的系统，因此，要理解数据、信号、传输和传输速率等基本概念。

2. 数据编码技术

编码是将模拟数据或数字数据变换成数字信号，以便于数据的传输和处理。数据要传输必须要编码，数据要接收必须要解码。数据编码有数字数据的模拟信号编码和数字数据的数字信号编码。

3. 数据传输类型

在数据传输过程中，可以用数字信号和模拟信号两种方式进行。因此，数据在信道中又分为基带传输和频带传输。

4. 数据传输方式

数据传输时发送端和接收端必须密切配合，必须遵循同一通信规程，常用的数据传输方式有异步传输和同步传输两大类。

5. 数据交换技术

交换技术只是把数据从源站点发送到目的站点，中间节点不关心数据内容。网络中常使用的交换技术是线路交换、报文交换和分组交换。

6. 多路复用技术

多路复用技术是为了充分利用传输介质，在一条物理线路上建立多条通信信道的技术。常用方法有频分多路复用（FDM）和时分多路复用（TDM）。

7. 网络体系结构

协议是指实现计算机网络中数据通信和资源共享规则的集合。它包括语义、语法和交换规则三要素。

大多数网络的实现都按层次的方式来组织，每一层完成一定的功能，每一层又都建立在它的下层之上。

分层结构和协议的集合称为网络体系结构。

8. OSI 参考模型

OSI 参考模型将整个网络的功能划分七个层次，从低到高分别为物理层、数据链路层、网络层、传输层、会话层、表示层和应用层。

9. TCP/IP 参考模型

设计的目的在于让各种各样的计算机都可以在一个共同的网络环境中运行。分四个层次，从低到高分别为网络接口层、互联网层、传输层和应用层。

10. TCP/IP 协议组

主要包括以下协议：互联网控制报文协议（ICMP）、路由信息协议（RIP）、开放最短路径优先（OSPF）、传输控制协议（TCP）、传输控制协议（TCP）、地址解析协议（ARP）、域名系统（DNS）、文件传输协议（FTP）、简单邮件传输协议（SMTP）、动态主机配置协议（DHCP）等。

11. IEEE 802 局域网参考模型

该模型分为物理层、媒体访问 MAC 子层和逻辑链路 LLC 子层。

12. 网卡

网卡又称为网络接口卡或网络适配器，是局域网组网的核心设备。

网卡的功能是将工作站或服务器连接到网络上，实现网络资源共享和相互通信。

网卡可以按照总线接口类型、网络接口类型、带宽、应用领域进行分类。

网卡在选购时要注意网络类型、传输速率、总线类型、网卡支持的电缆接口、价格与品牌等方面。

网卡的安装包括硬件安装、连接网络线、网卡工作状态设置和网卡设备驱动程序的安装。

13. 交换机

交换机就是一种在通信系统中完成信息交换功能的设备。

交换机的主要功能包括物理编址、网络拓扑结构、错误校验、帧序列及流量控制。

交换机采用"交换"方式进行数据传输，即独享带宽。交换机具有 MAC 地址学习功能，它会把连接到自己身上的 MAC 地址记住，形成一个节点与 MAC 地址对应表。在进行数据传递时有明确的方向，而不是通过广播方式，提高了网络质量。交换机可以按照网络覆盖范围、传输介质和传输速率、应用层次、交换机的结构、工作的协议层来进行分类。

交换机在选购时要从尺寸、速度、端口数、品牌和管理控制功能几方面考虑。

14. 路由器

路由器是连接异型网络的核心设备。

路由器工作于网络层，它具有不同网络间的地址翻译、协议转换和数据格式转换的功能，以实现广域网之间、广域网和局域网之间的互联。

选择路由器时应注意安全性、控制软件、网络扩展能力、网管系统、带电插拔能力等方面的问题。

15. 网桥

网桥是一种存储转发设备，用来连接类型相似的局域网。

网桥具有过滤与转发信息帧和"地址学习"能力。

网桥可分为内部网桥和外部网桥两种。

16. 网关

网关又称为协议转换器，用于传输层及以上各层的协议转换。

网关可以实现局域网和广域网互联、局域网和 Internet 互联及异型局域网互联。

17. 双绞线

双绞线由两根具有绝缘保护层的铜导线组成，把两根绝缘的铜导线互相绞在一起，并把多对双绞线放在一个绝缘套管中便成了双绞线。双绞线分为屏蔽双绞线（Shielded Twisted Pair，STP）和非屏蔽双绞线（Unshielded Twisted Pair，UTP），主要用于短距离数据信息传输。

18. 光纤

光纤是光导纤维的简称，中心是传播光束的玻璃芯，它由纯净的石英玻璃经特殊工艺拉制成粗细均匀的玻璃丝组成，分多模和单模。与双绞线相比，光纤具有高带宽、衰减小、抗干扰能力强、安全性能好，以及体积小、重量轻、韧性好等特点。

19. 无线传输介质

当无法使用电缆进行通信时，无线介质就有了用武之地，无线传输主要包括微波和红外线。

习题与思考题

1. 单选题

（1）下面哪种网络设备用来连接异种网络？（　　）。

　　A．集线器　　　B．交换机　　　　　C．路由器　　　　D．网桥

（2）下面有关网桥的说法，错误的是（　　）。

　　A．网桥工作在数据链路层，对网络进行分段，并将两个物理网络连接成一个逻辑网络。

　　B．网桥可以通过对不需要传递的数据进行过滤，并有效地阻止广播数据。

　　C．对于不同类型的网络可以通过特殊的转换网桥进行连接。

　　D．网桥要处理其接收到的数据，增加了时延。

（3）路由选择协议位于（　　）。

　　A．物理层　　　B．数据链路层　　　C．网络层　　　　D．应用层

（4）具有隔离广播信息能力的网络互联设备是（　　）。

    A．网桥　　　　　　B．中继器　　　　　　C．路由器　　　　　　D．第二层交换机

（5）下面不属于网卡功能的是（　　）。

    A．实现数据缓存　　　　　　　　　　B．实现某些数据链路层的功能

    C．实现物理层的功能　　　　　　　　D．实现调制和解调功能

（6）一台交换机的（　　）反映了它能连接的最大节点数。

    A．接口数量　　　　　　　　　　　　B．网卡的数量

    C．支持的物理地址数量　　　　　　　D．机架插槽数

（7）第二层交换技术中，基于核心模型解决方案的设计思想是（　　）。

    A．路由一次，随后交换　　　　　　　B．主要提高路由器的处理器速度

    C．主要提高关键节点处理速度　　　　D．主要提高计算机的速度

2. 填空题

（1）在双绞线电缆内，两根绝缘铜导线按一定密度互相绞在一起，这样可以_____。

（2）按照绝缘层外部是否有金属屏蔽层，双绞线电缆可以分为_____和_____两大类。目前在综合布线系统中，除了某些特殊的场合通常都采用_____。

（3）光纤由三部分组成，即_____、_____和_____。

（4）按传输模式分类，光纤可以分为_____和_____两类。

（5）填入下图所示的OSI结构七层的空白部分。

    A为_____层。

    B为_____层。

    C为_____层。

哪一层负责以"比特"为单位的数据传送？答：为_____层。

应用层
C
B
传输层
A
数据链路层
物理层

3. 简答题

（1）简述交换机的优点。

（2）网桥、交换机、路由器分别应用在什么场合？它们之间有何区别？

（3）双绞线电缆有哪几类，各有什么优缺点？

（4）光缆主要有哪些类型？应如何选用？

（5）试比较双绞线电缆和光缆的优缺点？

（6）简述微波和红外线传输原理。

（7）OSI为何采用层次结构？OSI层次的划分原则是什么？

（8）OSI参考模型的结构是什么？简述各层功能。

（9）什么是DTE和DCE？

（10）在OSI的七层结构中，哪一层负责检查数据帧的传送是否有错？

第3章

局域网组建

3.1 局域网技术

3.1.1 局域网概述

1. 局域网概念

20 世纪 80 年代早期，当大多数企业仍然在使用网络主机时，计算设施发生了两项变化。首先，企业中的计算机数量普遍增多，从而导致流量增加。其次，一些从事工程的、熟悉计算机的用户开始用他们自己的工作站工作，他们要求公司的信息管理部门提供连接到主机的网络。这些变化给企业网络带来了新的挑战。

流量的增加，使得企业又重新考虑所有这些产生业务流的信息是如何使用的。人们发现，大约 80% 的信息来自企业内部，只有 20% 的信息需要和企业以外的站点交换。因此，需要一个着重组建有限地理范围内通信的网络，于是就有了局域网（Local Area Networks，LAN）。

局域网是一种地理范围有限的网络，是一种使小区域内的各种通信设备互联在一起的通信网络，图 3-1 所示就是一个典型的局域网。局域网最主要的特点：网络为一个单位所拥有，且地理范围和站点数目有限。传统的局域网比广域网具有较高的数据率、较低的时延、较小的误码率。但随着光纤技术在广域网中的普遍使用，目前广域网也具有较高的数据率和较小的误码率。

局域网负责连接发送方和接收方，而且它能够识别网络上的所有节点。传统的局域网采用共享的媒质，每一设备都连接到相同的电缆上（直到 1987 年，LAN 用的都是同轴电缆，随后出现了其他介质的 LAN 标准）。为了支持多媒体应用到桌面的带宽需求不断增加，因此，局域网从共享媒质的结构转向使用

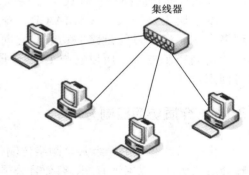

图 3-1　局域网

集线器或交换机的结构。采用这些设备可以使工作站拥有自己的专用连接，从而提高了工作站的可用带宽。

局域网可以部署成对等网络（Peer to Peer），也可以部署成基于服务器的网络。前者每个节点是平等的（每个节点按自己的方式处理和存储数据），而后者只有一台计算机（服务器）负责存储信息，其他计算机从服务器处获得信息。

2. 局域网体系结构

美国 IEEE 于 1980 年 2 月专门成立了局域网课题研究组，对局域网制定了美国国家标准，并把它提交国际标准化组织作为国际标准的草案，1984 年 3 月得到 ISO 的采纳。IEEE802 模型与 OSI 参考模型的对应关系如图 3-2 所示。IEEE 主要对第一、二两层制定了规程，所以局域网的 IEEE802 模型是在 OSI 的物理层和数据链路层实现基本通信功能的。IEEE802 局域网参考模型对应于 OSI 参考模型物理层的功能，主要是信号的编码、译码、前导码的生成和清除、比特的发送和接收。

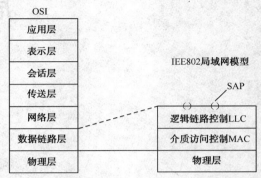

图 3-2   IEEE802 模型与 OSI 参考模型的对应关系

IEEE802 对应于 OSI 的数据链路层，分为逻辑链路控制（LLC）子层和介质访问控制（MAC）子层。

（1）逻辑链路控制（LLC）子层

它向高层提供一个或多个访问点 SAP，是用于同网络层通信的逻辑接口。LLC 子层主要执行 OSI 基本数据链路协议的大部分功能和网络层的部分功能，如具有帧的收发功能，在发送时，帧由发送的数据加上地址和 CRC 校验等构成；接收时，将帧拆开，执行地址识别、CRC 校验，并具有帧顺序控制、差错控制、流量控制等功能。此外，它还执行数据报、虚电路、多路复用等部分网络层的功能。

（2）介质访问控制（MAC）子层

本子层主要提供如 CSMA/CD、令牌环等多种访问控制方式的有关协议。它还具有管理多个源、多个目的链路的功能。它向 LLC 子层提供单个 MSAP 服务访问点，由于有不同的访问控制方法，所以它与 LLC 子层有各种访问控制方法的接口，与物理层则有 PSAP 访问点。

3.1.2　介质访问控制方法

由于局域网是由一组共享网络传输带宽的设备组成，因此，就需要某种手段来控制对传输介质的访问，以保证有序、有效且公平合理地使用网络传输带宽。介质访问控制技术就是控制网络中各个节点之间信息的合理传输，对信道进行合理分配的方法。

介质访问控制技术根据控制分为集中式控制和分布式控制。在集中模式中，要指定一个有权决定接入网络的控制器，一个站必须一直等到收到控制器发来的许可。在分布模式中，由各站共同完成媒体接入控制功能，动态决定站发送的顺序。

介质访问控制技术还可以根据控制方法不同分为静态信道化方式和动态介质访问方式。

其中，静态信道化方式是将介质划分为彼此独立的信道后由特定的用户专用这些信道。信道化技术适用于站点产生稳定的信息流，从而能够有效利用专用信道的场合。动态介质方式能较好地适应用户业务量突发的情况，适合局域网使用。动态介质访问技术有三种基本方式：循环、预约和争用。如图 3-3 所示是各种介质访问控制方式。

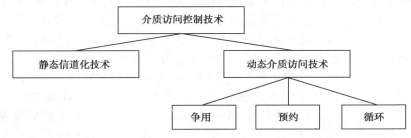

图 3-3 各种介质访问控制方式

1. 循环

在循环方式中，每个站轮流有发送机会。在轮到某个站发送时，它最少可以不发送，最多可以发送事先规定的最大上限。一旦该站完成当前一轮的发送，它将取消自己的发送资格，而把发送权传送到逻辑序列上的下一站。发送次序的控制既可以是集中式的（如轮询法），也可以是分布式的（如令牌法）。

当很多站都有需要延续一段时间发送的数据或需要发送数据的站是可以预测的时候，循环发送技术很有效。但当仅有少数站需要发送数据或发送数据的站是不可以预测的时候，循环接入方式就会造成大量不必要的开销。在这种情况下，就需要应用其他技术。根据数据量特征是以流通信为基础还是以突发通信为基础的不同而使用不同的技术。其中，流通信的持续时间长，通信量大，如语音通信、大批文件传输；突发通信则是以短的、零星的传输方式为特征。

2. 预约

预约技术适用于流通信，类似同步时分复用方法把占用媒体的时间细分为时隙。需要发送数据的站首先要预约未来的时隙，申请后续传输的时间片。预约控制既可以是集中式的，也可以是分布式的。

3. 争用

争用技术通常适于突发通信。在争用方式下，不事先确定站占用媒体的机会，而是让所有站以同样的方式竞争占用媒体。其主要优点是实现简单，网络负荷小的情况下比较适用。表 3-1 列出了一些在局域网和城域网标准中定义的介质访问控制技术。

表 3-1 局域网介质访问控制技术

	总线型拓扑	环型拓扑	星型拓扑
循环	令牌总线（IEEE802.4） 轮询（IEEE802.11）	令牌环（IEEE802.5）	请求/优先级 （IEEE802.12）
预约	分布队列总线 （IEEE802.6）		
争用	CSMA/CD（IEEE802.3） CSMA/CA（IEEE802.11）		CSMA/CD（IEEE802.3）

3.1.3 以太网

1. 以太网概念

以太网（Ethernet）最初是美国 Xerox 公司和 STANFORD 大学合作，于 1975 年推出的一种局域网。后来，由于微机的快速发展，DEC、Intel、Xerox 三公司合作，于 1980 年 9 月第一次公布 Ethernet 物理层和数据链路层的规范，又称为 DIX 规范。IEEE802.3 就是以 DIX 规范为主要来源而制定的以太网标准。目前已成为国际流行的局域网标准之一。

以太网是一种使用逻辑总线型拓扑和载波侦听多路访问/冲突监测（CSMA / CD）的差错监测和恢复技术的网络形式。它采用基带传输，通过双绞线和传输设备，实现 10M / 100M / 1Gbps 的网络传输。从最初的同轴电缆上的共享 10Mbps 传输技术，发展到现在的双绞线和光纤上的 100Mbps 甚至 1Gbps 的传输技术、交换技术等，应用非常广泛，技术成熟。

通常我们所说的以太网主要是指以下三种不同的局域网技术。

（1）以太网 / IEEE 802.3：通常采用同轴电缆作为网络媒体，传输速率达到 10Mbps。

（2）100Mbps 以太网：又称为快速以太网，通常采用双绞线作为网络媒体，传输速率达到 100Mbps。

（3）1 000Mbps 以太网：又称为千兆位以太网，通常采用光缆或双绞线作为网络媒体，传输速率达到 1 000Mbps（1Gbps）。

2. 以太网的关键技术

以太网采用的是逻辑总线型的拓扑结构，而在这种结构中，应用最广泛的媒体接入控制技术就是基于循环控制方式的载波侦听多路访问/冲突监测（CSMA/CD）。这一技术成为以太网的基础。CSMA/CD 及其几个前身统称为随机接入或争用技术。在这些技术中，任意站发送的时间都无法预测或调度，它们发送数据的时间是随机的，因而需要争用接入媒体的时间。

CSMA/CD 最早起源于为分组无线网络研制的 ALOHA，ALOHA 是一种真正的自由争用技术。它非常简单但也存在很多问题，在这种技术中，冲突（多于一个站在同一时间发送数据）的数量会随着负荷的增加而迅速增长，这使得信道的最大利用率只有 18%。为了提高效率，出现了时隙 ALOHA，但是这种利用率仍然无法满足局域网中的传输要求。CSMA 的出现解决了这个问题，它可以达到的最大利用率远远超过了 ALOHA 和时隙 ALOHA。它的最大利用率取决于帧的长度和传播时延。帧越长或传播时延越短，信道的利用率就越高。

CSMA 是基于一种假设：两站间的信息传播时间远小于帧的发送持续时间。在这种情况下，当一个站发送信息时，其他站立即就会知道。如果某个站想要发送消息，而这时它监测到有其他站在发送信息，它就会等这个站发送完再发。这样只有在两个站几乎同时发送信息时，才会产生冲突。而这种情况会很少产生，因而就大大降低了冲突的概率。

在 CSMA 中，要发送数据的站首先监听信道，判断是否有其他站正在发送数据。如果信道正在被使用，那么它就必须等待。如果信道空闲，没有其他站发送数据，那么它就可以开始发送数据。因为信道空闲时，每个站都可以发送数据，因此，就可能有两个或多个站同时要发送数据，从而产生冲突。这时冲突各方的数据会互相干扰，无法被目的站点正确接受。为此，当站发送数据后一段时间内没有收到确认，就假定为发生冲突并且重传。

在 CSMA 中存在一个显著低效的情况：当两个帧发生冲突时，在两个被破坏帧的发送时间内，信道是无法使用的。当帧越长，所浪费的带宽就越大。而如果在发送时可以继续监听信道，就可以减少这种浪费，这就是 CSMA/CD。在 CSMA/CD 各个站采用以下算法：

（1）如果信道空闲，则发送，否则转到（2）。

（2）如果信道忙，继续监听，直到信道空闲，然后立即发送。

（3）如果在发送过程中检测到冲突，发送一个干扰信号，保证所有站都知道发生了冲突，然后停止发送数据。

（4）随机等待一段时间，继续重传从（1）开始重复。

对于基带总线来说，冲突发生时，会产生一个比正常发送的电压更高的摆动，因此，如果某个站在发送分接头点检测到电缆上的信号值超过了单独发送所能产生的最大值，就认为发生了冲突。由于信号在传输过程中会产生衰减，因此，当两个站离得很远的时候，由于衰减的原因，会导致冲突信号的强度无法超过冲突检测的门限值。所以，IEEE 规定，限制 10BASE5 同轴电缆的长度最长不超过 500m，10BASE2 同轴电缆的长度最长不超过 200m。

3. 几种常见以太网

IEEE802.3 标准具有灵活性和多样性的特点。为了区别目前的多种实现，IEEE802.3 委员会开发了一种协议的表示法：

<数据率（以 Mb/s 计）><信令方式><最大网段长度（100m 计）>

在 10Mbps 的以太网中定义了以下几种协议：

（1）10BASE5。

（2）10BASE2。

（3）10BASE-T。

（4）10BASE-F。

其中，10BASE-T 和 10BASE-F 不完全满足以上的记法，"T" 代表双绞线，"F" 代表光纤。

快速以太网，是指一组由 IEEE802.3 委员会开发的标准，它们提供价格低廉、运行在 100Mbps 上的、与以太网兼容的局域网。在这些标准中，最外层的设计是 100BASE-T。在快速以太网中定义了以下几种协议，用于不同的传输媒体：

（1）100BASE-T4。

（2）100BASE-X。

（3）100BASE-TX。

（4）100BASE-FX。

所有 100BASE-T 的可选项都使用 IEEE802.3 的 MAC 协议和控制格式。100BASE-X 的物理层采用光纤分布式数据接口（FDDI）。所有 100BASE-X 在两个节点间使用两个物理链路，一个用于发送，一个用于接收。100BASE-TX 采用非屏蔽双绞线（UTP），100BASE-FX 采用光纤。

1995 年底，IEEE802.3 委员会成立了一个高速研究小组，研究如何以千兆位的速率传递以太网格式的分组。千兆位以太网的策略与快速以太网一样，虽然定义了新的媒体和传输协议，但仍然保留了 CSMA/CD 协议和以太网的格式。它与 100BASE-T 和 10BASE-T 是兼容的，可以保持平滑过渡。

光以太网技术是现在两大主流通信技术的融合和发展——以太网和光网络。它集中了以太网和光网络的优点，如以太网应用普遍、价格低廉、组网灵活、管理简单，光网络可靠性高、容量大。光以太网的高速率、大容量消除了存在于局域网和广域网之间的带宽瓶颈，将成为未来融合语音、数据和视频的单一网络结构。在打造光以太网的众多技术中，10GB 位以太网技术是目前受到业内人士高度关注的链路层技术，IEEE 已经于 2002 年 6 月正式发布了 802.3ae 标准，新的标准仍然采用 IEEE802.3 以太网媒体访问控制（MAC）协议、帧格式和帧长度。

（1）10BASE-T 双绞线以太网

10BASE-T 是 1990 年由 IEEE 认可的，编号为 IEEE802.3i，T 表示采用双绞线，现 10BASE-T 采用的是非屏蔽双绞线。在 10BASE-T 中，定义了星型拓扑结构，一个简单的系统是由一组站点和一个中心节点（多端口转发器）组成。每个站点通过双绞线连接到中心节点。中心节点从任意线上接收输入，并且在其他所有线路上转发。由于非屏蔽双绞线的高数据率和低的传输质量，因而链路的长度限制在 100m。而如果采用光纤链路的话，最大长度是 500m。

10BASE-T 的主要技术特性如下：

① 数据传输速率 10Mbps。

② 每段双绞线最大长度 100m（HUB 与工作站间及两个 HUB 之间）。

③ 一条通路允许连接 HUB 数为 4 个。

④ 拓扑结构星型或总线型。

⑤ 访问控制方式 CDMA/CD。

⑥ 帧长度可变，最大为 1518bytes。

⑦ 最大传输距离为 500m。

⑧ 每个 HUB 可连接的工作站最多为 96 个。

10BASE-T 的连接主要以集线器 HUB 作为枢纽，工作站通过网卡的 RJ-45 插座与 RJ-45 接头相连，另一端 HUB 的端口可供 RJ-45 的接头插入，装拆非常方便。10BASE-T 由于安装方便，价格比粗缆和细缆都便宜，管理、连接方便，性能优良，所以它一经问世就受到广泛的注意和大量的应用，归结起来，它有如下特点：

① 网络建立和扩展十分灵活方便，可以根据每个 HUB 的端口数量和网络大小，选用不同类型的 HUB，构成所需的网络；增减工作站可不中断整个网络的工作。

② 可以预先和电话线统一布线，并在房间内预先安装好 RJ-45 插座，所以改变网络布局十分容易。

③ HUB 可将一个网络有效地分成若干互联的段，当发生故障时，管理人员可在较短时间内迅速查出故障点，提高故障排除的效率。

④ 10BASE-T 网与 10BASE-2、10BASE-5 能很好地兼容，所有标准以太网软件可不做修改就能兼容运行。

⑤ 在 HUB 上都设有粗缆的 AUI 接口和细缆的 BNC 接口，所以粗缆或细缆与双绞线 10BASE-T 网混合布线连接方便，使用场合较多。

（2）100BASE-T 快速以太网

100BASE-T 的信息包格式、包长度、差错控制及信息管理均与 10BASE-T 相同，但信息传输速率比 10BASE-T 提高了 9 倍。

与 10BASE-T 不同的主要技术特性如下：

① 介质传输速率 100Mbps。

② 星型拓扑结构。

③ 从集线器到节点最大距离 100m（UTP）或 185m（光缆）。

④ 两个 HUB 之间的允许距离小于 5m。

100BASE-T 的特点如下：

① 性能价格比高，100BASE-T 约为 10BASE-T 价格的两倍，但可取得 10 倍性能的提高。

② 升级容易，它与 10BASE-T 有很好的兼容性，许多硬件线缆、接头可不必重新投资，若需将 10BASE-T 升级，只需投入影响带宽的瓶颈部分资金更换设备。

③ 10BASE-T 的核心协议，即访问控制方式不必变动即可在 100BASE-T 上使用。

④ 移植方便，10BASE-T 上的一些管理软件、网络分析工具都可在 100BASE-T 上使用。

⑤ 易于扩展，它可无缝地连接在 10BASE-T 的现有局域网中，它还可通过交换机方便地与 FDDI 主干校园网相接。

（3）千兆位以太网

千兆位以太网是一种新型高速局域网，可以提供 1Gbps 的通信带宽，采用与传统 10/100 M 以太网同样的 CSMA/CD 协议、帧格式和帧长，因此，可以实现在原有低速以太网基础上平滑、连续的网络升级，从而能最大限度地保护用户以前的投资。

在千兆位以太网协议中，共享媒体集线器模式比基础的 CSMA/CD 模式有两大提高。

载波扩充：载波扩充是在短的 MAC 帧的末尾加上了一组特殊的符号，使每一帧从 10Mbps 和 100Mbps 的最小的 512bit 提高到至少 4 096bit。从而保证一次传输的帧长度超过 1Gbps 时的传输时间。

帧突发：帧突发是允许连续发送某个限制内的多个短帧，从而无须在每个帧之间放弃对 CSMA/CD 的控制。帧突发可以避免当某个站点有多个小帧要发送时，载波扩充所产生的耗费。

对于提供对媒体的专用接入的交换集线器来说，不需要载波扩充和帧突发技术。因为在站点上，数据传输和接收可以通过交换集线器同时进行，不存在对共享媒体的争用。

图 3-4 所示是一个千兆位以太网的典型应用。一个 1Gbps 的交换集线器为中央服务器和高速工作组提供与主干网的连接。每个工作组的集线器既支持以 1Gbps 的链路连接到主干网集线器上，来支持高性能的工作组服务器，同时又支持以 100Mbps 的链路连接到主干网集线器上，来支持高性能的工作站、服务器。

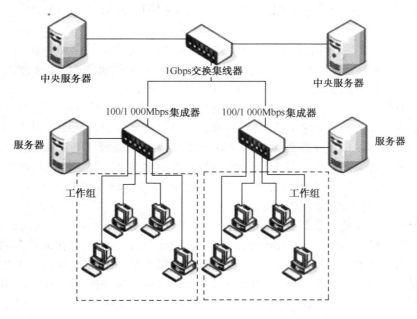

图 3-4　千兆位以太网的配置实例

（4）10G 位以太网

随着 10G 位以太网标准（IEEE 802.3ae）的形成，人们相信以太网的应用范围必将从局域网延伸到城域网和广域网。光以太网概念的提出，首先将给城域网带来革命性的变化。现在的城域网是基于 SDH 的体系结构。SDH 最初是面向低速、电路交换的语音业务而设计的，虽然其同步机制可保证良好的 QoS 性能，提供 50ms 的电路保护倒换时间，缺点是 SDH 设备价格昂贵，用于数据业务时不够灵活、效率低下。光以太网基于现在应用非常普遍、技术成熟的以太网技术，并对网管和流量工程等方面的功能进行了加强，以便应用于现在的电信网络，满足城域网对数据速率和传输链路可靠性的要求。

在光以太网的众多技术中，10GB 位以太网技术是目前受到业内人士高度关注的链路层技术，IEEE 已经于 2002 年 6 月正式发布了 802.3ae 标准，新的标准仍然采用 IEEE802.3 以太网媒体访问控制（MAC）协议、帧格式和帧长度，它与以往的以太网标准相比主要有以下几点区别：

① 全新的 64B/66B 编码方式引入。

② 全新定义的物理层介质类型（LAN/WAN 两大类，八种介质类型）。

③ 仅定义光纤介质类型。

④ 仅支持全双工的 MAC 层操作。

⑤ 在 WAN 类型中引入 WIS 接口子层，提供 MAC 帧到 OC-192 帧的映射和速率匹配机制，通道开销、线路开销、段开销字节被大量简化。

⑥ 在 XGMII 接口下附加 XAUI 接口选项，采用 4 路 8 对低电压差分串行信号线传输，传输信号经过 8B/10B 编码，信号自带时钟，使 MAC 层芯片到 PHY 芯片的布线距离延长至 50cm，尤其适合于分布式机架系统。

⑦ 支持无中继链路距离超过 40km（SMF/1550nm），适合城域网应用。

10G 位以太网的优点是减少网络的复杂性，兼容现有的局域网技术并将其扩展到广域网，降低了系统费用，并提供更快、更新的数据业务。是一种融合 LAN/MAN/WAN 的链路技术，可构建端到端的以太网链路。归纳起来 10Gbps 以太网在 LAN/MAN/WAN 中的应用包括以下几个方面。

- 局域网应用：这种应用是传统的局域网应用，针对运营商数据中心和企业网，包括骨干层中的 LAN 交换机上行 10Gbps 汇聚、服务器到交换机间的高速数据链路、数据中心服务器池的数据交换及连接不同楼宇间的交换设备。

- 城域网应用：城域网应用可采用裸光纤和 DWDM 设备两种传输形式，前者采用 10Gbps 路由交换机作为节点设备，直接采用城市中铺设的暗光纤，可直接构建格状网络（采用单模光纤，端口链路距离可长达 40km），后者采用城域 DWDM 设备，通常是环网方式组网，提供光层的业务上/下路和网络自愈恢复保护，对企业/园区骨干网，可实现无服务器建筑、远程备份/系统容灾，对运营商而言，该方式成本大大低于采用 T3 或 OC-3 传输设备的组网方案。

- 广域网应用：这是一个新兴的应用场合，连接 ISP（Internet Service Provider）的电信级以太网交换机和 NSP（Networks Service Provider）DWDM 光纤传输设备的链路可以是极具成本优势的以太网链路，代替传统方式的昂贵的 ATM 交换机。考虑到骨干网中 SDH 传输设备大量存在的事实，IEEE802.3ae 中定义的 10GBE WAN 接口采用速率匹配和直接映射的方式，将 10GBE MAC 帧封装入 OC-192c 的净荷中传输，确保与现有 SDH 设备的无缝连接。

3.1.4 交换式局域网

交换式局域网是相对共享式局域网而言的，共享式局域网是指网络中的所有节点共享网络带宽，共享式局域网存在的主要问题是所有用户共享带宽，每个用户的实际可用带宽随网络用户数的增加而递减。这是因为当信息繁忙时，多个用户都可能同进"争用"一个信道，而一个通道在某一时刻只允许一个用户占用，所以经常处于监测等待状态，致使信号在传送时产生抖动、停滞或失真，严重影响了网络的性能。共享式局域网最典型的是集线器（Hub）连接的以太网，如 10Mbps 的 Hub，总的带宽就是 10Mbps，不管有多少个口都是共用这个 10Mbps 带宽，所以 10Mbps 的 Hub 实际每个端口都达不到 10 Mbps 的带宽。

交换式局域网是指采用了交换技术的局域网，典型的交换式局域网是交换式以太网，它的核心部件是以太网交换机。以太网交换机的原理很简单，它检测从端口来的数据包的源和目的地的MAC（介质访问层）地址，然后与系统内部的动态查找表进行比较，若数据包的 MAC 层地址不在查找表中，则将该地址加入查找表中，并将数据包发送给相应的目的端口。交换机总的带宽取决于交换机的背板带宽，例如，100Mbps 的交换机，它的每个端口的带宽都是 100Mbps，如果是全双工的带宽就是 200Mbps。对于一台 24 口的交换机，如果背板带宽能达到 4.8Gbps，那么这个这个交换机在 24 口都在使用的情况下，每个端口都能达到 100Mbps 的交换速率。

要建立交换式局域网就必须用到以太网交换机。目前，国内外生产以太网交换机的厂商很多，主要有 3Com、Cisco、Intel、Bay、Networks 等商家。

目前，以太网交换机主要采用以下两种交换方式：直通式和存储转发式。

直通式的以太网络交换机可以理解为在各端口间是纵横交叉的线路矩阵电话交换机。它在输入端口检测到一个数据包时，检查该包的包头，获取包的目的地址，启动内部的动态查找表转换成相应的输出端口，在输入与输出交叉处接通，把数据包直通到相应的端口，实现交换功能。由于不需要存储，延迟非常小、交换非常快，这是它的优点。它的缺点：因为数据包的内容并没有被以太网交换机保存下来，所以无法检查所传送的数据包是否有误，不能提供错误检测能力，由于没有缓存，不能将具有不同速率的输入/输出端口直接接通，而且，当以太网络交换机的端口增加时，交换矩阵变得越来越复杂，实现起来相当困难。

存储转发式是计算机网络领域应用最为广泛的方式，它把输入端口的数据包先存储起来，然后进行 CRC 检查，在对错误包处理后才取出数据包的目的地址，通过查找表转换成输出端口送出包。正因如此，存储转发方式在数据处理时延时大，这是它的不足，单是它可以对进入交换机的数据包进行错误检测，尤其重要的是它可以支持不同速率的输入/输出端口间的转换，保持高速端口与低速端口间的协同工作。

局域网交换机是工作在 OSI 第二层的，可以理解为一个多端口网桥，因而传统上称为第二层交换。目前，交换技术已经延伸到 OSI 第三层的部分功能，即第三层交换。第三层交换可以不将广播封包扩散，直接利用动态建立的 MAC 地址来通信，似乎可以看懂第三层的信息，如 IP 地址、ARP 等。具有多路广播和虚拟网间基于 IP、IPX 等协议的路由功能，这方面功能的顺利实现得力于专用集成电路（ASIC）的加入，把传统的由软件处理的指令改为 ASIC 芯片的嵌入式指令，从而加速了对包的转发和过滤，使得高速下的线性路由和服务质量都有了可靠的保证。目前，如果没有上广域网的需要，在建网方案中一般不再应用价格昂贵、带宽有限的路由器。

3.1.5 虚拟局域网（VLAN）

1. VLAN 的概念

VLAN（Virtual Local Area Network）即虚拟局域网，是一种通过将局域网内的设备逻辑地而不是物理地划分成一个个网段从而实现虚拟工作组的新兴技术。IEEE 于 1999 年颁布了用以标准化 VLAN 实现方案的 802.1Q 协议标准草案。

VLAN 技术允许网络管理者将一个物理的 LAN 逻辑地划分成不同的广播域（或称为虚拟 LAN，VLAN），每一个 VLAN 都包含一组有着相同需求的计算机工作站，与物理上形成的 LAN 有着相同的属性。但由于它是逻辑而不是物理地划分，所以同一个 VLAN 内的各个工作站无须被放置在同一个物理空间里，即这些工作站不一定属于同一个物理 LAN 网段。在图 3-5 中，计算机 A1、A2、A3、A4 虽然不在同一个楼层，但是可以将它们划分在同一 VLAN 中。

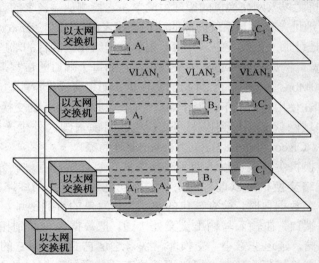

图 3-5　VLAN 示意图

2. VLAN 的优点

（1）控制广播风暴

一个 VLAN 就是一个逻辑广播域，通过对 VLAN 的创建，隔离了广播，缩小了广播范围，可以控制广播风暴的产生。

（2）提高网络整体安全性

通过路由访问列表和 MAC 地址分配等 VLAN 划分原则，可以控制用户访问权限和逻辑网段大小，将不同用户群划分在不同的 VLAN，从而提高交换式网络的整体性能和安全性。

（3）网络管理简单、直观

对于交换式以太网，如果对某些用户重新进行网段分配，需要网络管理员对网络系统的物理结构重新进行调整，甚至需要追加网络设备，增大网络管理的工作量。而对于采用 VLAN 技术的网络来说，一个 VLAN 可以根据部门职能、对象组或者应用将不同地理位置的网络用户划分为一个逻辑网段。在不改动网络物理连接的情况下可以任意地将工作站在工作组或子网之间移动。利用虚拟网络技术，大大减轻了网络管理和维护工作的负担，降低了网络维护费用。在一个交换网络中，VLAN 提供了网段和机构的弹性组合机制。

3. VLAN 的划分

VLAN 在交换机上的实现方法，可以大致划分为 4 类：

（1）基于端口划分的 VLAN

这种划分 VLAN 的方法是根据以太网交换机的端口来划分，例如，Quidway S3526 的 1-4 端口为 VLAN 10，5-17 端口为 VLAN 20，18-24 端口为 VLAN 30，当然，这些属于同一 VLAN 的端口可以不连续，如何配置，由管理员决定，如果有多个交换机，例如，可以指定交换机 1 的 1～6 端口和交换机 2 的 1～4 端口为同一 VLAN，即同一 VLAN 可以跨越数个以太网交换机，根据端口划分是目前定义 VLAN 的最广泛的方法，IEEE 802.1Q 规定了依据以太网交换机的端口来划分 VLAN 的国际标准。

这种划分方法的优点是定义 VLAN 成员时非常简单，只要将所有的端口都指定义一下就可以了。它的缺点是如果某 VLAN 的用户离开了原来的端口，到了一个新的交换机的某个端口，那么就必须重新定义。

（2）基于 MAC 地址划分 VLAN

这种划分 VLAN 的方法是根据每个主机的 MAC 地址来划分，即对每个 MAC 地址的主机都配置于某个组。这种划分 VLAN 方法的最大优点就是当用户物理位置移动时，即从一个交换机换到其他的交换机时，VLAN 不用重新配置。所以，可以认为这种根据 MAC 地址划分的方法是基于用户的 VLAN，这种方法的缺点是初始化时，所有的用户都必须进行配置，如果有几百个甚至上千个用户的话，配置是非常累的。而且这种划分的方法也导致了交换机执行效率的降低，因为在每一个交换机的端口都可能存在很多个 VLAN 组的成员，这样就无法限制广播包了。另外，对于使用笔记本电脑的用户来说，他们的网卡可能经常更换，这样，VLAN 就必须不停地配置。

（3）基于网络层划分 VLAN

这种划分 VLAN 的方法是根据每个主机的网络层地址或协议类型（如果支持多协议）划分的，虽然这种划分方法是根据网络地址，如 IP 地址，但它不是路由，与网络层的路由毫无关系。它虽然查看每个数据包的 IP 地址，但由于不是路由，所以没有 RIP、OSPF 等路由协议，而是根据生成树算法进行桥交换。这种方法的优点是用户的物理位置改变了，不需要重新配置所属的 VLAN，而且可以根据协议类型来划分 VLAN，这对网络管理者来说很重要。还有，这种方法不需要附加的帧标签来识别 VLAN，这样可以减少网络的通信量。

这种方法的缺点是效率低，因为检查每一个数据包的网络层地址是需要消耗处理时间的（相对于前面两种方法），一般的交换机芯片都可以自动检查网络上数据包的以太网帧头，但要让芯片能检查 IP 帧头，需要更高的技术，同时也更费时。当然，这与各个厂商的实现方法有关。

（4）根据 IP 组播划分 VLAN

IP 组播实际上也是一种 VLAN 的定义，即认为一个组播组就是一个 VLAN，这种划分的方法将 VLAN 扩大到了广域网，因此，这种方法具有更大的灵活性，而且也很容易通过路由器进行扩展，当然这种方法不适合局域网，主要是效率不高。

鉴于当前业界 VLAN 发展的趋势，考虑到各种 VLAN 划分方式的优缺点，为了最大程度地满足用户在具体使用过程中的需求，减轻用户在 VLAN 的具体使用和维护中的工作量，Quidway S 系列交换机采用根据端口来划分 VLAN 的方法。

3.1.6　无线局域网

无线局域网络（Wireless Local Area Networks，WLAN）是相当便利的数据传输系统，它是利用射频技术取代双绞线所构成的局域网络。WLAN 的数据传输速率现在已经能够达到 11Mbps，传输距离可远至 20 km 以上。它是对有线联网方式的一种补充和扩展，使网上的计算机具有可移动性，能快速方便地解决使用有线方式不易实现的网络连通问题。

虽然目前几乎所有的局域网都是有线的架构，不过近年来无线网络的应用却日渐增加。主要应用范围在大学校园、大型会场、医疗界、制造业和仓储业等。而且相关的技术也一直在进步，对企业而言要转换到无线网络也更加容易、更加便宜了。

1. 无线局域网的组成

IEEE802.11 标准的无线局域网的设备主要包括无线网卡、无线网桥、无线 HUB、AP（Access Point，访问节点，俗称基站）、天线等。这些设备都是双工工作的。

无线网卡和 AP 是组建无线局域网中最常用的设备。

无线网卡作为无线网络的接口，其作用类似于以太网卡，实现计算机与无线网络的连接。根据接口类型的不同，无线网卡分为三种类型，即 PCMCIA 无线网卡、PCI 无线网卡和 USB 无线网卡。PCMCIA 无线网卡仅适用于笔记本电脑，支持热插拔，可以非常方便地实现移动式无线接入。PCI 无线网卡适用于普通的台式计算机。USB 无线网卡适用于笔记本电脑和台式机，支持热插拔。装有无线网卡的工作站，就构成了无线工作站（STA）。

无线网桥又称为无线网关、无线接入点或无线 AP，可以起到以太网中的集线器的作用。无线 AP 有一个以太网接口，用于实现无线与有线的连接。任何一台装有无线网卡的 PC 均可通过 AP 去访问有线局域网络甚至广域网络之资源。AP 还具有网管功能，可对接有无线网卡的 PC 进行控制。AP 的作用主要有如下作用：

（1）将无线网络接入有线网网络（如以太网、令牌环网等）。

（2）将各无线网络客户端（工作站端点）连接在一起，起传统以太网中集线器或交换机的作用。

（3）在 IEEE80.11 标准中定义了"入口"（Portal）概念，它是 IEEE802.11 与 IEEE802 网络互联的设备，这是一个抽象的概念，它是部分"桥"功能的描述。现在 AP 设备都集成了 Portal。也就是说 AP 也具备了部分"桥"功能。

IEEE802 标准系列是关于局域网的技术标准。其中，802.11 标准是无线局域网的技术标准。802.11 规定无线局域网的最小构件是基本服务集（Basic Service Set Identification）的简称，又称为网络 ID。它是一个 6 字节的地址，用于在众多的 AP 中标志其中一个特定的 AP。大多数 AP 都有自己默认的 BSSID。其中一个 AP 的 BSSID 将被放置到同一网络中的每一个 AP 中，以便于 AP 之间建立通信连接。一个 BSS 包括一个 AP 和若干个移动站。一个 AP 能够在几十至上百米的范围内连接多个无线用户，AP 通过标准接口，经由 HUB、Router 与 Internet 相连，如图 3-6 所示。

AP 可以接入有线局域网，也可以不接入有线局域网，但在多数时候 AP 与有线网络相连，以便能为无线用户提供对有线网络的访问。AP 通常由一个无线输出口和一个以太网接口（IEEE802.3 接口）构成，桥接软件符合

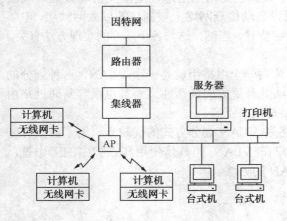

图 3-6 WLAN 的基本服务集

IEEE802.11 桥接协议。当网络中增加一个无线 AP 之后，即可成倍地扩展网络覆盖直径。另外，也可使网络中容纳更多的网络设备。通常情况下，一个 AP 最多可以支持多达 80 台计算机的接入，推荐的数量为 30 台。

携带数据包的 RF 信号是通过天线传播到空间中的，实现一定范围的覆盖，在无线局域网中的各无线设备都要配置天线，有内置和外置两种类型。外置天线可实现远距离的 RF 信号传播，一般覆盖半径达 30～50km，内置天线一般是用于移动接收设备中，可实现 50～100m 范围的接收和发射。

2. 无线局域网的传输方式

传输方式涉及无线局域网采用的传输介质、选择的频段及调制方式。目前无线局域网采用的传输介质主要有两种，即无线电波与红外线。

按照不同的调制方式，采用无线电波作为传输介质的无线局域网可分为扩频方式与窄带调制方式。大多数的 WLAN 产品都采用了扩频技术。扩频技术原先是军事通信领域中使用的宽带无线通信技术。使用扩频技术，能够使数据在无线传输中保持完整可靠，并且确保同时在不同频段传输的数据不会互相干扰。

（1）扩频（Spread Spectrum，SS）局域网

采用扩展频谱方式的无线局域网一般选择 ISM（Industrial Scientific Medical），即工业科学医疗频段。扩频技术能够使数据在无线传输中保持完整可靠，并且确保同时在不同频段传输的数据不会互相干扰。扩频方式中，数据基带信号的频谱被扩展至几倍至几十倍再被搬移至射频发射出去。这一做法虽然牺牲了频带带宽，却提高了通信系统的抗干扰能力和安全性。由于单位频带内的功率降低，对其他电子设备的干扰也减小了。

扩频技术主要分为跳频技术（Frequency Hopping Spread Spectrum，FHSS）和直接序列扩频（Direct Sequence Spread Spectrum，DSSS）两种方式。

① 跳频技术（FHSS），其载频受一个伪随机码的控制，在其工作带宽范围内，载频频率按随机规律不断改变频率。接收端的频率也按与发射端相同的规律变化。跳频速率的高低直接反映跳频系统的性能，跳频速率越高，抗干扰的性能越好。出于成本的考虑，商用跳频系统跳速都较慢，一般在 50 跳/秒以下。WLAN 共有 22 组跳频图案，包括 79 个信道；采用 2～4 电平 GFSK 调制技术；支持 1Mbps 数据速率。美国规定最低跳频速率为 2.5 跳/秒。

② 直接序列扩频（DSSS），是使用具有高码率的扩频序列将数据基带信号的频谱扩展至几倍、几十倍后，再被搬移至射频发射出去。在发射端扩展用户信号的频谱，而在接收端用相同的扩频码序列进行解扩，把展开的扩频信号还原成原来的信号。这一做法提高了频谱的利用率，加强了通信系统的抗干扰能力和安全性。如果发射功率及带宽辐射满足美国联邦通信委员会的要求，则无须向 FCC 提出专门的申请即可使用 ISM 频段。理论上，处理增益 10dB 的 DS 系统（QPSK）可得到的最大数据率分别为 2.6Mbps（900MHz）和 8.35Mbps（2.4GHz）。WLAN 使用 11 位 Barker 序列，处理增益 10.4dB；调制技术为 BPSK 和 DQPSK；支持 1Mbps 和 2Mbps 数据速率。

（2）窄带微波局域网

在窄带调制方式中，数据基带信号的频谱不做任何扩展即被直接发射出去。与扩展频谱方式相比，窄带调制方式占用频率少，频带利用率高。但采用窄带调制方式的无线局域网一般选用专用频段，需要经过国家无线电管理部门的许可方可使用，当然，也可选用 ISM 频段，这样可免去向无线电管理委员会申请。但带来的问题是，当出现邻频或同频干扰时，会严重影响通信质量，通信的可靠性无法得到保障。

（3）红外线（Infrared Rays，IR）局域网

采用红外线通信方式与无线电波方式相比，可以提供极高的数据速率，有较高的安全性，且设备相对便宜而且简单。基于红外线的传输技术最近几年有了很大发展。目前广泛使用的家电遥控器几乎都是采用红外线传输技术。作为无线局域网的传输方式，红外线方式的最大优点是这种传输方式不受无线电干扰，且红外线的使用不受国家无线管理委员会的限制。但由于红外线对障碍物的透射和绕射能力很差，使得传输距离和覆盖范围都受到很大限制，通常 IR 局域网的覆盖范围只限制在一间房屋内。

3. 无线局域网的协议标准

无线局域网技术（包括 IEEE 802.11、蓝牙技术和 HomeRF 等）将是新世纪无线通信领域最有发展前景的重大技术之一。以 IEEE（电气和电子工程师协会）为代表的多个研究机构针对不同的应用场合，制定了一系列协议标准，推动了无线局域网的实用化。

作为全球公认的局域网权威，IEEE 802 工作组建立的标准在局域网领域内得到了广泛应用。这些协议包括 802.3 以太网协议、802.5 令牌环协议和 802.3z100BASE-T 快速以太网协议等。IEEE 于 1997 年发布了无线局域网领域第一个在国际上被认可的协议——802.11 协议。1999 年 9 月，IEEE 提出 802.11b 协议，用于对 802.11 协议进行补充，之后又推出了 802.11a、802.11g 等一系列协议，从而进一步完善了无线局域网规范。IEEE 802.11 工作组制定的具体协议如下：

（1）IEEE 802.11

1990 年 11 月成立的 IEEE 802.11 委员会负责制定 WLAN 标准，1997 年 6 月制定出全球第一个 WLAN 标准 IEEE 802.11。

802.11 规范了 OSI 的物理层和媒体访问控制（MAC）层。物理层确定了数据传输的信号特征和调制方法，定义了三种不同的传输方式：红外线、直接序列扩频和跳频扩频。MAC 层利用载波侦听多路访问/冲突避免（CSMA/CA）的方式共享无线媒体。

1999 年 8 月，802.11 标准得到了进一步的完善和修订，还增加了两项高速的标准版本：802.11b 和 802.11a，它们的主要差别在于 MAC 子层和物理层。

（2）IEEE 802.11b

802.11b 规定物理层采用 DSSS 和补偿编码键控（CCK）调制方式，工作在 2.4～2.4835GHz 频段，每 5MHz 一个载频，共 14 个频点，由于信道带宽是 22MHz，故实际可同时使用的频点只有 3 个。802.11b 的速率最高可达 11Mbps，根据实际情况可选用 5.5Mbps、2Mbps 和 1Mbps，实际的工作速度在 5Mbps 左右。802.11b 使用的是开放的 2.4GHz 频段，不需要申请就可使用。既可作为对有线网络的补充，也可独立组网，实现真正意义上的移动应用。

802.11b 无线局域网引进了冲突避免技术，从而避免了网络中冲突的发生，可以大幅度提高网络效率。CSMA/CA 为了增强业务的可靠性，采用了 MAC 层确认机制，对帧丢失予以检测并重新发送。此外，为了进一步减少碰撞，收发节点在数据传输前可交换简短的控制帧，来完成信道占用时间确定等功能。

802.11b 的主要优点有以下几个方面。

① 速度：802.11b 工作在 2.4GHz，采用直接序列扩频方式，提供的最高数据速率为 11Mbps，且不要求直线视距传播。

② 动态速率转换：当信道特性变差时，可降低数据速率为 5.5Mbps、2Mbps 和 1Mbps。

③ 覆盖范围大：802.11b 的室外覆盖范围为 300m，室内最大为 100m。

④ 可靠性：与以太网类似的连接协议和数据包确认提供可靠的数据传送和网络带宽的有

效使用。

⑤ 电源管理：802.11b 网卡可转到休眠模式，访问点将信息缓冲到客户，延长了笔记本电脑的电池寿命。

⑥ 支持漫游：当用户在覆盖区移动时，接入点之间可实现无缝连接。

⑦ 加载平衡：若当前的访问点流量较拥挤或信号质量降低时，802.11b 可更改连接的访问点，以提高性能。

⑧ 可伸缩性：在有效使用范围中，最多可同时设置 3 个接入点，支持上百个用户。

⑨ 同时支持语音和数据业务。

⑩ 安全性：采用上述四种措施以保障信息安全。

现在大多数厂商生产的 WLAN 产品都基于 802.11b 标准。

（3）IEEE802.11a

802.11a 扩充了标准的物理层，工作在 5.15～5.25GHz、5.25～5.35GHz 和 5.728～5.825GHz 三个可选频段，采用 QFSK 调制方式，物理层可传送 6～54Mbps 的速率。802.11a 采用正交频分复用（OFDM）扩频技术，可提供 25Mbps 的无线 ATM 接口和 10Mbps 的以太网无线帧结构接口，支持语音、数据、图像业务。802.11a 满足室内、室外的各种应用，但目前该标准的相关产品尚未进入市场。

（4）IEEE802.11g

2001 年 11 月，在 802.11 IEEE 会议上形成了 802.11g 标准草案，目的是在 2.4GHz 频段实现 802.11a 的速率要求。该标准将于 2003 年初获得批准。802.11g 采用 PBCC 或 CCK/OFDM 调制方式，使用 2.4GHz 频段，对现有的 802.11b 系统向下兼容。它既能适应传统的 802.11b 标准（在 2.4GHz 频率下提供的数据传输率为 11Mbps），也符合 802.11a 标准（在 5GHz 频率下提供的数据传输率为 56Mbps），从而解决了对已有的 802.11b 设备的兼容性问题。用户还可以配置与 802.11a、802.11b 及 802.11g 均相互兼容的多方式无线局域网，有利于促进无线网络市场的发展。

802.11g 的优势在于既可以保护 802.11b 的投资，又能提供更高的速率。

（5）其他相关协议

IEEE802 工作组今后将继续对 802.11 系列协议进行探讨，并计划推出一系列用于完善无线局域网应用的协议，其中主要包括 802.11e（定义服务质量和服务类型）、802.11f（AP 间协议）、802.11h（欧洲 5GHz 规范）、802.11i（增强的安全性与认证）、802.11j（日本的 4.9GHz 规范）、802.11k（高层无线/网络测量规范）及高吞吐量研究工作组的相关协议。

3.1.7 蓝牙技术

所谓蓝牙（Bluetooth）技术，实际上是一种短距离无线通信技术，利用"蓝牙"技术，能够有效地简化掌上电脑、笔记本电脑和移动电话手机等移动通信终端设备之间的通信，也能够成功地简化以上这些设备与 Internet 之间的通信，从而使这些现代通信设备与因特网之间的数据传输变得更加迅速高效，为无线通信拓宽道路。蓝牙的标准是 IEEE802.15，工作在 2.4GHz 频带，带宽为 1Mbps。

蓝牙（Bluetooth）原是一位在 10 世纪统一丹麦的国王，他将当时的瑞典、芬兰与丹麦统一起来。用他的名字来命名这种新的技术标准，含有将四分五裂的局面统一起来的意思。1998 年 5 月，爱立信、诺基亚、东芝、IBM 和 Intel 公司五家著名厂商，在联合开展短程无线通信技术的标准化活动时提出了蓝牙技术，其宗旨是提供一种短距离、低成本的无线传输应用技术。这五家厂商还成立了蓝牙特别兴趣组，以使蓝牙技术能够成为未来的无线通信标准。芯片霸主 Intel 公司负责半导体芯片和传输软件的开发，爱立信负责无线射频和移动电话软件的开发，IBM 和东芝负责笔记本电脑接口规格的开发。1999 年下半年，著名的业界巨头微软、摩托罗拉、3com、朗讯与蓝牙特别小组的五家公司共同发起成立了蓝牙技术推广组织，从而在全球范围内掀起了一股"蓝牙"热潮。

蓝牙技术使用高速跳频（Frequency Hopping，FH）和时分多址（Time Division Multiple Access，TDMA）等先进技术，在近距离内最廉价地将几台数字化设备（各种移动设备、固定通信设备、计算机及其终端设备、各种数字数据系统，如数字照相机、数字摄像机等，甚至各种家用电器、自动化设备）呈网状连接起来。蓝牙技术将是网络中各种外围设备接口的统一桥梁，它消除了设备之间的连线，取而代之以无线连接。

下面来看看红外技术与蓝牙技术的比较如下。

红外线通信技术适合于低成本、跨平台、点对点高速数据连接，尤其是嵌入式系统。红外线技术的主要应用：设备互联、信息网关。设备互联后可完成不同设备内文件与信息的交换。信息网关负责连接信息终端和互联网。

红外线通信技术已被全球范围内的众多软、硬件厂商所支持和采用，目前主流的软件和硬件平台均提供对它的支持。红外技术已被广泛应用在移动计算和移动通信的设备中。

蓝牙技术是作为一种"电缆替代"的技术提出来的，发展到今天已经演化成了一种个人信息网络的技术。它将内嵌蓝牙芯片的设备互联起来，提供话音和数据的接入服务，实现信息的自动交换和处理。

蓝牙主要针对三大类的应用：语音/数据的接入、外围设备互联和个人局域网。语音/数据的接入是将一台计算设备通过安全的无线链路连接到一个通信设备，完成与广域通信网络的互联。外围设备互联是指将各种外设通过蓝牙链路连接到主机。个人局域网的主要应用是个人网络和信息的共享和交换。

蓝牙技术已获得了两千余家企业的响应，从而拥有了巨大的开发和生产能力。蓝牙已拥有了很高的知名度，消费者对这一技术也很有兴趣。

3.2 局域网组建

局域网的组成包括网络硬件和网络软件两大部分。

3.2.1 局域网硬件

网络硬件主要包括网络服务器、工作站、外设、网络接口卡、传输介质。根据传输介质和拓扑结构的不同，局域网还需要集线器（Hub）、交换机（Switch）设备等，如果要进行网络互联，还需要路由器及网间互联线路等硬件。

（1）服务器：在局域网中，服务器可以将其 CPU、内存、磁盘、打印机、数据等资源供给所有工作站使用，并负责对这些资源的管理，协调网络用户对这些资源的使用。因此，要求服务器具有较高的性能，包括较快的处理速度、较大的内存、较大容量和较快访问速度的磁盘等。

（2）工作站：网络工作站的选择比较简单，任何微机都可以作为网络工作站，目前使用最多的网络工作站可能就是基于 Intel CPU 的微机了，这是因为这类微机的数量最多，用户最多，而且网络产品也最多。

（3）外设：外设主要是指网络上可供网络用户共享的外部设备，通常，网络上的共享外设包括打印机、绘图仪、扫描器、Modem 等。

（4）网络接口卡：网络接口卡（简称网卡）提供数据传输功能，用于把计算机与电缆线（传输介质）连接起来，进而把计算机联入网络，所以每一台联网的计算机都需要有一块网卡。

（5）传输介质：网络接口卡的类型决定了网络所采用的传输介质的类型、物理和电气特征性、信号种类，以及网络中各计算机访问介质的方法等。局域网中常用的电缆主要有同轴电缆、双绞线和光纤。

（6）交换机：交换机是一种基于 MAC 地址识别，能完成封装转发数据包功能的网络设备。交换机可以"学习"MAC 地址，并把其存放在内部地址表中，通过在数据帧的始发者和目标接收者之间建立临时的交换路径，使数据帧直接由源地址到达目的地址。

（7）路由器：路由器是一种连接多个网络或网段的网络设备，它能将不同网络或网段之间的数据信息进行"翻译"，以使它们能够相互"读"懂对方的数据，从而构成一个更大的网络。路由器有两大典型功能，即数据通道功能和控制功能。数据通道功能包括转发决定、背板转发及输出链路调度等，一般由特定的硬件来完成；控制功能一般用软件来实现，包括与相邻路由器之间的信息交换、系统配置、系统管理等。

以上这些硬件在第 2 章中都有详细介绍，在此不再赘述。

3.2.2 局域网协议

局域网的网络软件主要包括协议软件和网络操作系统。目前在个人计算机上最流行的就是 Windows 操作系统，这部分内容将在第 4 章中具体介绍，下面介绍一下网络协议。

在局域网中使用最多的就是 TCP/IP 协议，它实际上是一个协议簇，包含了一系列协议。在 Windows 操作系统安装后，默认情况下 TCP/IP 协议已安装在系统中，管理员需要对这个协议进行一定的配置。其中最重要的是配置 IP 地址和子网掩码。

1．IP 地址

人们为了通信方便给每一台计算机都事先分配一个类似电话号码的地址，即 IP 地址。
根据 TCP/IP 协议，IP 地址由 32 位二进制数组成，而且在 Internet 范围内是唯一的。
如某 IP 地址为 11000000 10101000 00001010 00000010。

为了方便记忆，人们把 32 位的 IP 地址分成四段，每段 8 位，中间用小数点"."隔开，然后再将每 8 位二进制数换成十进制数，即 192.168.10.2。

2．IP 地址的分类

就像电话号码一样分为区号和具体号码，我们把 IP 地址分为两个部分：网络地址和主机地址，如图 3-7 所示。

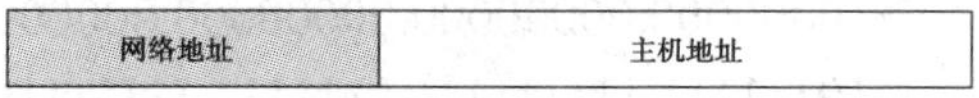

网络地址：同一物理网络上的所有主机都用同一个网络地址，网络上每一个主机都有一个主机地址与其对应。它位于 IP 地址的前段，用来识别所属网络，相当于电话号码的区号。

网络地址	主机地址

图 3-7　IP 地址的构成

主机地址：即为某个网络中特定的计算机号码。位于 IP 地址的后段，用来识别网络上的不同设备，相当于市内的电话号码。

例如，一个主机服务器的 IP 地址为 192.168.10.2，其中，网络标识为 192.168.10.0，主机标识为 2。

IP 地址共占 4 个字节 32 位，其一部分为网络地址，另一部分为主机地址。由于网络中所包含的计算机数量可能不一样多，人们按照网络规模的大小把 IP 地址分为三类，如下所示。

（1）A 类 IP 地址

在 IP 地址的 4 段号码中，第 1 段为网络地址，其余 3 段为主机地址。也就是说，A 类 IP 地址由 1 字节的网络地址和 3 字节的主机地址组成，如图 3-8 所示。

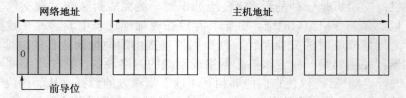

图 3-8　A 类 IP 地址的构成

网络地址的最高位必须是 0，网络地址的长度为 7 位，主机地址的长度占 24 位。

地址范围（网络地址和主机地址不能全部为 0 或全部为 1）：

00000001.00000000.00000000.00000001

01111111.11111111.11111111.11111110

即 1.0.0.1～127.255.255.254。

网络数量：全世界只有 126 个（1～126），每个网络的主机数量：$2^{24}-2=16\,777\,214$，

A 类 IP 网络地址数量较多，适用于大型网络，可用主机数达 1600 万多台。

（2）B 类 IP 地址

在 IP 地址的 4 段号码中，前 2 段为网络地址，后 2 段为主机地址。也就是说，B 类 IP 地址由 2 字节的网络地址和 2 字节的主机地址组成，如图 3-9 所示。

网络地址的最高位必须是 10，网络标识的长度为 14 位，主机标识的长度为 16 位。

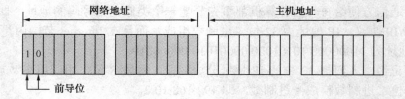

图 3-9　B 类 IP 地址的构成

地址范围（网络地址和主机地址不能全部为 0 或全部为 1）：

10000000.00000000.00000000.00000001

10111111.11111111.11111111.11111110

即 128.0.0.1～191.255.255.254。

网络数量：$2^{14}=16\,384$ 个，每个网络的主机数量：$2^{16}-2=65\,534$ 个，B 类 IP 网络地址适用于中等规模网络，可用主机数达 6 万多台。

（3）C 类 IP 地址

在 IP 地址的 4 段号码中，前 3 段为网络地址，最后 1 段为主机地址。也就是说，C 类 IP

地址由 3 字节的网络地址和 1 字节的主机地址组成，如图 3-10 所示。

网络地址的最高位必须是 110，网络地址的长度为 21 位，主机地址的长度为 8 位。

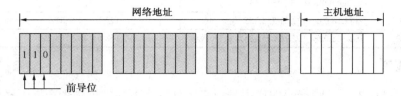

图 3-10　C 类 IP 地址的构成

C 类 IP 网络地址数量较少，适用于小型局域网络，可用主机数最多为 254 台。

地址范围（网络地址和主机地址不能全部为 0 或全部为 1）：

11000000.00000000.00000000.<u>00000001</u>

11011111.11111111.11111111.<u>11111110</u>

即 192.0.0.<u>1</u>～223.255.255.<u>254</u>。

网络数量：2^{21}=2 097 152 个，每个网络的主机数量：2^8-2=254 个。

3．IP 地址类别的判定

IP 地址的判定范围，如图 3-11 所示。

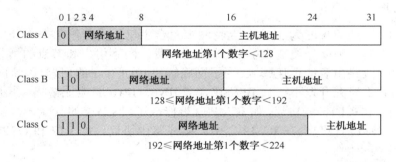

图 3-11　IP 地址的判定范围

快速判断 IP 地址的类型：

A 类，1～126（127 也被保留了，127.0.0.1）。

B 类，128～191。

C 类，192～223。

另外，TCP/IP 协议规定，凡 IP 地址中的第一个字节以 11110 开始的地址称为多点广播地址。因此，任何第一个字节大于 223、小于 240 的 IP 地址是多点广播地址；IP 地址中凡是以 11110 开始的地址都将保留有特殊用途，保留的 IP 地址（内部地址），如表 3-2 所示。

4．特殊的 IP 地址

（1）主机地址全零代表整个网络，192.168.1.0 代表网络本身。

（2）主机地址全 1 代表网络上的全部设备，又称为广播地址，192.168.1.255。

（3）网络地址与主机地址全 1 又称为广播，指世界上所有主机，255.255.255.255。

表 3-2 保留的 IP 地址（内部地址）

类　　别	IP 地址范围	网络 ID	网　络　数
A	10.0.0.0～10.255.255.255	10	1
B	172.16.0.0～172.31.255.255	172.16～172.31	16
C	192.168.0.0～192.168.255.255	192.168.0～192.168.255	256

5. 子网掩码

在 TCP/IP 协议中，子网掩码的作用是用来区分网络上的主机是否在同一网段内。

A 类网络的子网掩码为 255.0.0.0，B 类网络的子网掩码为 255.255.0.0，C 类网络的子网掩码为 255.255.255.0。假设某台主机的 IP 地址为 202.119.115.78，它的子网掩码为 255.255.255.0。将这两个数据做 AND 运算后，所得出的值中的非 0 的部分即为网络地址。

202.119.115.78 的二进制值为 11001010.01110111.01110011.01001110。

255.255.255.0 的二进制值为 11111111.11111111.11111111.00000000。

AND 后的结果为 11001010.01110111.01110011.00000000。

转为十进制数后为 202.119.115.0，它就是网络地址，在 IP 地址中剩下的即为主机地址，即 78，当有另一台主机的 IP 地址为 202.119.115.83 时，它的子网掩码也是 255.255.255.0，则其网络地址为 202.119.115.0，主机地址为 83，因为这两台主机的网络地址都是 202.119.115.0，因此，这两台主机在同一网段内。

6. 新一代 IP——IPv6

IPv4 定义 IP 地址的长度为 32 位。因特网上每台主机至少分配 1 个 IP 地址，同时为提高路由效率将 IP 地址进行分类造成了 IP 地址的浪费。网络用户和节点的增长不仅导致 IP 地址的短缺，也导致路由表的迅速膨胀。为了彻底解决 IPv4 存在的问题，因特网工程部 IETF 从 1991 年开始着手研究开发下一代 IP 协议，即 IPv6。IPv6 的地址格式和长度，以及分组的格式都改变了。相关的一些协议，如 ICMP 就被修改了，网络层的其他一些协议，如 ARP、RARP 和 IGMP 被取消或包含在 ICMP 之中。某些路由协议，如 RIP 和 OSPF 也做了少量的修改以适应这些变化。

（1）IPv6 的主要设计特点

与 IPv4 相比 IPv6 主要有以下优点：

① 超大的地址空间。IPv6 将 IP 地址从 32 位增加到 128 位，如果地址平均散布在整个地球表面，大约每平方米有 10^{24} 个地址，远远超出了地球上的人数。

② 更好的首部格式。IPv6 采用了新的首部格式功能，将选项与基本首部分开，并将选项插入到首部与上层数据之间，首部具有固定的 40 字节长度，简化和加速了路由选择的过程。

③ 增加了新的选项。IPv6 一些新的选项可以实现附加的功能。

④ 允许扩充，留有充分的备用地址空间的和选项空间，当有新技术或应用需要时允许协议进行扩充。

⑤ 支持资源分配。在 IPv6 中删除了 IPv4 中的服务类型字段，但增加了流标字段，可用来标识特定的用户数据流或通信量类型，以支持实时音频和视频等需实时通信的通信量。

⑥ 增加了安全性考虑。扩展了对认证、数据一致性和数据保密的支持。

（2）IPv6 地址

① IPv6 的地址表示方法。IPv6 的地址是 128 位，128 位的地址的表示方法如果仍然采用 IPv4 的点分十进制表示法，会有 16 个点分隔，那样就太长了。IPv6 采用了将地址表示成由 8

个 ":" 分开的 4 位十六进制数，例如，一个 IPv6 的地址为 2060:0000:0000:0000:0009:0A00:500D:826E。

为了进一步简化，IPv6 规定了一种速记表示法，速记表示规定：对于连续的多个 "0" 可以省略，用两个冒号表示（::），省略的 0 的个数可以通过十六进制的总位数 32 减去现有的位数得到，对于上例的 IPv6 地址，用速记表示法为 2060::0009:0A00:500D:826E。可以容易地用计算机计算出来，在 "::" 间省略了 12 个 0。不过，省略的方法在一个 IPv6 地址中只能使用一次。

IPv6 掩码采用类似 IPv4 中 CIDR 的前缀表示法，前缀长度用十进制数表示，即表示成 IPv6 地址/前缀长度，如上述 IPv6 的地址，如前缀长度为 60 位时可以表示成 2060:0000:0000:0000:0009:0A00:500D:826E/60 或者 2060::0009:0A00:500D:826E/60。

② IPv6 地址的类型。IPv6 定义了 3 种地址类型：单播、组播和任意点播。

单播地址是点对点通信时使用的地址，该地址仅标识一个接口。网络负责把对单播地址发送的分组发送到这个接口上。

组播地址表示主机组。它标识属于不同系统的多个接口的一组接口，发送给组播的分组必须交付到该组中的每一个成员。

组播地址也表示主机组，但它标识属于同一个系统的多个接口的一组接口，发送给该组的分组只交付给地址标识最近一个接口后再转发。

与 IPv4 不同的是 IPv6 不采用广播地址，为了达到广播的效果，可以使用能够发往所有接口的组播地址。

③ IPv6 的地址格式及初始分配。IPv6 的地址采用可变长的类型前缀来定义地址的用途，增加了灵活性。因特网管理机构对于 IPv6 的地址进行了初始分配，表 3-3 所示列出了每一种类型前缀的初始分配情况。

表 3-3　IPv6 地址类型前缀的初始分配

类 型 前 缀	类 型	占地址总量的比例
0000 0000	保留	1/256
0000 0001	未分配	1/256
0000 001	NSAP（网络服务访问点）	1/128
0000 010	IPX（Novell）	1/128
0000 011	未分配	1/128
0000 1	未分配	1/32
0001	未分配	1/16
001	可聚类全局单播	1/8
010	未分配	1/8
011	未分配	1/8
100	未分配	1/8
101	未分配	1/8
110	未分配	1/8
1110	未分配	1/16
1111 0	未分配	1/32
1111 10	未分配	1/64
1111 110	未分配	1/128
1111 11100	未分配	1/512
1111 1110 10	链路局域单播地址	1/1024
1111 1110 11	网点局域单播地址	1/1024
1111 1111	组播地址	1/256

3.2.3 局域网组建

例1：由两台计算机组成最简单的局域网

如何把两台计算机连接在一起，组成一个最小规模的局域网，用来共享文件，联机玩游戏，共享打印机等外设，甚至可以共享上网。

将两台计算机直接连接起来，称为双机互联。双机互联方法很多，可以使用两块以太网卡，通过非屏蔽双绞线（UTP）连接；也可以通过串口或并口直接连接，或使用 USB 接口连接，还可以利用计算机的红外线接口无线连接及通过两台 Modem 拨号实现远程共享等。在这些方法中，用两块网卡通过双绞线连接是最简单、方便，同样也是最常用的一种连接方式。

（1）网线的制作

在连接网络之前，我们首先应该考虑的是网线的制作。具体的做法是一端采用 568B 作为线标准不变，另一端在这八根线中的 1、3 号线和 2、6 号线互换一下位置，这时网线的线序就变成了 1：白绿、2：绿、3：白橙、4：蓝、5：白蓝、6：橙、7：白棕、8：棕。这就是 568A 标准，也就是我们平常所说的反线或交叉线。按照一端为 568B，一端为 568A 的标准排列好线序并夹好后，一根适用于两台计算机直接连接的网线就做好了。

（2）网卡的安装

网线做好后，下一步需要做的是安装网卡。首先关闭主机电源，将网卡插在主板一个空闲的 PCI 插槽中，插好后固定，然后启动操作系统，进入系统将提示找到新硬件，进入硬件安装向导，开始搜索驱动程序。我们选择"指定一个位置"，然后找到网卡驱动程序所在的路径，选定后单击"确定"按钮，此时系统将开始复制所需文件，完成后系统将提示是否重新启动，单击"确定"按钮后系统重新启动，这时网卡的安装过程就顺利完成了。

（3）网络的设置

网卡安装好后，下面是双机互联的最后一步同样也是最难的一步：网络设置。首先我们要检查系统的网络组件是否已安装完全：在桌面上选定"网上邻居"，单击右键打开其属性，在配置列表中选择"TCP/IP 协议"，打开其属性，设置 IP 地址和子网掩码（两台计算机的 IP 地址须在同一网段）。

待重新启动计算机，在"我的电脑"中用鼠标右键单击需要共享的驱动器或文件夹，单击快捷菜单中的"共享"，在对话框中输入共享名，按需要设置共享类型和访问口令。这时，驱动器或文件夹会出现一个手掌，表示已经共享。现在我们就可以通过"网上邻居"像使用本机资源一样访问另外一台计算机了。

例2：某校园网组网方案

（1）需求分析

随着计算机、通信和多媒体技术的发展，使得网络的应用更加丰富，同时对校园网络也提出了进一步的要求。因此，需要一个高速的、先进的、可扩展的校园网络以适应当前网络技术发展的趋势并满足学校各方面的应用。信息技术的普及教育已经越来越受到人们的关注。学校领导、广大师生已经充分认识到这一点，学校未来的教育方法和手段，将是构筑在教育信息化发展战略之上的，通过加大网络教育的投入，开展网络化教学，开展教育信息服务和远程教育服务等将成为未来建设的主要内容。

学校有几栋建筑需纳入局域网，其中原有计算机教室将并入整个校园网络。根据校方要求，总的信息点将达到 3 000 个左右。信息节点的分布比较分散。将涉及图书馆、实验楼、教学楼、宿舍楼、办公楼等。主控室可设在教学楼的一层，图书馆、实验楼和教学楼为信息点密集区。

校园网最终必须是一个集计算机网络技术、多项信息管理、办公自动化和信息发布等功能于一体的综合信息平台，并能够有效促进现有的管理体制和管理方法，提高学校办公质量和效率，以促进学校整体教学水平的提高。

（2）组网方案设计

根据校园网络项目，我们应该充分考虑学校的实际情况，注重设备选型的性能价格比，采用成熟可靠的技术，为学校设计一个技术先进、灵活可用、性能良好、可升级扩展的校园网络。考虑到学校的中长期发展规划，要求网络结构、网络应用、网络管理、系统性能及远程教学等各个方面能够适应未来的发展，最大程度地保护学校的投资。学校借助校园网的建设，可充分利用丰富的网上应用系统及教学资源，发挥网络资源共享、信息快捷、无地理限制等优势，真正把现代管理、教育技术融入学校的日常教育与办公管理中。学校校园网具体功能和特点如下：

① 采用千兆位以太网技术，具有高带宽 1000Mbps 速率的主干，100Mbps 到桌面，运行目前的各种应用系统绰绰有余，还可轻松应付将来一段时间内的应用要求，且易升级和扩展，最大限度地保护用户投资。

② 网络设备选型为国际知名产品，性能稳定可靠、技术先进、产品系列全并有完善的服务保证。

③ 采用支持网络管理的交换设备，足不出户便可管理配置整个网络。

④ 提供国际互联网 ISDN 专线接入（或 DDN），实现与各公共网的连接。

⑤ 实现可扩容的远程拨号接入/拨出，共享资源、发布信息等，应用系统及教学资源丰富。

⑥ 有综合网络办公系统及各个应用管理系统，实现办公自动化、管理信息化。

⑦ 有以 Web 数据库为中心的综合信息平台，可用于消息发布、招生广告、形象宣传、作业辅导、教案参考展示、资料查询、邮件服务及远程教学等。

（3）校园网布局结构

校园比较大，建筑楼群多、布局比较分散。因此，在设计校园网主干结构时既要考虑到目前实际应用有所侧重，又要兼顾未来的发展需求。主干网以中控室为中心，设置几个主干交换节点，包括中控室、实验楼、图书馆、教学楼、宿舍楼。中心交换机和主干交换机采用千兆光纤交换机。中控室至图书馆、校园网的主干，即中控室与教学楼、实验楼、图书馆、宿舍楼之间全部采用 8 芯室外光缆；楼内选用进口 6 芯室内光缆和五类线。

根据学校的实际应用，配服务器 7 台，用途如下：

① 主服务器 2 台，装有 Solaris 操作系统，负责整个校园网的管理，教育资源管理等。其中一台服务器装有 DNS 服务，负责整个校园网中各个域名的解析。另一台服务器装有电子邮件系统，负责整个校园网中各个用户的邮件管理。

② Web 服务器 1 台，装有 Linux 操作系统，负责远程服务管理及 Web 站点的管理。Web 服务器采用现在比较流行的 APACHE 服务器，用 PHP 语言进行开发，连接 MYSQL 数据库，形成了完整的动态网站。

③ 电子阅览服务器 1 台，负责多媒体资料的阅览、查询及文件管理等。

④ 教师备课服务器 1 台，负责教师备课、课件制作、资料查询等文件管理及 Proxy 服务等。

⑤ 光盘服务器 1 台，负责多媒体光盘及视频点播服务。

⑥ 图书管理服务器 1 台，负责图书资料管理。

考虑到学校将来的发展，整个校园的信息节点设计为 3000 个左右。交换机总数约 50 台左右，其中主干交换机 5 台，配有千兆位光纤接口。原有计算机机房通过各自的交换机接入最近的主交换节点，并配成多媒体教学网。Internet 接入采用路由器接 ISDN 方案，也可选用 DDN 专线。可保证多用户群的数据浏览和下载。

（4）网络拓扑图

校园网拓扑结构图如图 3-12 所示。

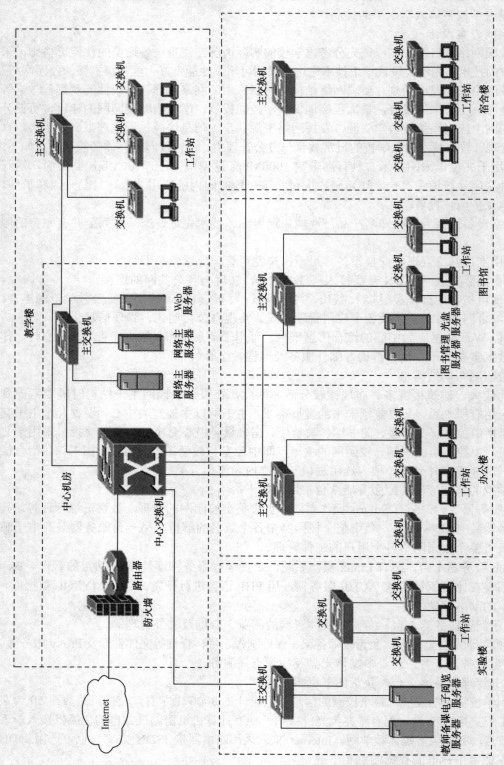

图 3-12　校园网拓扑结构图

3.3 基于工作过程的实训任务

任务一 组网设备及材料的准备和安装

一、实训目的

掌握局域网线路的制作和测试方法及网卡的安装步骤。

二、实训内容

（1）制作双绞线（直连线、交叉线）。
（2）网线连通性的测试。
（3）网卡的安装。

三、实训方法

（1）组网器材及工具的准备

① 组网所需器件。组网之前，需要准备好计算机、网卡、交换机和其他网络器件，表 3-4 列出了组建 100Mbps 以太网的所需设备。

表 3-4 组建 100Mbps 以太网的所需设备及器件

设备和器件名称	数　　量
计算机	2 台以上
RJ-45 接口 100M/10Mbps 自适应网卡	2 块以上
100M/10Mbps 自适应以太网交换机	1 台以上（级联实验需多台）
五类以上非屏蔽双绞线	若干
RJ-45 水晶接头	若干

② 组网工具。除了需要准备组建以太网所需的设备和器件外，还需要准备必要的工具。最基本的工具包括制作网线的剥线或夹线钳及测试电缆连通性的电缆测试仪，如图 3-13 所示。

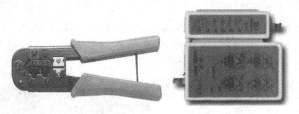

图 3-13 剥线或夹线钳和电缆测试仪

（2）非屏蔽双绞线的制作

① 认识 RJ-45 连接器和非屏蔽双绞线。

RJ-45 连接器是一种只能沿固定方向插入并自动防止脱落的塑料接头，俗称"水晶头"（RJ-45 是一种网络接口规范；类似的还有 RJ-11 接口，就是我们平常所用的"电话接口"，用来连接电话线）。双绞线的两端必须都安装这种 RJ-45 插头，以便插在网卡（NIC）、集线器（HUB）或交换机（Switch）的 RJ-45 接口上，进行网络通信。RJ-45 连接器共有 8 个引脚，一般只使用 1、2、3、6 号引脚。各引脚的意义如下：引脚 1 接收（Rx+），引脚 2 接收（Rx−），引脚 3 发送（Tx+），引脚 6 发送（Tx−）。RJ-45 连接器如图 3-14 所示。

非屏蔽双绞线由 8 根不同颜色的线分成 4 对绞合在一起，成对扭绞的作用是尽可能减少电磁辐射与外部电磁干扰的影响。在 EIA/TIA—568 标准中，将双绞线按电气特性区分为三类、四类、五类线。网络中最常用的是三类线和五类线，目前已有六类以上的，如图 3-15 所示。

双绞线的最大传输距离为 100m。如果要加大传输距离，在两段双绞线之间可安装中继器，最多可安装 4 个中继器。如安装 4 个中继器连接 5 个网段，则最大传输距离可达 500m。EIA/TIA 的布线标准中规定了两种双绞线的线序 T568A 与 T568B。

T568A 标准：

绿白——1，绿——2，橙白——3，蓝——4，蓝白——5，橙——6，棕白——7，棕——8

T568B 标准：

橙白——1，橙——2，绿白——3，蓝——4，蓝白——5，绿——6，棕白——7，棕——8

两种线序标准如图 3-16 所示。

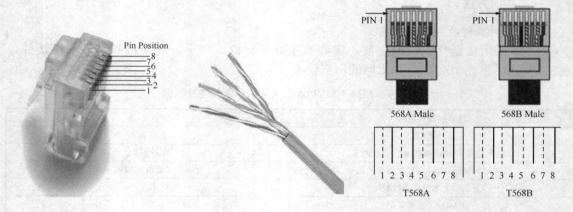

图 3-14　RJ-45 连接器　　　　图 3-15　双绞线　　　　图 3-16　T568A 与 T568B 线序标准

② 用线钳将双绞线外皮剥去，剥线的长度为 15～20mm，不宜太长或太短。

③ 按照线序标准将 8 根线排列好，用剥线钳将线芯剪齐，保留线芯长度约为 1.5cm。

④ 水晶头的平面朝上，将线芯插入水晶头的线槽中，所有 8 根细线应顶到水晶头的顶部（从顶部能够看到 8 种颜色），同时应将外皮也置入 RJ-45 接头之内，最后，用压线钳将接头压紧，并确定无松动现象，如图 3-17 所示。

这是水晶头压制缺口

图 3-17　水晶头的制作

⑤ 将另一个水晶头以同样方式制作到双绞线的另一端。

⑥ 用网线测试仪测试水晶头上的每一路线是否连通，发射器和接收器两端的灯同时亮，

说明正常。

（3）网卡的安装

网卡是计算机与网络的接口。将网卡安装到计算机中并能正常使用，需要做两件事。首先要进行网卡的物理安装；其次是对所安装的网卡进行设备驱动程序的安装和配置。这里先讲网卡的物理安装，如图 3-18 所示。

安装网卡的过程很简单，以目前最流行的 PCI 总线网卡为例，安装过程可按以下步骤进行：

① 断掉计算机电源，确保无电工作。

② 手触摸一下金属物体，释放静电。

③ 打开计算机主机箱，选择一个空闲的 PCI 插槽，并卸掉对应位置的挡板。

④ 将网卡插入槽中，并注意插牢插紧，以防松动，造成故障。

图 3-18　网卡的安装

⑤ 将网卡用螺钉上紧，以保证其工作可靠。

⑥ 重新装好机箱。

注意：安装过程中，不要触及主机内其他连接线、板卡或电缆，以防松动，造成计算机故障。

四、实训总结

（1）在制作双绞线时，要将双绞线一端的外皮先剥去约 2.5cm，当芯线按连接要求的顺序排列好后，芯线剪得只留下大约 1.5cm 的长度。

（2）直通线缆水晶头两端遵循 T568A 或 T568B 标准，交叉线一端遵循 T568A 标准，而另一端遵循 T568B 标准。

（3）确认所有顺序都到位后再将水晶头放入压线钳，用力捏一下。

任务二　网络组件的安装和配置

一、实训目的

掌握网卡的网络属性配置。

二、实训内容

（1）添加通信协议（组件）。
（2）网络属性的配置。

三、实训方法

（1）添加或卸载通信协议

在安装网卡驱动程序的过程中，Windows 操作系统自动安装 TCP/IP 协议，如果要添加其他协议，可以进行如下操作（在以下的操作中以 Windows XP 为例）。

① 在 Windows XP 的界面上用鼠标单击"开始"→"控制面板"→"网络连接"→"本地连接"，右键单击"属性"。进入如图 3-19 所示的界面。单击"卸载"按钮可将已安装的组件卸载掉，单击"属性"按钮可查看选中的组件的属性，单击"安装"按钮将出现"选择网络组件类型"对话框，如图 3-20 所示。

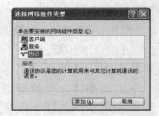

图 3-19　"本地连接 属性"对话框　　　图 3-20　"选择网络组件类型"对话框

② 选择要安装的网络组件类型，如"协议"，然后单击"添加"按钮，出现"选择网络协议"对话框，在"网络协议"列表框中选中要安装的协议，再单击"确定"按钮，例如，安装 NetBEUI Protocol 协议，先单击选中 NetBEUI Protocol 协议，再单击"确定"按钮。

（2）设置计算机 IP 地址及网关、DNS 等

在图 3-19 中双击"Internet 协议（TCP/IP）"，打开"Internet 协议（TCP/IP）属性"对话框，如图 3-21 所示，选中"使用下面的 IP 地址"单选框，用户也可选择"自动获取 IP 地址"选项，但一般不采用此设置，因为当选择"自动获取 IP 地址"后，计算机启动查找 DHCP 再自动获取 IP 地址会延长网络连接时间，一般使用手工定制 IP 地址方式，可根据计算机所处的局域网 IP 子网规划，完成静态 IP 地址、子网掩码、网关及 DNS 设置。

（3）更改计算机名称及工作组

① 右键单击"我的电脑"，在弹出的快捷菜单中选择"属性"命令，打开"系统属性"对话框，继续选择"计算机名"选项卡，如图 3-22 所示。

② "计算机名"选项卡中标出了计算机当前使用的"完整的计算机名称"及"工作组"，单击右边的"更改"按钮，即可弹出"计算机名称更改"对话框，如图 3-23 所示。

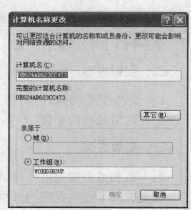

图 3-21　"Internet 协议（TCP/IP）　　图 3-22　"系统属性"对话框　　图 3-23　"计算机名称更改"
　　　　　属性"对话框　　　　　　　　　　　　　　　　　　　　　　　对话框

③ 在"计算机名"文本框中输入新的计算机名称，在"工作组"文本框中输入网络工作组名称，修改完毕后单击"确定"按钮。

四、实训总结

（1）如果不安装 NetBEUI 协议，在"我的电脑"设置好共享目录以后，不能在"网上邻居"中访问自己。

（2）同一个局域网中的计算机不能同名，否则系统在开机时会出现提示信息。

（3）修改完计算机名称及工作组名以后，必须重新启动计算机才能生效。

任务三 组建交换式以太网

一、实训目的

掌握交换机的连接方式，从而进一步完成交换式局域网的组建。

二、实训内容

（1）交换机与计算机的连接。

（2）交换机与交换机进行连接以扩充局域网络。

三、实训方法

（1）准备器件

① 4 台已安装好 Windows 2000 Professional 的计算机。

② 4 块 PCI 总线插槽带 RJ-45 接口的网卡。

③ 2 台 8 口交换机。

④ 5 根直通双绞线，1 根交叉线。

（2）交换机的连接

① 单一交换机结构：适合小型工作组规模的组网。单一交换机可以支持联网的计算机，台数取决于交换机的端口数，如图 3-24 所示。

② 多交换机级联结构：可以构成规模较大的以太网。

多交换机进行级联时，一般可以采用平行级联和树型级联两种方式，如图 3-25 和图 3-26 所示。当一台交换机的普通端口与另一台交换机的级联端口连接时，需要使用直通双绞线，当两台交换机的普通端口连接或两台交换机的级联端口连接时，需要使用交叉双绞线。

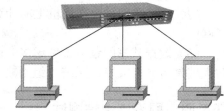

图 3-24　单一交换机结构的以太网示意图

③ 组建小型局域网。

第 1 步，安装网卡及驱动程序。

第 2 步，连接网线，将网线一头插到交换机的 RJ-45 插槽上，一头插在网卡 RJ-45 接口处，将 4 台计算机都用准备好的直通双绞线与一台交换机连接起来。

第 3 步，安装必要的网络协议（TCP/IP）。将 4 台计算机的 IP 地址设置好。

第 4 步，为每台计算机取一个唯一的名称，设置在一个工作组中。

第 5 步，安装共享服务。

至此，即建成了一个拥有 4 台计算机的局域网，网中的 3 台计算机可互相访问，服务器提供共享数据资源。在"网上邻居"里可同时看到 4 台计算机。

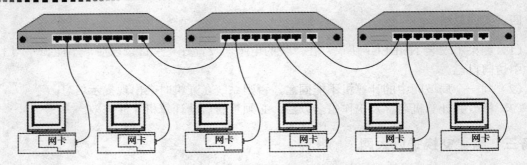

图 3-25　平行结构的多交换机级联

图 3-26　树型结构的多交换机级联

四、实训总结

（1）有的新型交换机取消了 Uplink 口，在交换机内部加上了端口自适应协议，不再需要制作交叉线来连接交换机，只要将标准制作的双绞线两头插入 2 台交换机的任意两个端口即可，交换机会自动识别。

（2）连接在同一台交换机上的计算机，可通过划分虚拟局域网（VLAN）方式置于不同的子网内。

（3）数据共享的设置要考虑多方面因素，如通信协议是否安装，Windows XP 系统自带的防火墙是否允许共享，系统"组策略"的设置等。

任务四　网络连通性测试

一、实训目的

掌握 ping 命令的常用格式和使用场合，从而能预测网络故障出现的位置，进一步解决问题。

二、实训内容

常用 ping 命令的简单使用方法。

三、实训方法

调用 ping 命令的方法：操作系统为 Windows XP/2000，在"开始"→"运行"中输入"cmd"，在弹出的对话框内输入"ping ip 地址"，然后按 Enter 键即可。

（1）测试本机网卡是否正常运行

在本地网卡与交换机连接的情况下，ping 本地 IP 地址，若正常，ping 通则表示本地网卡正常使用，如图 3-27 所示（本地 IP 地址为 10.41.10.5）。

如果测试成功，命令将给出测试包从发出到收到所用的时间。在以太网中，这个时间通常小于 10ms。如果执行 ping 不成功，ping 命令将给出超时提示，如图 3-28 所示。由此可以预测故障出现在以下几个方面：网线故障，网络适配器配置不正确，IP 地址不正确。

（2）测试本地 TCP/IP 协议栈是否正常

一般地，如果 ping 127.0.0.1 可以 ping 通，就表示 TCP/IP 协议栈是正常工作的，如图 3-29 所示。

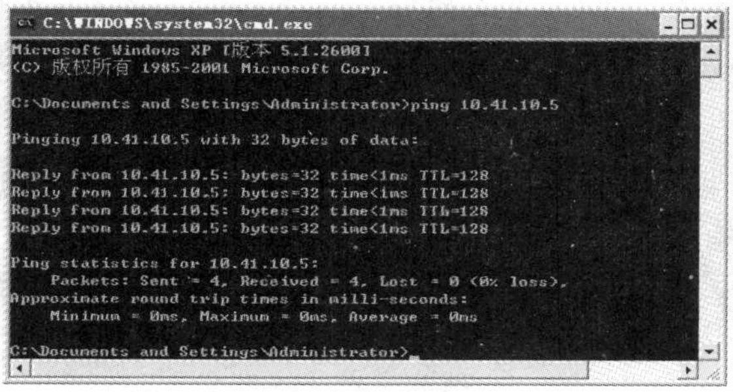

图 3-27　ping 命令测试本机网卡成功　　　　图 3-28　ping 命令测试本机网卡不成功

（3）测试本机的下一跳设备（网关）是否正常

如果网关地址为 10.41.10.254，能 ping 通此地址表示网关正常工作，如图 3-30 所示。

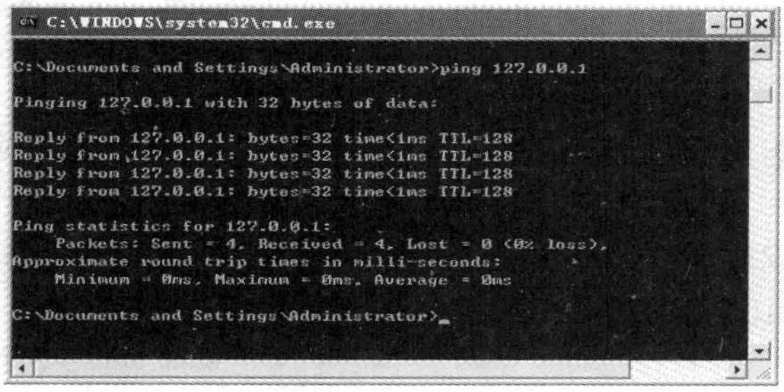

图 3-29　ping 命令测试本地 TCP/IP 协议栈 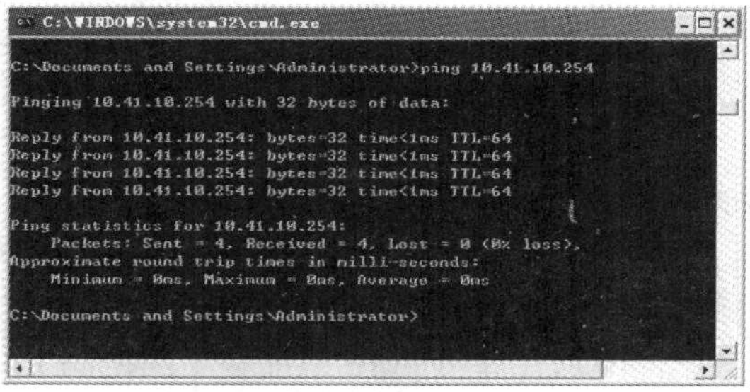　　　　图 3-30　ping 命令测试网关

四、实训总结

（1）ping 命令后面要有空格，否则出错。

（2）如果执行"ping 本机 ip"命令显示内容为"request timed out"，则表明网卡安装或配置有问题。将网线断开再次执行此命令，如果显示正常，则说明本机使用的 IP 地址可能与另一台正在使用的机器 IP 地址重复了。如果仍然不正常，则表明本机网卡安装或配置有问题。

任务五　子网的规划

一、实训目的

掌握 IP 地址的分配和划分子网的方法。

二、实训内容

（1）IP 地址的规划与配置。

（2）网络连通性测试。

三、实训方法

1．工具准备

（1）准备计算机若干台，装有 Windows 2003/XP 操作系统、网卡；五类 UTP 双绞线，直通线。

（2）每 6 人一组，每组准备交换机一台。

2．子网规划

IP 地址分配前需进行子网规划；选择的子网号部分应能产生足够的子网数；选择的主机号部分应能容纳足够的主机；路由器需要占用有效的 IP 地址。

假设某企业获的网络地址为 211.100.255.0，拥有 220 台计算机，将该网络划分成 2 个子网，求子网掩码和每个子网的 IP 地址。

（1）求子网掩码

① 根据 IP 地址 211.100.255.0 确定该网是 C 类网络，主机地址是低 8 位，子网数是 2 个，则子网的位数是 1，即 0 和 1。

② 根据上述分析计算出子网掩码是 255.255.255.128。

（2）分配 IP 地址，在局域网上划分子网

子网编址的初衷是为了避免小型或微型网络浪费 IP 地址；将一个大规模的物理网络划分成几个小规模的子网。

① 子网 1 的 IP 地址范围应是 211.100.255.1～211.100.255.126，子网 2 的 IP 地址范围应是 211.100.1.126～211.100.255.254。

② 前 110 台计算机的子网 1 的 IP 地址为 211.100.255.2～211.100.255.112，后 110 台计算机的子网 2 的 IP 地址为 211.100.255.129～211.100.255.239。

3．配置计算机的 IP 地址和子网掩码

根据小组成员共同协商好的规则给每一台计算机配置网络参数。

（1）用鼠标右键单击桌面上的"网上邻居"，选择快捷键菜单中的"属性"命令，打开"网络连接"窗口。

（2）鼠标右键单击"网络连接"窗口中的"本地连接"，选择"属性"命令，进入"本地连接 属性"对话框。

（3）选中"此连接使用下列项目"列表中的"Internet 协议"，单击"属性"按钮，进行 TCP/IP 设置。

（4）按照指定的 IP 地址配置 IP 地址和子网掩码。

（5）单击"确定"按钮完成 IP 地址的修改和配置。

4．测试子网划分、IP 分配和计算机配置是否正确

使用 ping 命令测试子网的连通性，处于不同子网的计算机是否能够通信？处于同一子网的计算机是否能够通信？

（1）使用 ping 命令可以测试 TCP\IP 的连通性，选择"开始"→"所有程序"→"附件"→"命令提示符"命令，进入"命令提示符"窗口，输入"ping/?"可以获得帮助。

（2）输入同一个子网中的 IP 地址，如在子网 1 中计算机上输入"ping211.100.255.100"，

该地址为同一个子网中的 IP 地址则可以 ping 通。

（3）输入不在同一个子网中的 IP 地址，如在子网 1 中的计算机上输入"ping211.100.255.230"，如该地址不在同一个子网中，则 ping 不通。

四、实训总结

（1）IP 地址分配前需要进行子网规划。

（2）选择的子网号部分应能产生足够的子网数。

（3）选择的主机号部分应能容纳足够的主机。

（4）处于同一子网的计算机能够直接通信；处于不同子网的计算机要通信，要通过路由完成。

任务六 虚拟局域网的组建

一、实训目的

学会组建一个简单的虚拟局域网。

二、实训内容

（1）连接 PC 与交换机。

（2）建立虚拟局域网（VLAN）并将端口加入 VLAN。

（3）配置 VLAN 的 IP 和 PC 的 TCP/IP 协议。

（4）验证 VLAN 通信性能。

三、实训方法

通过对一台 Cisco2950 交换机端口的设置来组建两个 VLAN，具体连接结构如图 3-31 所示。

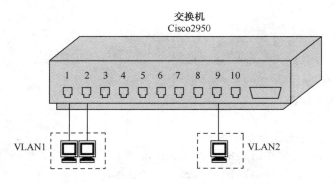

图 3-31 具体连接结构

在图 3-31 所示中，设置 VLAN1 的 ID 为 1，名称为 shilil-1；设置 VLAN2 的 ID 为 2，名称为 shilil-2。端口 1 和 2 为 VLAN1，端口 9 为 VLAN2。假设 VLAN1 的 IP 地址为 192.16.1.1，VLAN2 的 IP 地址为 192.16.2.1，具体操作步骤如下：

（1）线缆连接及 Cisco2950 交换机属性设置。

（2）用线缆将 1 台 PC 与 Cisco2950 交换机的 Console 端口相连。

（3）在 PC 上通过选择"开始"→"程序"→"附件"→"通信"→"超级终端"操作，打开"连接描述"窗口，在"名称"文本框中输入该超级终端的名称，在"图标"列表框中选择该超级终端的图标，如图 3-32 所示。

单击"确定"按钮，打开"连接到"窗口，如图 3-33 所示。

在该窗口输入相应选项，单击"确定"按钮，打开 Cisco2950 交换机所连的 PC 串口属性窗口，如图 3-34 所示。

按照如图 3-34 所示的数值对端口参数进行设置（或单击"还原为默认值"按钮），单击"确定"按钮，交换机属性设置完成。

图 3-32 "连接描述"窗口　　　图 3-33 "连接到"窗口　　　图 3-34 "COM1 属性"窗口

（4）交换机进行初始化，进入 Switch>模式。

交换机初始化过程中将显示交换机的基本 MAC 地址、解压缩 IOS 文件、版权信息、软件版本、零部件号、序列号和版本等信息。在进行系统测试、环路测试及专用芯片测试时，要求输入密码。

当提示"Would you like to enter initial configuration dialog ?[yes /no]:"时，输入"n"，则进入 switch..>模式。

（5）建立 VLAN。

```
switch..>en
switch#vlan database
switch（vlan）#vlan 1 name shilil-1
switch（vlan）#vlan 2 name shilil-2
```

（6）将端口加入 VLAN。

```
switch#config t
switch（config）#interface fast 0/1
switch（config-if）# switch mode access
switch（config-if）# switch access vlan 1
switch（config-if）# exit
switch（config）# interface fast0/2
switch（config-if）# switch mode access
switch（config-if）# switch access vlan 1
switch（config-if）# exit
switch（config）# interface fast0/9
switch（config-if）# switch mode access
```

```
switch (config-if) # switch access vlan 2
switch (config-if) # exit
```

（7）配置 VLAN 和 IP。

```
switch#config t
switch (config) #interface vlan 1
switch (config-if) #ip address 192.16.1.1.255.255.255.0
switch (config-if) #no shutdown
switch (config) #interface vlan2
switch (config-if) #ip address 192.16.2.1.255.255.255.0
switch (config-if) #no shutdown
```

（8）配置 PC 上的 TCP/IP 属性。配置 PC 上的 TCP/IP 属性，需要注意的是，同一个 VLAN PC 的 IP 地址中的网络号与所在 VLAN 的网络号相同，主机号不同，默认网关地址为该 VLAN 的 IP 地址。

（9）显示 VLAN 配置信息。全部配置完成后，在超级终端上运行 switch#show vlan，可以看到新建的 VLAN。

（10）验证 VLAN 通信性能，利用 ping 命令，可以看到在同一个 VLAN 内的 PC 可以互相 ping 通，不同 VLAN 内的 PC 不能 ping 通，说明 VLAN 对不同的 VLAN 有数据通信的隔离作用。

四、实训总结

（1）在配置 PC 上的 TCP/IP 属性时，要知道 IP 地址、子网掩码和默认网关如何设置。
（2）简述划分 VLAN 的意义和方法。

3.4 本章小结

1. 局域网的概念

在较小的地理范围内，利用通信线路将多种数据设备连接起来，实现相互间的数据传输和资源共享的系统称为局域网（Local Area Networks，LAN）。

2. 局域网的特点

从功能的角度，局域网的特点有共享传输信道，地理范围有限，传输速率高，误码率低，采用分布式控制和广播式通信。

3. 网络传输介质

网络传输介质是在网络中信息传输的媒体，常用的有线传输介质包括双绞线和光纤。

4. 局域网分类

按网络的介质访问方式划分可分为以太网、令牌环网和令牌总线网等。目前最多的是以太网。

按局域网基本工作原理划分，局域网分为共享媒体局域网、交换局域网和虚拟局域网三种。

5. 以太网分类

根据传输速率的不同，以太网可以分为 10Mbps 以太网、快速以太网（100Mbps）、千兆位以太网和万兆位以太网。

6. 交换式局域网

交换式局域网的核心设备是局域网交换机。交换机的每个端口都能独享带宽，所有端口能够同时进行并发通信，并且能在全双工模式下提供双倍的传输速率。

7. 虚拟局域网

虚拟局域网（VLAN）就是建立在交换技术上，通过网络管理软件构建的、可以跨越不同网段、不同网络的逻辑型网络。

8. 无线局域网

无线局域网（WLAN）是指采用与有线网络同样的工作方法，通过无线信道作为传输介质，把各种主机和设备连接起来的计算机网络。

9. 局域网组建

局域网组建主要涉及硬件组成、组网结构、综合布线等。

习题与思考题

1. 选择题

（1）传送数据的单位"bps"代表什么意义？（　　　）

    A．Bytes Per Second　　　　　　　　B．Bits Per Second

    C．Baud Per Second　　　　　　　　D．Billion Per Second

（2）介质存取控制方式中 CSMA/CD 大都采用哪一种拓扑？（　　　）

    A．总线型或树型　　　　　B．环型　　　　　C．星型

（3）有关 CSMA/CD 的叙述哪一项是错误的？（　　　）

    A．提供检测错误的能力，同时也具有更正错误的能力

    B．若检测到碰撞发生时，会等待一段时间再发送数据

    C．英文全名为 Carrier Sense Multiple Access with Collision Detection

    D．这种方法做在以太网卡内

（4）10BASE2 结构中的"10"代表什么意思？（　　　）

    A．速率 10M Bytes Per Second　　　　B．速率 10M Bits Per Second

    C．速率 10K Baud Per Second　　　　D．速率 10K Billion Per Second

（5）10BASE2 结构是采用下列哪一种接头？（　　　）

    A．AUI 接头　　　B．BNC 接头　　　C．RJ-47 接头　　　D．RJ-45 接头

（6）10BASE2 结构的每一缆段最大的传送距离是多少？（　　　）

    A．10m　　　　　B．100m　　　　　C．185m　　　　D．500m

（7）10BASET 结构是使用哪一种传输介质？（　　　）

A．同轴电缆　　　B．双绞线　　　　　C．光纤　　　　　D．红外线

（8）10BASET 的级联结构中从一个 Hub 到另一个 Hub 之间最大的传送距离是多少？
（　　）

A．50m　　　　B．100m　　　　C．185m　　　　D．200m

（9）10BASET 结构采用下列哪一种接头？（　　　）

A．AUI 接头　　　B．BNC 接头　　　C．RJ-47 接头　　　D．RJ-45 接头

2．简答题

（1）局域网的拓扑结构有几种？

（2）典型的局域网产品其硬件系统一般由哪些部分组成？各部分的主要功能是什么？

（3）目前局域网常用的访问控制方式有哪几种？请分别简述它们的主要特点。

（4）CSMA/CD 这种介质存取控制方法做在以太网卡上，可以检测出"碰撞"是否发生，请问它是如何判断出"碰撞"已经发生了。

（5）无线局域网的拓扑结构有哪几种？

（6）与有线网络比较，请说明无线局域网的特点。

（7）试举例说明一种无线局域网的连接方案。

第4章

Windows Server 2003
网络操作系统环境的构建与服务

4.1 网络操作系统

4.1.1 网络操作系统概述

网络操作系统是计算机网络工作时不可或缺的工作平台，是网络用户与计算机网络之间的接口。

1. 网络操作系统的定义及功能

网络操作系统实际上是在原机器的操作系统之上附加上具有实现网络访问功能的模块。在网络上的计算机由于各机器的硬件特性不同，数据标识格式及其他方面要求也不同，在互相通信时为能正确进行通信并相互理解内容，相互之间应具有许多约定，此约定称为协议或规程。因此，通常的定义为网络操作系统（NOS）是网络用户和计算机网络的接口，它除了提供标准 OS 的功能外，还管理计算机与网络相关的硬件和软件资源，如网卡、网络打印机、大容量外存等，为用户提供文件共享、打印共享等各种网络服务，以及电子邮件、WWW 等专项服务。

2. 网络操作系统的特点

网络操作系统是网络用户与计算机网络之间的接口。最早，网络操作系统只能算是一个最基本的文件系统。在这样的网络操作系统中，网上各站点之间的互访能力非常有限，用户只能进行有限的数据传送，或运行一些专门的应用程序（如电子邮件等），这远远不能满足用户的需要。当今网络操作系统具有以下三个特点：

（1）从体系结构的角度看，当今的网络操作系统具有所有操作系统的功能，如任务管理、缓冲区管理、文件管理、磁盘和打印机等外设管理。

（2）从操作系统的观点看，网络操作系统大多是围绕核心调度的多用户共享资源的操作系统，包括磁盘处理、打印机处理、网络通信处理等面向用户的处理程序和多用户的系统核心调度程序。

（3）从网络的观点看，可以将网络操作系统与标准的网络层次模型做比较：在物理层和数据链路层中，一般网络操作系统支持多种网络接口卡，如 Novell 公司、3Com 公司及其他厂家的网卡，其中有基于总线的，也有基于令牌环网的网卡及支持星型网络的 ARCNET 网卡。因此，从拓扑结构来看，网络操作系统可以运行于总线型、环型、星型等多种形式的网络之上。换句话说，网络操作系统独立于网络的拓扑结构。为了提供网络的互联性，一般网络操作系统提供了多种复杂的桥接、路由功能，可以将具有相同或不同的网络接口卡、不同协议和不同拓扑结构的网络连接起来。

一般来说，网络操作系统的实用程序可以认为其范围在第六层和第七层内，而当今的网络操作系统一般将网络通信协议作为内置的功能来实现，因而其范围包括了整个或大部分 OSI 模型网络体系层次。一个典型的网络操作系统，一般具有以下几个特征。

（1）硬件独立，网络操作系统可以在不同的网络硬件上运行。

（2）桥/路由连接，可以通过网桥、路由功能和别的网络连接。

（3）多用户支持，在多用户环境下，网络操作系统给应用程序及其数据文件提供了足够的、标准化的保护。

（4）网络管理，支持网络实用程序及其管理功能，如系统备份、安全管理、容错、性能控制等。

（5）安全性和存取控制，对用户资源进行控制，并提供控制用户对网络访问的方法。

（6）用户界面友好，网络操作系统提供给用户丰富的界面功能，具有多种网络控制方式。

总之，网络操作系统为网上用户提供了便利的操作和管理平台。

4.1.2 目前主流网络操作系统简介

当今网络操作系统的种类很多，但是根据其各自的特点和优势，主要有微软公司的 Windows 系列产品、Novell NetWare 操作系统、UNIX 和 Linux 等几种。

1. UNIX 操作系统

UNIX 是 20 世纪 70 年代初出现的一种操作系统，除了作为网络操作系统之外，还可以作为单机操作系统使用。UNIX 作为一种开发平台和台式机操作系统获得了广泛的使用，目前主要用于工程应用和科学计算等领域。其特点如下：

（1）安全可靠。UNIX 在系统安全方面是任何一种操作系统都不能与之相比的，很少有计算机病毒能够侵入。这是因为 UNIX 一开始是为多任务、多用户环境设计的，在用户权限、文件和目录权限、内存等方面有严格的规定。近几年，UNIX 操作系统以其良好的安全性和保密性证实了这一点。

（2）方便接入 Internet。UNIX 是 Internet 的基础，目前的一些 Internet 服务器和一些大型的局域网都使用 UNIX 操作系统。

常用的 UNIX 系统版本主要有 AT&T 和 SCO 的 UNIXSVR3.2，SVR4.0 和 SVR4.2，HP-UX 11.0，SUN 的 Solaris8.0 等。由 AT&T 和 SCO 公司联合推出的 UNIXSVR3.2，系统稳定、安全性能非常好，但由于它多数是以命令方式来进行操作，不容易掌握，特别是初级用户。因此，小型局域网基本不使用 UNIX 作为网络操作系统，其一般用于大型的网站或大型的企、事业局域网中。虽然 UNIX 网络操作系统历史悠久，拥有良好的网络管理功能和丰富的应用软件支持，但终因其体系结构不够合理，UNIX 的市场占有率呈下降趋势。

2. 自由软件 Linux

Linux 最初是由芬兰赫尔辛基大学的一位大学生（Linus Benedict Torvalds）于 1991 年 8 月开发的一个免费的操作系统，是一个类似于 UNIX 的操作系统。Linux 涵盖了 UNIX 的所有特点，而且还融合了其他操作系统的优点，如真正支持 32 位和 64 位多任务、多用户虚拟存储、快速 TCP/IP、数据库共享等特性。Linux 的主要特点如下。

（1）开放的源代码。Linux 许多组成部分的源代码是完全开放的，任何人都可以通过 Internet 得到、开发并发布。

（2）支持多种硬件平台。Linux 可以运行在多种硬件平台上，还支持多处理器的计算机。

（3）支持外部设备。目前在计算机上使用的大量外部设备，Linux 均支持。

（4）支持 TCP/IP 等协议。在 Linux 中可以使用所有的网络服务，如网络文件系统、远程登录等。SLIP 和 PPP 支持串行线上的 TCP/IP 协议的使用，用户可用一个高速调制解调器通过电话线接入 Internet。

（5）支持多种文件系统。Linux 目前支持的文件系统有 FAT16、FAT32、NTFS、EXT2、EXT3、XIAFS、ISOFS、HPFS 等 32 种之多，其中最常见的是 EXT2，其文件名最长可达 255 个字符。

目前也有中文版本的 Linux，如 RedHat（红帽子）、红旗 Linux 等，在国内得到了用户的充分肯定，主要体现在它的安全性和稳定性方面。它与 UNIX 有许多类似之处，但目前这类操作系统主要应用于中、高档服务器。

3. Novell NetWare 网络操作系统

1985 年美国 Novell 公司的 NetWare 网络操作系统面世，到 1998 年推出 NetWare 5.0。从技术角度讲，它与 DOS 和 Windows 等操作系统一样，除了访问磁盘文件、内存使用的管理与维护之外，还提供一些比其他操作系统更强大的实用程序和专用程序，这些程序包括用户的管理、文件属性的管理、文件的访问、系统环境的设置。Novell NetWare 网络操作系统可以让工作站用户像使用自身的资源一样访问服务器资源，除了在访问速度上受到网络传输的影响外，没有任何不同。随着硬件产品的发展，这些问题也不断得到改善。

NetWare 4.X 的推出主要是为了适应越来越庞大的网络系统，并加强对目前广泛使用的其他操作系统的支持而进行的改进和设计，是为了在一个网络系统中能适应多台服务器而开发的一套网络操作系统。在系统内部不仅增加了图形界面窗口操作，其结构也改用了对象式（Object）目录树结构。服务器的命名也是以整个网络为原则，当用户登录到一台服务器后，便可使用整个网络的资源。

NetWare 操作系统虽然远不如早几年那么风光，在局域网中早已失去了当年雄霸一方的气势，但是 NetWare 操作系统仍以对网络硬件的要求较低（工作站只要是 286 机就可以了）而受到一些设备比较落后的中、小型企业，特别是学校的青睐。人们一时还忘不了它在无盘工作站组建方面的优势，还忘不了它那毫无过分需求的大度，且因为它兼容 DOS 命令，其应用环境与 DOS 相似，经过长时间的发展，具有相当丰富的应用软件支持，技术完善、可靠。目前常用的版本有 3.11、3.12、4.10、4.11 和 5.0 等中英文版本，NetWare 服务器对无盘站和游戏的支持较好，常用于教学网和游戏厅。

4. Windows NT 和 Windows 2000、Window 2003

Windows NT 分为单机操作系统 Windows NT Workstations 和服务器版操作系统 Windows NT Server 两种，具有以下特点：

（1）内置的网络功能。通常的网络操作系统是在传统的操作系统之上附加网络软件，而 Windows NT 操作系统是将网络功能集成在操作系统中作为输入/输出系统的一部分，在结构上显得比较紧凑。

（2）可实现"复合型网络"结构。在 NT 组成的局域网中，同时存在 Client/Server 网络和 Peer to Peer 对等式网络两种模式，各工作站可通过不同的登录方式选择不同的共享对象。

（3）组网简单，管理方便。运用 Windows NT 组建网络比较简单，很适合于普通用户使用。注意：Windows NT 的运行环境一般要求在 586 以上。

Windows 2000 增加了许多新的功能，在可靠性、可操作性、安全性和网络功能等方面都得到了加强。

它在设计方面考虑了企业对 Internet 的要求，主要表现在以下两个方面。

（1）大量采用公开的网络协议标准，使其更容易与 Internet 连接。

（2）新增许多与 Internet 密切相关的功能和服务，提供企业网的需求。

其中，Windows 2000 的版本包括 Windows 2000 Professional、Windows 2000 Server、Windows 2000 Advanced Server 和 Windows 2000 Datacenter Server，其中只有 Professional 是为普通计算机开发的，其他版本均是面向网络的。

Windows 2003 的版本包括 Windows Server 2003 Web 版、Windows Server 2003 标准版、Windows Server 2003 企业版、Windows Server 2003 数据中心版。

微软公司的 Windows 系统不仅在个人操作系统中占有绝对优势，它在网络操作系统中也是具有非常强劲的力量。这类操作系统配置在整个局域网配置中是最常见的，但由于它对服务器的硬件要求较高，且稳定性能不是很高，所以微软的网络操作系统一般只是用在中低档服务器中，高端服务器通常采用 UNIX、Linux 等非 Windows 操作系统。

4.1.3 网络操作系统的选择

面对各式各样的网络操作系统，如何进行选择？依据的标准主要有以下几点：

（1）安全性和可靠性，在选择网络操作系统时，一定要考虑其安全性。有些操作系统自身具有抵抗病毒的能力，如需较高的安全性和可靠性时应首选 UNIX，这也是一些大中型网络为什么选用它的一个主要原因。

（2）可操作性，简单易用是最基本的，安装简单、对硬件平台没有过高的要求、升级容易等都应该考虑。系统的易维护性及可管理性也同样重要。

（3）可集成性，可集成性是系统对硬件和软件的兼容能力。现在任何一个网络中的用户可能有许多不同的应用需求，因而具有不同的硬件和软件环境。而网络操作系统作为对这些不同环境集成的管理者，应该具有广泛的兼容性。同时应尽可能多地管理各种软、硬件资源。

网络操作系统离不开通信协议。当今对 TCP/IP 协议的支持应当是一个基本的要求。对 TCP/IP 的支持程度自然是衡量网络操作系统的一个主要指标，现在的系统应该是开放的，这样才能真正实现网络的强大功能。

（4）可扩展性。可扩展性是对现有系统要有足够的扩充能力，保证在早期不做无谓投资，又能适应今后的发展。

（5）应用和开发支持。在系统中能够运行的软件越多，则该系统的可用性就越好。应用支持在许多方面还要取决于硬件开发商的支持。有大量第三方支持的系统无疑会受到用户的认可，良好的开发支持使第三方厂商愿意并可为其开发系统。

4.2 Windows Server 2003 的概述与使用方法

Windows Server 2003 是 Microsoft 公司推出的多用户操作系统，它不仅继承了 Windows

2000/XP 的简易性和稳定性，而且提供了更高的硬件支持和更强大的功能，是中小型企业应用服务器的首选。

4.2.1　Windows Server 2003 的版本

Windows Server 2003 操作系统是微软公司在 Windows Server 2000 基础上于 2003 年 4 月正式推出的新一代网络服务器操作系统，其目的是在网络上构建各种网络服务。Windows Server 2003 有如下 4 个版本。

（1）Windows Server 2003 Web 服务器。
（2）Windows Server 2003 标准服务器。
（3）Windows Server 2003 企业服务器。
（4）Windows Server 2003 数据中心服务器。

1．Windows Server 2003 Web 版（Windows Server 2003 Web Edition）

用于构建和存放 Web 应用程序、网页和 XML Web Services。它主要使用 IIS 6.0 Web 服务器，并提供快速开发和部署使用 ASP.NET 技术的 XML Web Services 和应用程序。支持双处理器，最低支持 256MB 的内存，最高支持 2GB 的内存。

2．Windows Server 2003 标准版（Windows Server 2003 Standard Edition）

销售目标是中小型企业，支持文件和打印机共享，提供安全的 Internet 连接，允许集中的应用程序部署。支持 4 个处理器，最低支持 256MB 的内存，最高支持 4GB 的内存。

3．Windows Server 2003 企业版（Windows Server 2003 Enterprise Edition）

Windows Server 2003 企业版与 Windows Server 2003 标准版的主要区别在于：Windows Server 2003 企业版支持高性能服务器，并且可以群集服务器，以便处理更大的负荷。通过这些功能实现了可靠性，有助于确保系统即使在出现问题时仍可使用。在一个系统或分区中最多支持 8 个处理器，8 节点群集，最高支持 32GB 的内存。

4．Windows Server 2003 数据中心版（Windows 2003 Datacenter Edition）

它是针对要求最高级别的可伸缩性、可用性和可靠性的大型企业或国家机构等而设计的，是最强大的服务器操作系统，分为 32 位版与 64 位版。

32 位版本支持 32 个处理器和 8 点集群，最低要求 128MB 内存，最高支持 512GB 的内存。

64 位版本支持 Itanium 和 Itanium2 两种处理器，支持 64 个处理器与支持 8 点集群；最低支持 1GB 的内存，最高支持 512GB 的内存。

4.2.2　Windows Server 2003 的新特性

相对于 Windows 2000 操作系统，Windows Server 2003 提供了许多新功能，其中一部分是在已有功能的基础上做了改进，还有一些是全新设计的功能。下面将对 Windows Server 2003 的新功能做总体的介绍。

1．几种工具

Windows Server 2003 提供了几种工具，使用户可以更容易地远程管理各种服务。用户可以从自己的工作站来查看、修改服务器和域的设置，或者对服务器进行监测。此外，还可以将任务委派给 IT 部门的其他成员，并让他们从自己的工作站管理授权的资源。

（1）远程安装服务（RIS）

在 Windows Server 2000 中，使用 RIS 服务器仅能对 Windows 的工作站版本进行自动部署。而使用 Windows Server 2003，可以使用新的 NET RIS 功能来配置所有 Windows Server 2003 的新版本（数据中心除外）。

（2）远程桌面

实际上，远程桌面在 Windows 2000 Server 中已经引进。在 Windows 2000 Server 中，把终端服务器分成两个不同的模式：远程管理模式和应用服务器模式。远程管理模式在一个服务器上提供两个免费的终端服务器许可，因此，管理员能够通过访问终端服务器来执行远程管理任务。应用服务器模式为在服务器上运行应用程序提供标准的终端服务器工具，在 Windows Server 2003 中，终端服务器仅仅用于运行应用程序，远程管理模式的终端服务则以"远程桌面"的形式内置于操作系统。

Windows Server 2003 和 Windows XP（可以认为是 Windows Server 2003 家族中的客户端成员）系统内置了远程桌面的客户端程序。对于较早的 Windows 版本，可以从 Windows Server 2003 安装光盘上安装客户端软件，或者从 Windows Server 2003 安装文件的网络共享点上安装。

（3）远程协助

帮助新手用户最好的方式就是登录到用户的工作站上去。远程协助提供以下两种工作方式使技术支持人员可以工作在远程用户的计算机上。

① 初学者向有经验的用户请求帮忙。

② 有经验的用户向初学者提供帮助（即使没有收到邀请）。

当支持人员用远程协助连接到用户的计算机上时，支持人员可以看到用户计算机的屏幕，甚至可以用自己的鼠标和键盘控制用户的计算机。为了增加便利，远程协助还提供了聊天功能和文件交换功能。要使用远程协助，必须符合以下标准。

① 计算机必须运行 Windows Server 2003 或 Windows XP。

② 计算机必须在局域网上或者已经接入 Internet。

在 Windows XP 中，远程协助邀请默认设置为启用，所以运行 Windows XP 的任何用户可以向任何运行 Windows Server 2003 或者 Windows XP 的有经验的用户请求援助。在运行 Windows Server 2003 的计算机上，为了请求帮助，必须启动远程协助功能。在活动目录域上和在本地的 Windows Server 2003/ Windows XP 计算机上，有一个组策略可用来启动远程协助。

2. "管理您的服务器"向导

Windows Server 2003 增加了服务器角色的概念。服务器角色是指 Windows Server 2003 能够提供某种网络服务的能力。与 Windows 2000 有所不同，出于安全的考虑，默认情况下大部分 Windows Server 2003 的网络服务是未安装的，只有添加了某个服务器角色之后，该服务才能工作。

"管理您的服务器"向导提供一个中心位置，可供用户安装或删除运行 Windows Server 2003 服务器上可用的服务器角色。常用的服务器角色包括以下几种：文件服务器、打印服务器、应用程序服务器、邮件服务器、终端服务器、远程访问/VPN 服务器、域控制器、DNS 服务器、DHCP 服务器、流媒体服务器和 WINS 服务器。

3. 新的 Active Directory 功能

Windows Server 2003 的 Active Directory 和组策略编辑器增加了许多特性和新功能。Windows Server 2003 改进了搜索功能，所以，现在查找并操纵 Active Directory 对象变得更容易了。可以通过从一个已存在的域控制器中恢复备份的方式来控制域控制器，这是一种极为有效的配置域的方式。

4. 可用性和可靠性的改进

为了尽可能达到完美，Windows Server 2003 引入了一些新工具。

（1）自动系统恢复（ASR）：是基于软盘的恢复工具，但是不同于 NT4.0 和 Windows 2000 的紧急修复过程，ASR 被连接到启动 Windows 相关的备份文件上。用户可以将备份文件存储在本地的硬盘上或本地可移动磁盘上。

（2）程序兼容性：Windows Server 2003 提供两个工具来帮助运行遗留的软件，即兼容性向导和程序兼容性模式。这两个工具对于那些对 Windows 版本具有硬编码访问的内部程序特别有用。向导会带领用户测试一个程序对于 Windows 版本的兼容性。当设置兼容模式后，应用程序每一次都将以这个模式启动，也可以对程序的安装文件运行应用程序兼容性向导。程序兼容模式执行类似的工作，但是忽略了向导，而是对可执行文件直接工作。在 Windows Server 2003 中，所有的可执行文件在"属性"对话框中都有一个新的"兼容性"选项卡。可以用其中的选项来调整兼容模式、视频设置和安全设置。

（3）策略的结果集：Windows 2000 最令人失望的方面之一就是管理员很容易丢失对计算机和用户应用的策略。组策略用户界面不提供任何方式来判断你做什么。Windows Server 2003 包含一个很好的工具，这个工具称为策略的结果集（RSoP），它可以使用户看到策略在计算机和用户上设置的效果。最后，当用户抱怨限制不合适时，或者由于太多的策略而使启动变慢时，Windows Server 2003 内置了方法来调试策略，而且，RSoP 具有"计划模式"，可以在应用策略之前显示它们的效果。

4.2.3 安装 Windows Server 2003

Windows Server 2003 是迄今为止微软最强大的 Windows 服务器操作系统，微软在其最新的 Windows Server 2003 中添加了许多全新的特性。在系统运行方面，优化了软件，提升了运行效率，同时在可靠性、安全性方面均有巨大的进步与提高。针对 Web Services、网络应用、企业级高端计算等方面有更强大的功能支持，并表现出前所未有的高可靠性、高效率与生产力、高连接性与更佳的经济性。安装标准版对系统的要求如表 4-1 所示。

表 4-1 安装 Windows Server 2003 标准版对系统的要求

组　　件	要　　求
计算机和处理器	要求带有 133MHz 处理器的 PC，建议为 550MHz 或速度更快的处理器，一台服务器上可支持多达 4 个处理器
内存	要求 128 MB RAM，建议 256 MB 或更大，最大 4GB
硬盘	1.2 GB（适用于网络安装），2.9 GB（适用于 CD 安装）
驱动器	CD-ROM 或 DVD-ROM 驱动器
显示器	要求使用支持控制台重定位的 VGA 或硬件，建议使用支持 800×600 或更高分辨率的超级 VGA

1. 安装前设定

在计算机 COMS 中设置光驱为第一个启动设备，将光盘放入光盘驱动器，首先出现的画面是一些硬件设备的检测，包括 SCSI 卡、RAID 卡等，以及相关的 I/O 设备。在这个部分与 Windows2000/XP 安装非常相似，系统检测必要的部件后，出现三个选项，如图 4-1 所示。

接下来的是微软软件版权协议书，你必须按 F8 键同意，不给用户任何选择的余地，如图 4-2 所示。否则将退出 Windows Server 2003 系统安装。

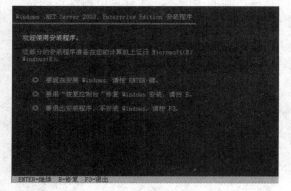

图 4-1　安装或修复屏幕提示画面

图 4-2　授权协议

2. 磁盘分区格式化

经过以上步骤，系统就进入了操作系统安装的硬盘分区格式化步骤。首先，根据你的硬盘大小与容量，划分 Windows Server 2003 的分区与扩展分区，例如，80GB 的 SATA 硬盘，就可以分出 20GB 的 C 盘作为系统分区，余下的 60GB 则分为扩展分区，用于客户端存储数据或相关数据库等，如图 4-3 所示。注意：服务器长时间工作，必须保证系统盘有足够空间支持长时间的运行。硬盘空间分区后，进入格式化安装步骤。在这里，有 FAT、NTFS 两种文件系统供选择，作为一个服务器专用操作系统，安全性、性能好的当然是第一位，所以在这里建议选择 NTFS。

对硬盘进行分区，如果本身有分区可以略过。

备注：格式化界面系统提供四种选择，如图 4-4 所示。你可以通过上下方向键进行选择，选择 quick FAT/NTFS 格式化（原有分区，快速删除分区上的文件；新建分区与正常格式化一样），按 Enter 键后很快进行格式化，如图 4-5 所示，然后就是在 DOS 界面下复制必要的文件。

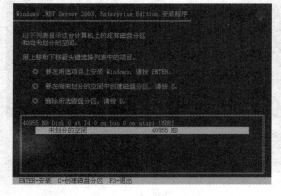

图 4-3　选择安装系统的分区

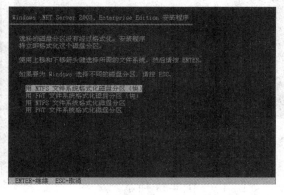

图 4-4　选择所需的文件系统

复制完成后，系统会提供计算机在 15s 后自动重启，你也可以按 Enter 键快速启动，进行 Windows Server 2003 图形安装界面。

3. Windows Server 2003 图形安装步骤

Windows Server 2003 图形安装界面，如图 4-6 所示，与桌面操作系统 Windows XP Pro/Home 非常相似，只是界面有所区别。在这里，以系统复制文件为主，左边提示系统进入 Windows Server 2003 安装的第三个步骤，左下侧是该步骤的进度条。在这里值得注意的是，在系统检测硬件设备、安装硬件设备时，显示器会闪动几次，这是正常现象。

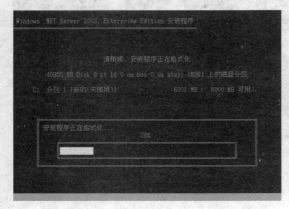

图 4-5　格式化

图 4-6　安装设备图形界面

接着是区域设置，大家如果安装过 Windows 2000/XP，基本上都有这个步骤，选择相应的区域（中国/北京）。在选择区域后，安装进入 Windows 版权控制界面，就是我们常说的系统序列号检查，正确输入序列号，单击"下一步"按钮进入下阶段的安装，如图 4-7 所示。

在这里，用户可以设置授权模式，可以选择每服务器或者每个用户。根据用户的需要与购买的版本，设置好这些基本的设置，单击"下一步"按钮继续安装，如图 4-8 所示。

图 4-7　"Windows Server 2003 序列号"对话框

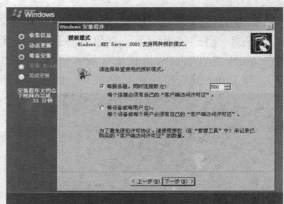

图 4-8　"授权模式"选项

接着安装开始菜单，再注册组件，还要进行其他存储设置，删除临时文件，然后重新启动，如图 4-9～图 4-11 所示。

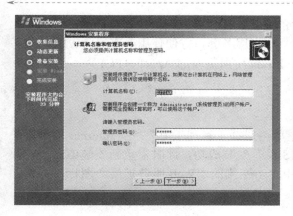 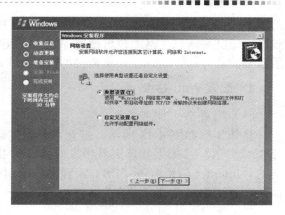

图 4-9　设置计算机名称管理员密码　　　　　图 4-10　选择网络设置

4. 完成安装

第一次正常进入 Windows 界面，如图 4-12 所示，需要对操作系统的账户进行设置，正确设置后，就可以进入 Windows Server 2003 真正的图形界面。

当然，用户还需要安装各类未正常识别的硬件驱动、应用软件等，当然作为服务器专用操作系统，在一些系统安全设置方面，用户同样也需要根据应用的具体情况做一些设定。

图 4-11　安装组件　　　　　　　　　图 4-12　Windows 2003 Server 登录界面

4.3　Windows Server 2003 的网络服务

一个企业中既要有基于 Internet 的企业级应用（如 Microsoft Office 2000），也要有基于 Internet 的企业级网络服务，例如，Dynamic DNS（动态注册的域名解析服务）、DHCP（动态 IP 地址分配服务）、IIS（信息管理服务）、Active Directory（活动目录）等，这些网络的基础服务是保障企业应用实现的前提条件。

4.3.1　IIS 服务器的配置与应用

WWW 服务即互联网服务，是指在网上发布的，并可以通过浏览器观看图形化页面的服务。Internet 用户可使用 WWW 客户机软件浏览查询自己所需的信息。企业、研究机构、大学乃至个人往往采用建立 WWW 网点（服务器）的方式，在世界范围内发布自己的广告、研究成果、论文等信息，网吧也可使用 Web 方式建立电影服务器，方便使用者查找。WWW 服务所需要的软件：Windows 中所需要的 IIS+ASP，Linux 中所需要的 Apache+PGP。

1. 配置 Web 站点

（1）配置 Web 服务扩展

具体步骤如图 4-13 所示，打开"开始"菜单，选择"管理工具"→"Internet 信息服务（IIS）管理器"（如果管理工具中没有，证明 IIS 没有安装成功，此时需重新安装 IIS）。在弹出的"Internet 信息服务（IIS）管理器"窗口中单击左侧的"Web 服务扩展"图标，并将除前两项外的服务全部"允许"。

（2）配置默认网站

在"Internet 信息服务（IIS）管理器"窗口中双击"网站"图标，右击"默认网站"选项，选择"属性"选项，进入默认网站配置界面，如图 4-14 所示。

图 4-13　Internet 信息服务（IIS）管理器　　　图 4-14　配置默认网站

① "网站"选项卡。

IP 地址。要想访问该网站，就必须给该网站配置 IP 地址。这样访问者才可以在浏览器中访问该网站。注意：此处的 IP 地址不能手工输入，应从下拉列表中选择。

TCP 端口。WWW 服务的默认端口为 80，用户使用浏览器输入"http://IP 地址"就可以访问到 Web 站点。如果为了安全保密，可修改 TCP 端口，如"10000"，则用户访问 Web 站点时需在浏览器中输入"http://IP 地址：10000"。

描述：方便管理员使用控制台管理，描述内容一般是给被管理的网站起一个好记的名称，如"**公司的网站"。

② 配置"性能"选项卡，如图 4-15 所示。

限制网站可使用的网络带宽：可限制用户浏览或下载该网站的带宽，默认是不限制。

网络连接：限制用户连接的数量，当浏览该网站的用户超过连接限制时，将不再接收新的连接。

③ 配置"主目录"选项卡，如图 4-16 所示。

此资源的内容来自以下三个方面：

● 此计算机上的目录，选择该选项，可以将网页存放在本地路径中，默认为"c:\wwwroot"。可以修改为其他路径，例如，将制作好的网页放在"d:\webroot"下，就可以将本地路径设置为"d:\webroot"，建议使用本选项。

● 另一台计算机上的共享，选择该选项，可以将网页存放在网络中的其他计算机上。

● 重新定向到 URL，选择该选项，用户如果访问此 Web 站点，则会重定向到其他网站。

选中除"写入（W）"以外的其他复选框。执行权限设置为"脚本和可执行文件"。

图 4-15　"性能"选项卡　　　　　　　　图 4-16　"主目录"选项卡

④ 配置"文档"选项卡，如图 4-17 所示。

文档用于设置网站首页（主页）的名称，如 default.htm、default.asp、index.htm 等。这些文件优先显示的顺序是从上到下，即用户访问网站时，先检查有没有 default.htm，如果有就显示该文件，如果没有，则检查有没有第二个文件 default.asp。

（3）创建虚拟目录

① 在"IIS 管理器"窗口中右击"默认网站"，选择"新建"→"虚拟目录"，打开"虚拟目录创建向导"对话框，如图 4-18 所示，接着单击"下一步"按钮开始新建虚拟目录。

图 4-17　"文档"选项卡　　　　　　　　图 4-18　虚拟目录创建向导

② 输入虚拟目录别名，如"products"，这样用户在访问此网站的虚拟目录时，只要在浏览器中输入"http://IP/products"即可。

③ 输入"网站内容目录"，如图 4-20 所示，即输入虚拟目录的网页文件存放的路径。

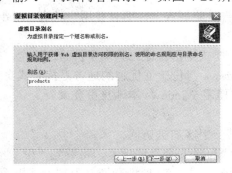

图 4-19　虚拟目录别名　　　　　　　　图 4-20　网站内容目录

④ 设置"虚拟目录访问权限"，如图 4-21 所示，一般去掉"写入（W）"权限，单击"下一步"按钮完成虚拟目录的创建。

（4）配置虚拟目录

在"IIS 管理器"窗口中双击"默认网站"下的"products"虚拟目录，并右击"products"选择"属性"选项，打开虚拟目录配置界面，此配置方法与默认网站的配置方法一致，不再介绍。

2. Web 站点的安全性管理

（1）身份验证和访问控制

Web 站点建立后，就可以对用户提供信息浏览服务了，通常是允许匿名访问的。但某些特殊网站（或虚拟目录）要求用户提供用户账户和密码才能访问。这时就需要配置 Web 站点的"身份验证和访问控制"了。

具体方法：在"默认网站属性"窗口中选择"目录安全"选项卡，将看到"身份验证和访问控制"选项。单击"编辑"按钮进入身份验证方法设置界面，如图 4-22 所示。

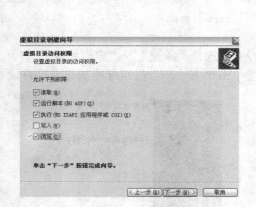

图 4-21　虚拟目录访问权限

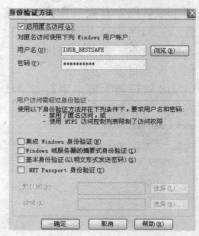

图 4-22　身份验证方法

① 匿名身份验证："启用匿名访问"使用户无须输入用户名和密码，就可以访问 Web 站点。当用户试图连接到网站时，Web 服务器将连接分配给 Windows 用户账户 IUSR-computername。此处的 computername 是运行 IIS 的计算机名称。

② 基本身份验证：该方法要求提供用户名和密码。由于密码在网络上是以明文形式发送出去的，这些密码很容易被截取，所以安全性很低。

③ 集成 Windows 身份验证：该方法比基本身份验证安全，而且在用户具有 Windows 域账户的内部网络环境中能很好地发挥作用。

④ Windows 域服务器的摘要式身份验证：摘要式身份验证比基本身份验证安全，密码不是以明文形式发送。摘要式身份验证比集成 Windows 身份验证优越的地方是摘要式身份验证必须使用域账户登录，而 Windows 身份验证可以使用 Windows 本地身份登录。

（2）IP 地址和域名限制

① Web 站点可以授权或者拒绝某一台或者某一组客户机访问。

具体方法：在"默认网站属性"窗口中选择"目录安全"选项卡，将看到"IP 地址和域名限制"选项。单击"编辑"按钮，如图 4-23 所示，进入 IP 地址和域名限制设置界面。

如果想要拒绝一台或者一组客户机访问本网站，则先选中"拒绝访问"单选按钮，然后在下拉列表中添加要拒绝访问的计算机。

如果想要授权一台或者一组客户机访问本网站，则先选中"授权访问"单选按钮，然后在下拉列表中添加要授权访问的计算机。

② 添加拒绝（或授权）访问的计算机有三种类型。

一台计算机：直接输入 IP 地址（或者在"DNS 查找"中输入 FQDN，解析出 IP 地址），例如，要拒绝某个攻击本网站的黑客 IP 地址，就可以使用此方法，如图 4-24 所示。

图 4-23　IP 地址和域名限制　　　　　　图 4-24　拒绝一台计算机访问

一组计算机：表示一个网段的 IP 地址，输入网络标识和子网掩码，可以拒绝或授权一组计算机的访问权限。例如，只允许某个网段的 IP 访问此站点，使用此方法，如图 4-25 所示。

域名：可以输入域名来拒绝或授权计算机访问权限。例如，可以只允许某个域访问此站点，就可以使用此方法，如图 4-26 所示。

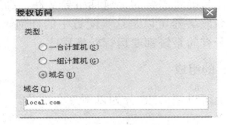

图 4-25　授权一个子网访问　　　　　　图 4-26　授权一个域访问

4.3.2　DNS 服务器的配置与应用

DNS 服务器的基本概念：在一个 TCP/IP 架构的网络（如 Internet）环境中，DNS 是一个非常重要而且常用的系统。其主要的功能就是将人们易于记忆的域名与人们不容易记忆的 IP 地址相互转换。而上面执行 DNS 服务的网络主机，就可以称为 DNS 服务器。通常认为 DNS 只是将域名转换成 IP 地址，然后再使用所查到的 IP 地址去连接（俗称"正向解析"）。事实上，将 IP 地址转换成域名的功能也是相当常用的，当登录到一台 UNIX 工作站时，工作站就会去进行反向检查，找出用户是从哪个地方登录进来的（俗称"逆向解析"）。

DNS 服务器应用于 TCP/IP 网络（如一般的局域网或互联网等）中，用来通过用户友好的名称（如 www.baidu.com）代替难记的 IP 地址（如 198.8.26.16），以定位计算机和服务。因此，如果需要用到如 www.baidu.com 等域名的地方，都得首先确保已为此名字在 DNS 服务器中做好了相应的与 IP 地址的映射工作。

1. DNS 服务器的分类

BIND 可以配置成以几种不同的方法运行的 DNS，常见的 DNS 配置是唯高速缓存服务器、主服务器和辅助服务器。

唯高速缓存服务器（Caching-only Server）可运行域名服务器软件，但是没有域名数据库软件。它从某个远程服务器取得每次域名服务器查询的回答，一旦取得一个答案，就会放在高速缓存中，以后查询相同的信息时予以回答。所有的域名服务器都按这种方式使用高速缓存中的信息，但唯高速缓存服务器则依赖于这一技术提供所有的域名服务器信息。唯高速缓存服务器不是权威性服务器，因为它提供的所有信息都是间接信息。

唯高速缓存服务器只需要配置一个高速缓存文件，但最常见的配置还包括一个回送文件，这是最常见的域名服务器配置。接着才是唯转换程序配置，它是最容易配置的。

主域名服务器（Primary Name Server）是特定域内所有信息的权威性信息源。它从域管理员构造的本地磁盘文件中加载域信息，该文件包含着该服务器具有管理权的一部分域结构的最精确信息。主域名服务器是一种权威性服务器，因为它以绝对的权威去回答对其他域的任何查询。

辅助域名服务器（Secondary Name Server）可从主服务器中转移一整套域信息。域文件是从主服务器中转移出来的，并作为本地磁盘文件存储在辅助服务器中。这种转移称为"域文件转移"。在辅助域名服务器中有一个所有域信息的完整复制，可以有权威地回答对该域的查询，因此，辅助域名服务器又称为权威性服务器。

配置辅助域名服务器不需要生成本地域文件，因为可以从主服务器中下载该域文件。然而其他的文件是确实需要的，包括引导文件、高速缓存文件和回送文件。

一个域名服务器可以是这类配置中的任何一种，但经常是将多种配置类型的元素组合在一起。然而所有的系统都要运行转换程序。

2. DNS 的组成

在概念上可以把 DNS 分为以下三个部分。

（1）域名空间

这是标识一组主机并提供它们的有关信息的树结构的详细说明。树上的每一个节点都有它控制下的主机的有关信息的数据库。查询命令试图从这个数据库中提取适当的信息。简单地说，这只是所有不同类型信息的列表，这些信息是域名、IP 地址、邮件别名和那些在 DNS 系统中能查到的内容。

（2）域名服务器

这是保持并维护域名空间中数据的程序。每个域名服务器含有一个域名空间子集的完整信息，并保存其他有关部分的信息。一个域名服务器拥有它控制范围内的完整信息。控制的信息按区进行划分，区可以分布在不同的域名服务器上，以便为每个区提供服务。每个域名服务器都知道每个负责其他区的域名服务器。如果来了一个请求，它请求给定域名服务器负责的区的信息，那么这个域名服务器只是简单地返回信息。但是，如果请求是不同区的信息，那么这个域名服务器就要与控制该区的相应服务器联系。

（3）解析器

解析器是简单的程序或子程序库，它从服务器中提取信息以响应对域名空间中主机的查询。

3. DNS 的安装

在计算机上通过"添加/删除 Windows 组件"安装 DNS 服务的具体步骤如下：

（1）打开"Windows 组件向导"对话框

以管理员账户登录到需要安装 DNS 服务的计算机上，将 Windows Server 2003 企业版安装光盘放入光驱中，然后选择"开始"→"设置"→"控制面板"→"添加或删除程序"，打开"添加或删除程序"对话框，单击"添加/删除 Windows 组件"按钮，打开"Windows 组件向导"对话框。

（2）选择 DNS 服务

在"Windows 组件向导" 对话框中双击"网络服务"选项，打开 "网络服务"对话框，选中"域名系统（DNS）"选项，下方会显示 DNS 服务的描述信息及安装所需磁盘空间，单击"确定"按钮，返回"Windows 组件向导"对话框，单击"下一步"按钮，开始安装 DNS 服务。

4. DNS 的管理控制

在部署一台 DNS 服务器时，必须预先考虑 DNS 的区域类型，从而决定 DNS 服务器的类型。DNS 区域分为正向查找区域和反向查找区域两大类。

正向查找区域：用于 FQDN 到 IP 地址的映射，当 DNS 客户端请求解析某个 FQDN 时，DNS 服务器在正向查找区域中进行查找，并返回给 DNS 客户端对应的 IP 地址。

反向查找区域：用于 IP 地址到 FQDN 的映射，当 DNS 客户端请求解析某个 IP 地址时，DNS 服务器在反向查找区域中进行查找，并返回给 DNS 客户端对应的 FQDN。

（1）创建正向主要区域

在 DNS 服务器上创建正向主要区域的具体步骤如下。

① 打开"DNS"控制台：以域管理员账户登录到 DNS 服务器上，选择"开始"→"程序"→"管理工具"→"DNS"，打开如图 4-27 所示的"DNS"控制台，通过该控制台可以架设正向或反向 DNS 服务器。

② 打开新建区域向导：在"DNS"控制台左侧界面中右击"正向查找区域"按钮，在弹出的菜单中选择"新建区域"选项，打开"新建区域向导"对话框。

③ 选择正向区域类型：单击"下一步"按钮，出现"区域类型"对话框，如图 4-28 所示，可以选择区域类型为主要区域、辅助区域或存根区域，此处选中"主要区域"选项并取消勾选"在 Active Directory 存储区域（只有 DNS 服务器是域控制器时才可用）"，这样 DNS 就不与 AD（Active Directory）集成使用。

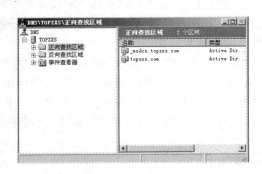

图 4-27 "DNS"控制台

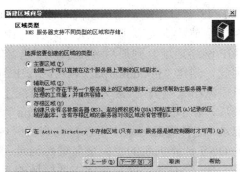

图 4-28 "区域类型"对话框

④ 设置区域名称：单击"下一步"按钮，出现"区域名称"对话框，如图 4-29 所示，输入正向主要区域的名称，区域名称一般以域名表示，指定了 DNS 名称的空间部分，此处输入"topzxs.com"。

⑤ 创建区域文件：单击"下一步"按钮，弹出"区域文件"对话框，可以选择创建新的区域文件或使用已存在的区域文件，此处默认选择"创建新文件，文件名为"topzxs.com.dns"，如图 4-30 所示。区域文件又称为 DNS 区域数据库，主要作用是保存区域资源记录。

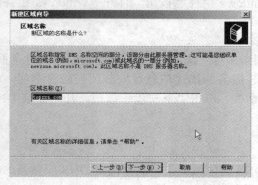
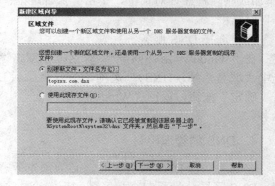

图 4-29 "区域名称"对话框　　　　　　　　图 4-30 "区域文件"对话框

⑥ 动态更新：单击"下一步"按钮，出现"动态更新"对话框，可以选择区域是否支持动态更新，由于 DNS 不和 AD 集成使用，所以"只允许安全的动态更新（适合 Active Directory 使用）"不可选。此处默认选择"不允许动态更新"选项。

⑦ 正向区域创建完成：单击"下一步"按钮，弹出"完成"对话框，单击"完成"按钮，区域创建完成，返回"DNS"控制台。

（2）反向查找

在大部分的 DNS 查找中，客户端一般执行正向查找。正向查找是基于存储在地址资源记录中的另一台计算机的 DNS 名称的搜索。这类查询希望将 IP 地址作为应答的资源数据。

DNS 也提供反向查找过程，允许客户端在名称查询期间使用已知的 IP 地址，并根据其地址查找计算机名。反向查找采取问答形式进行，如"您能告诉我使用 IP 地址 192.168.0.8 的计算机的 DNS 名称吗？"

在 DNS 标准中定义了特殊域"in-addr.arpa"，并将其保留在 Internet DNS 名称空间中，以便提供切实可靠的方式执行反向查询。为了创建反向名称空间，"in-addr.arpa"域中的子域按照带点的十进制数表示法编号的 IP 地址的相反顺序构造。

与 DNS 名称不同，当从左向右读取 IP 地址时，它们以相反的方式解释，所以需要将域中的每 8 位字节数值反序排列。从左向右读 IP 地址时，读取顺序是从地址的第一部分最一般的信息（IP 网络地址）到最后 8 位字节中包含的更具体的信息（IP 主机地址）。

因此，创建"in-addr.arpa"域树时，IP 地址的顺序必须倒置。DNS in-addr.arpa 树的 IP 地址可以委派给某些公司，因为已为它们分配了 Internet 定义的地址类内特定或有限的 IP 地址集。

最后，在 DNS 中建立的"in-addr.arpa"域树要求定义其他资源记录类型，如指针（PTR）资源记录。这种资源记录用于在反向查找区域中创建映射，一般对应于其正向查找区域中某一主机的 DNS 计算机名的主机命名资源记录。

在 DNS 服务器上创建反向主要区域的具体步骤如下。

① 打开新建区域向导：以域管理员账户登录到 DNS 服务器上，打开 DNS 控制台并展开

服务器，右击"反向查找区域"，在弹出的快捷菜单中选择"新建区域"选项，如图 4-31 所示，打开"新建区域向导"对话框。

② 选择反向区域类型：单击"下一步"按钮，出现"区域类型"对话框，指定区域的类型为"主要区域"，取消选中"在 Active Directory 中存储区域（只有 DNS 服务器是域控制器时才可以用）"，这样 DNS 就不与 AD 集成使用。

③ 设置区域名称：单击"下一步"按钮，弹出"反向查找区域名称"对话框，输入反向查找区域的网络 ID，即在"网络 ID"文本框中输入"192.168.0"，如图 4-32 所示。

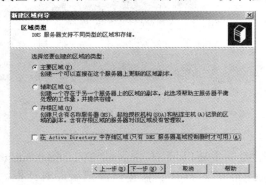 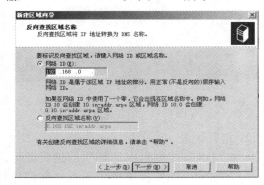

图 4-31　"新建区域向导"对话框　　　　　图 4-32　反向查找区域名称

④ 创建区域文件：单击"下一步"按钮，弹出"区域文件"对话框，可以选择创建新的区域文件或使用已存在的区域文件，此处默认选择"创建新文件且文件名为"0.168.192.in-addr.arpa.dns"选项，如图 4-33 所示。

⑤ 设置动态更新：单击"下一步"按钮，出现"动态更新"对话框，可以选择区域是否支持动态更新。由于 DNS 不与 AD 集成使用，所以"只允许安全的动态更新（适合 Active Directory 使用）"选项不可选。默认选择"不允许动态更新"选项。

⑥ 反向区域创建完成：单击"下一步"按钮，出现"完成"对话框；单击"完成"按钮，区域创建完成，返回"DNS"控制台。

（3）在区域创建资源记录

资源记录是用于答复 DNS 客户端请求的 DNS 数据库记录，每一个 DNS 服务器包含其管理的 DNS 命名空间的所有资源记录。资源记录包含与特定主机有关的信息，如 IP 地址、提供服务的类型等。

在 DNS 服务器上的正向主要区域中创建主机记录，在反向主要区域中创建指针记录，具体步骤如下：

① 新建主机记录。

以域管理员账户登录到 DNS 服务器上，在"DNS"控制台中选择要创建资源记录的正向主要区域，右击区域"topzxs.com"并在弹出的菜单中选择"新建主机（A）"选项，打开"新建主机"对话框。

通过"新建主机"对话框可以创建主机（A）记录，如图 4-34 所示，在该对话框中输入以下信息。

名称：主机（A）记录的名称，一般是指计算机名称。

IP 地址：该计算机的 IP 地址。

创建相关的指针（PTR）记录：在正向区域中创建主机（A）记录的同时在已经存在的相

应反向区域中创建指针（PTR）记录。

输入完毕后，单击"添加主机"按钮，弹出"提示"窗口，成功创建主机记录，表示已经成功创建主机记录。

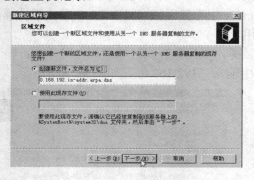

图 4-33　创建反向区域文件

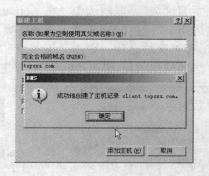

图 4-34　新建主机

② 指针记录。

● 在"DNS"控制台中选择要创建资源记录的反向主要区域，右击区域"192.168.0.Subnet"并在弹出的快捷菜单中选择"新建指针（PTR）"，打开"新建资源记录"对话框。

● 选择"新建指针（PTR）"选项卡，在"主机名"文本框中输入"topzxs.topzxs.com"。在"主机 IP 号"文本框的最后一段输入"2"，如图 4-35 所示，单击"确定"按钮完成指针记录的创建。

（4）客户端的配置

客户端必须以 DNS 服务器作为自己的 DNS，如图 4-36 所示。客户端的用户可以通过 ping 或者 nslookup 命令来测试 DNS 服务器的解析是否成功。

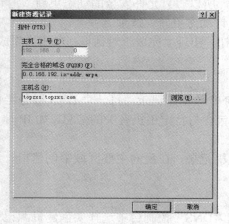

图 4-35　指针记录

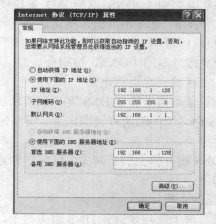

图 4-36　DNS 地址

4.3.3　DHCP 服务器的配置与应用

DHCP 的全称是动态主机配置协议，在同一网络中两台以上的计算机使用相同的 IP 地址，就会产生 IP 地址冲突。一旦发生了 IP 地址冲突，会对用户使用网络资源带来很多不便，甚至无法正常使用网络。其主要原因是由于手工分配的失误和 IP 地址管理不善。另外，在一个大型局域网内，要为每一台计算机分配和设置 IP 地址、子网掩码、网关等也是一个巨大的工作量。

采用 DHCP 可以很容易地完成 IP 地址的分配和解决经常发生的 IP 地址冲突的问题，目前绝大部分局域网和学校机房都采用这样的办法。DHCP 是一种用于简化计算机 IP 地址配置管理的标准。可以使用 DHCP 服务器为网络上的计算机分配、管理动态 IP 地址及其他相关配置信息。

部署 DHCP 服务前需满足以下要求：

（1）设置 DHCP 服务器的 TCP/IP 属性，手工指定 IP 地址、子网掩码、默认网关和 DNS 服务器地址等。

（2）部署域环境，域名为 topzxs，部署环境实例被部署在一个域环境下，本实例域名为 topzxs.com，DHCP 服务器主机名为 ttopzxs，其本身也是域控制器，IP 为 192.168.0.2，DHCP 客户机主机名为 client，其本身是域成员服务器，IP 地址从 DHCP 服务器中动态获取。

1. DHCP 服务的安装

（1）安装 DHCP 服务

在计算机 topzxs 上通过"添加/删除 Windows 组件"安装 DHCP 服务器，具体步骤如下：

① 打开"Windows 组件向导"对话框，以域管理员账户登录到需要安装 DHCP 服务器的计算机上，将 Windows Server 2003 企业版安装光盘放入光驱中，然后选择"开始"→"设置"→"控制面板"→"添加或删除程序"，打开"添加或删除程序"对话框。单击"添加/删除 Windows 组件"按钮，出现"Windows 组件"对话框，如图 4-37 所示。

② 在"Windows 组件向导"对话框中双击"网络服务"选项，打开"网络服务"对话框，选中"动态主机配置协议（DHCP）"选项，对话框下方会显示 DHCP 服务器的描述信息及安装所需的磁盘空间。单击"确定"按钮，返回"Windows 组件向导"对话框，单击"下一步"按钮，开始安装 DHCP 服务器直到安装完毕，如图 4-38 所示。

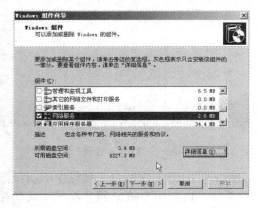

图 4-37　"Windows 组件"对话框

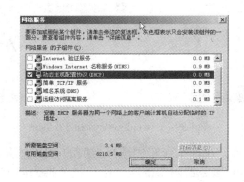

图 4-38　选择 DHCP 服务

（2）验证 DHCP 服务的安装

DHCP 服务安装完毕后，会在 Windows Server 2003 系统中出现相应的文件、服务及快捷方式，可以通过查看这些信息检验 DHCP 服务器是否安装成功，具体步骤如下：

① 查看文件。以域管理员账户登录到 DHCP 服务器上，如果 DHCP 服务器成功安装，在系统目录下会存在"c:\windows\system32\dhcp"文件夹，如图 4-39 所示。该文件夹中包含了 DHCP 数据库文件、日志文件等相关文件。

② 查看服务。如果 DHCP 服务器成功安装，该服务默认会自动启动，可以在服务列表中查看到已经启动的 DHCP 服务器。选择"开始"→"程序"→"管理工具"→"服务"，打开"服务"控制台，可以看到 DHCP 服务器目前的启动状态和描述信息。

2. DHCP 服务器的配置

（1）DHCP 服务器授权

在 Windows 2000 系统的活动目录中，引入了对 DHCP 服务器授权的概念：为了防止非法的 DHCP 服务器为客户端计算机提供不正确的 IP 地址配置，只有在活动目录中进行过授权的 DHCP 服务器才能提供服务。当属于活动目录的服务器上的 DHCP 服务器启动时，会在活动目录中查询已授权的 DHCP 服务器的 IP 地址，如果获得的列表中没有包含自己的 IP 地址，则此 DHCP 服务器停止工作，直到对其进行授权为止。

Windows Server 2003 系统为使用 Active Directory 的网络提供了集成的安全性支持，它能够添加和使用作为基本目录架构组成部分的对象类，以提供下列增强功能：

● 用于授权在网络上作为 DHCP 服务器运行的计算机的可用 IP 地址列表。

● 检测未授权的 DHCP 服务器，防止这些服务器在网络上启动或运行。

对 DHCP 服务器进行授权，具体步骤如下：

① 以域管理员账户登录到 DHCP 服务器上，选择"开始"→"程序"→"管理工具"→"DHCP"，打开如图 4-40 所示的"DHCP 管理"控制台。在该控制台左侧界面中，可以看到当前 DHCP 服务器的状态标识是红色向下箭头，这表示该 DHCP 服务器未被授权；右侧界面中也会显示当前 DHCP 服务器处于"未经授权"的状态。

 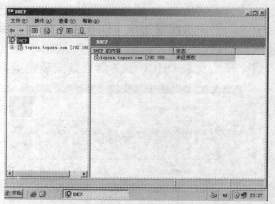

图 4-39　c:\windows\system32\dhcp　　　　　　　图 4-40　"DHCP 管理"控制台

② 在控制台左侧选择当前的 DHCP 服务器，单击"DHCP"控制台工具栏中的刷新图标，DHCP 服务器附带的状态标识被替换为向上的绿色箭头，这表明 DHCP 服务器已经成功授权，可以正常地为 DHCP 客户端分配 IP 地址了。

（2）DHCP 作用域的建立

DHCP 作用域是本地逻辑子网中可以使用的 IP 地址的集合，例如 192.168.0.1～192.168.0.254，DHCP 服务器只能将作用域中定义的 IP 地址分配给 DHCP 客户端，因此，必须创建作用域才能让 DHCP 服务器分配 IP 地址给 DHCP 客户端。

另外，DHCP 服务器会根据接收到 DHCP 客户端租约请求的网络接口来决定哪个 DHCP 作用域为 DHCP 客户端分配 IP 地址租约，决定的方式如下：DHCP 服务器将接收到租约请求的网络接口的主 IP 地址和 DHCP 作用域的子网掩码相与，如果得到的网络 ID 和 DHCP 作用域的网络 ID 一致则使用此 DHCP 作用域为 DHCP 客户端分配 IP 地址租约，如果没有匹配的 DHCP 作用域则不对 DHCP 客户端的租约请求进行应答。

这种决定方式确保了 DHCP 服务器只分配匹配自己接收到 DHCP 客户端租约请求的 IP 地址给 DHCP 客户，因而 DHCP 客户可以直接与 DHCP 服务器进行通信。例如，DHCP 服务器从自己的网络接口 192.168.1.1/24 接收到 DHCP 客户端的租约请求，如果 DHCP 服务器具有一个子网掩码为 255.255.255.0、网络 ID 为 192.168.1.0 的 DHCP 作用域，则使用此作用域中的 IP 地址为 DHCP 客户端提供租约；如果没有匹配上述条件的 DHCP 作用域，则此 DHCP 服务器不应答 DHCP 客户端的租约请求。

唯一的例外是针对 DHCP 中继代理或兼容 RFC 1542 的路由器所转发的租约请求，当它们转发 DHCP 请求到 DHCP 服务器时，会修改转发的 DHCP 请求数据包中的 Gateway 字段为自己接收到 DHCP 客户端租约请求的网络接口的 IP 地址，而 DHCP 服务器则使用 Gateway 字段中的 IP 地址代替自己网络接口的 IP 地址和 DHCP 作用域的子网掩码相与，从而决定分配 IP 地址租约的 DHCP 作用域。

DHCP 作用域定义的 IP 地址范围是连续的，并且每个子网只能有一个作用域。若要使用单个子网内的不连续的 IP 地址范围，则必须先定义作用域，然后设置所需的排除范围。DHCP 作用域中为 DHCP 客户端分配的 IP 地址必须没有被其他主机占用，否则，必须对 DHCP 作用域设置排除选项，将已被其他主机使用的 IP 地址排除在此 DHCP 作用域之外。

在同一个子网中使用多个 DHCP 服务器为 DHCP 客户端服务将具有更好的容错能力。在具有多个 DHCP 服务器的情况下，如果一个 DHCP 服务器不可用，那么其他 DHCP 服务器可以取代它为 DHCP 客户端提供 IP 地址。为了更好地实现容错和负载平衡，在规划 DHCP 作用域包含的 IP 地址时，通常采用"80/20"规则。"80/20"规则的含义是将作用域地址划分给两台 DHCP 服务器，其中服务器 1 包含所能提供的 IP 地址范围的 80%，服务器 2 包含剩下的 20%。当两台 DHCP 服务器互为彼此的逻辑子网采用"80/20"规则进行部署时，无论哪台 DHCP 服务器停止服务，由于另外一台 DHCP 服务器上还具有至少 20%的逻辑子网 IP 地址，所以不会对相应逻辑子网中的 DHCP 客户端获取 IP 地址造成太大影响。

每一个作用域具有以下属性：

① 可以租用给 DHCP 客户端的 IP 地址范围，可在其中设置排除选项，设置为排除的 IP 地址将不分配给 DHCP 客户端使用。

② 子网掩码用于确定给定的 IP 地址的子网，此选项创建后作用域无法修改。

③ 租约期限值分配给 DHCP 客户端。

④ DHCP 作用域选项，如 DNS 服务器、路由器 IP 地址和 WINS 服务器地址等。

⑤ 保留某个确定 MAC 地址的 DHCP 客户端总是获得相同的 IP 地址（可选）。

具体操作步骤如下。

① 设置作用域的名称。授权 DHCP 服务器之后，在 DHCP 服务器上创建作用域，打开"新建作用域向导"对话框，以域管理员账户登录到 DHCP 服务器并打开"DHCP"控制台，在"DHCP"控制台左侧右击服务器，在弹出的快捷菜单中选择"新建作用域"选项，打开"新建作用域向导"对话框。单击"下一步"按钮，出现"作用域名"对话框，在该对话框中可设置作用域的识别名称和描述。此处在"名称"文本框中输入作用域的名称，在"描述"文本框中输入作用域的相关描述信息。

② 设置 IP 地址范围。单击"下一步"按钮，弹出"IP 地址范围"对话框。在此对话框

中可设置作用域的地址范围和子网掩码。在"输入此作用域分配的地址范围"中设置允许分配给DHCP 客户端的 IP 地址的起止范围，本例中的 IP 地址起止范围是 192.168.0.10～192.168.0.110；在子网掩码长度中设置分配给 DHCP 客户端的子网掩码，此处选择默认长度为"24"，子网掩码为"255.255.255.0"，如图 4-41 所示。

③ 添加排除的 IP 地址。单击"下一步"按钮，出现"添加排除"对话框，在此可将作用域的 IP 地址范围中不分配给客户端的 IP 地址排除出去，本例中的排除地址为 192.168.0.50～192.168.0.60，如图 4-42 所示。

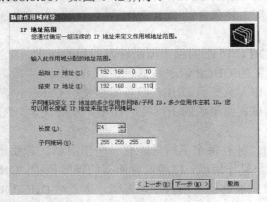

图 4-41　设置 IP 地址的起止范围

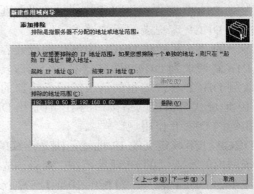

图 4-42　设置排除的 IP 地址

④ 设置租约期限。单击"下一步"按钮，弹出"租约期限"对话框，在此可设置将 IP地址租给客户端使用的时间期限，默认为 8 天，此处选择默认设置，如图 4-43 所示。

⑤ 激活作用域。单击"下一步"按钮，以域管理员身份登录到 DHCP 服务器，打开"DHCP"控制台，在控制台的左侧可以看到创建的作用域上标记向下的箭头，表明该作用域现在处于不活动状态，不能给客户端自动分配 IP 地址。右击该作用域，在弹出的快捷菜单中选择"激活"选项，如图 4-44 所示，该作用域的状态处于活动状态，此时，该作用域可以给客户端分配 IP 地址。

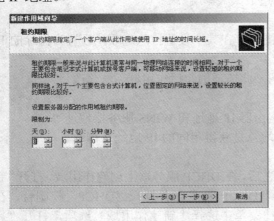

图 4-43　设置租约期限

图 4-44　激活作用域

⑥ 客户端配置与测试。

● 设置客户端自动获取 IP 地址。

以域管理员身份登录到 DHCP 客户端，右击计算机桌面上的"网上邻居"图标，在弹出的快捷菜单中选择"属性"，再右击"本地连接"，在弹出的快捷菜单上选择"属性"弹出"本地连接属性"对话框。

在"在本地连接属性"对话框中，双击"Internet 协议（TCP/IP）"，打开"Internet 协议（TCP/IP）"对话框，在对话框中选择"自动获得 IP 地址"和"自动获得 DNS 服务器地址"。

然后单击"确定"按钮，关闭对话框。此时，DHCP 客户端可以从 DHCP 服务器上动态获取 IP 地址。

● 在 DHCP 上申请并查看 IP 地址。

在 DHCP 客户端上打开命令行提示符界面，输入"ipconfig/renew"命令可以从 DHCP 服务器上申请 IP 地址，输入"ipconfig/all"命令可以查看从 DHCP 服务器获取的 IP 地址。

● 在 DHCP 上释放并查看 IP 地址。

以域管理员身份登录到 DHCP 客户端，在 DHCP 客户端上打开命令行提示符界面，输入"ipconfig/release"命令可以从 DHCP 服务器上释放 IP 地址，输入"ipconfig/all"命令可以查看此时的 IP 地址。

4.3.4　活动目录的配置与应用

域结构的局域网将网络设置成以服务器为中心，域内的计算机共享一个集中的目录数据库，目录数据库包括整个域内的用户账号和域的安全数据。在 Windows Server 2003 中，目录数据库称为目录，负责目录服务的组件就是活动目录（Active Directory）。活动目录可由一个或多个目录组成。

在域结构的 Windows Server 2003 网络中，目录数据库存储在被设置成"域控制器"的计算机中，域控制器为网络用户和计算机提供 Active Directory 目录服务，存储目录数据，管理用户，包括用户登录过程、验证和目录搜索等。Windows Server 2003 可以被配置成域控制器。Windows Server 2003 域具有以下优点：用户信息都被集中存储，便于集中管理，每个域仅存储该域中各对象的相关信息。

域结构的 Windows Server 2003 网络中可以存在以下几种类型的计算机。

（1）域控制器。在一个大型的网络中，可以存在多个域。一个域内可以有多个域控制器。每个域控制器的地位平等，且存储着一份相同的 Active Directory 数据，记录着域内所有用户的账号和安全信息。用户从域上的某一台计算机登录时，就会由一台域控制器进行账户审核。

（2）成员服务器。域内任何一台 Windows Server 2003 计算机，如果不是被安装成为域控制器，那么就是成员服务器。成员服务器内没有 Active Directory 数据，因此，不审核域的用户账户的身份。但因为它自身有一个本地安全数据库，所以可用来审核本地用户的身份。

（3）其他计算机。域中还可以存在装有其他操作系统的计算机，如 Windows XP Professional、WindowsNT、Windows 2000 等，用户可以利用这些计算机访问网络资源。

1．活动目录介绍

活动目录包括以下两个方面：目录和与目录相关的服务。目录是存储各种对象的容器；而目录服务提供了用于存储目录数据并使该数据可由网络用户和管理员使用的方法。

目录是存储有关网络上对象信息的层次结构，活动目录存储了有关用户账户的信息，如名称、密码和电话号码等，并允许相同网络上的其他已授权用户访问该信息。

Active Directory 目录服务可安装在运行 Windows Server 2003 系统的服务器上。活动目录存储有关网络上的对象信息，并使管理员和用户更方便地查找和使用这种信息。活动目录使用结构化的数据存储作为目录信息逻辑化，分层结构的基础。

这种数据存储又称为目录，包含与活动目录对象有关的信息。这些对象通常包括共享资源，如服务器、卷、打印机、网络用户和计算机账户。

通过登录验证及目录中对象的访问控制，可将安全性集成到活动目录中。通过一次网络登录，管理员可管理整个网络中的目录数据和单位，而且获得授权的网络用户可以访问网络上任何地方的资源。

在企业中应用活动目录的意义主要体现在以下几个方面。

（1）信息的安全性大大加强。

（2）引入基于策略的管理，使系统的管理更加明朗。

（3）具有很强的可扩展性。

（4）具有很强的可伸缩性。

（5）智能的信息复制能力。

（6）与 DNS 集成紧密相关。

2. 活动目录的安装

网络中第一台域控制器也就是主域控制器，负责全局编录，创建步骤如下。

（1）依次单击"开始"→"配置您的服务器向导"，弹出"配置您的服务器向导"对话框。（提示：还可以依次选择"开始"→"管理工具"→"管理您的服务器"，打开"管理您的服务器"窗口，单击"添加/删除服务器"同样可以打开"配置您的服务器向导"。）

（2）单击"下一步"按钮，开始检测网络连接。完成后弹出"配置选项"对话框，选中"自定义配置"单选按钮。

（3）单击"下一步"按钮，弹出"服务器角色"对话框，选择"域控制器（Active Directory）"选项，将该计算机设置成域控制器并安装活动目录。

（4）单击"下一步"按钮，弹出"选择总结"对话框，继续单击"下一步"按钮，启动"Active Directory 安装向导"（依次单击"开始"→"运行"，在打开的"运行"对话框中输入"dcpromo.exe"命令也可直接打开 Active Directory 安装向导）。

（5）单击"下一步"按钮，弹出"操作系统兼容性"对话框。

（6）单击"下一步"按钮，弹出"域控制器类型"对话框，选中"新域的域控制器"单选按钮。注意，如果当前网络中已经存在域控制器，也可以选中"现有域的额外域控制器"的单选按钮，将其安装为额外域控制器，域名与管辖资源主域控制器完全相同。

（7）单击"下一步"按钮，弹出"创建一个新域"对话框，选中"在新林中的域"单选按钮。

（8）单击"下一步"按钮，弹出"新的域名"对话框，在"新域的 DNS 全名"文本框中键入该服务器的 DNS 全名，如"topzxs.com"（注意：此处的域名一定要与 DNS 服务的域名相对应）。

（9）单击"下一步"按钮，弹出"NetBIOS 域名"对话框。在"域 NetBIOS 名"文本框中显示该服务器新域的默认 NetBIOS 名称，也可更改为其他名称。

（10）单击"下一步"按钮，弹出"数据库和日志文件文件夹"对话框，用来设置 Active Directory 数据库的位置，默认位于 C:\Windows 文件夹中。其中，数据库文件夹用来存储活动目录数据库，而日志文件夹则用来存储活动目录变化日志，便于管理维护。

（11）单击"下一步"按钮，弹出"共享的系统卷"对话框，指定系统卷共享的 SYSVOL 文件夹的位置，保持默认值即可。

（12）单击"下一步"按钮，弹出"DNS 注册诊断"对话框，系统将自动进行 DNS 诊断测试并显示出诊断结果，此时直接选中第 2 个单选按钮即可。

（13）单击"下一步"按钮，弹出"权限"对话框，选中"只与 Windows 2000 或 Windows Server 2003 操作系统兼容的权限"单选按钮。

（14）单击"下一步"按钮，弹出"目录服务还原模式的管理员密码"对话框。在"还原模式密码"和"确认密码"文本框中分别输入相同的密码，也可以使密码为空。

（15）单击"下一步"按钮，弹出"摘要"对话框，列出前面所有的配置信息。单击"下一步"按钮开始安装并配置域，可能要花几分钟或更长一点的时间。完成后显示"正在完成 Active Directory 安装向导"对话框。

（16）单击"完成"按钮，提示必须重新启动服务器才能使设置生效。

（17）单击"立即重新启动"按钮，重新引导计算机。登录系统后弹出"配置您的服务器向导"对话框，提示该域控制器已经配置完成。

3．用户管理

在域中，域用户可以登录到域或其他计算机，从而获得对网络资源的访问权限，经常访问网络的用户都应拥有网络唯一的账户。为了便于管理域中的账户，通常可创建组或组织单元，这样，为一个组所赋予权限时，也将赋予组中的所有账户。

为了保证网络的安全，管理员必须对用户权限进行限制，使用户只能拥有与其职能相称的权限，避免越权使用。同时，为了避免账户被人盗用，应及时禁用或删除不再使用的账户，应尽量为每个用户只设置一个账户。

（1）添加用户

① 选择"开始"→"管理工具"→"Active Directory 用户和计算机"，弹出"Active Directory 用户和计算机"控制台窗口，依次展开"topzxs.com"→"User"，即可看到域中所有的用户账户。

② 右击"User"，从快捷菜单中选择"新建"→"用户"，弹出"新建用户对象"对话框，在"姓"、"名"、"姓名"文本框中分别输入要创建的用户的姓名，在"用户登录名"文本框中输入用户登录时使用的账户名称。

③ 单击"下一步"按钮，设置用户密码和密码修改策略。用户的初始密码应当采用英文大小写、数字和其他符号的组合。同时，密码与用户名既不要相同也不要相关，以保证用户的访问安全。

④ 单击"下一步"按钮，"用户信息"对话框显示了所设置的所有信息，确认这些信息后，单击"完成"按钮，新用户创建成功并被添加至活动目录。

（2）用户的管理

当用户添加完成后，还可以根据需要对用户进行各种管理，如重设密码、禁用和启用用户、限制用户登录的工作站、限制用户登录时间及删除用户等。

① 重设密码。域中的每个用户账户都应设置密码，尤其是具有管理访问权限的账户，更应设置复杂、安全的密码，以保护账户的安全。同时，密码应当定期更改，避免被人随意猜测和攻击。打开"Active Directory 用户和计算机"控制台窗口，选择要重设密码的用户，右击选择快捷菜单中的"重设密码"选项，弹出"重设密码"对话框，在"新密码"和"确认密码"文本框中分别输入新密码，单击"确定"按钮即可。

② 禁用和启用账户。在网络中，用户账户可能会经常变动，为了避免以前的账号被人恶意使用，应经常检查并及时处理，以保障网络的安全。对于临时不用的账户，应当将它禁用，而长期甚至永久不使用的账号则应删除。

在"Active Directory 用户和计算机"控制台中禁用和启用用户账户有两种方式，如下所示：
一种是选择欲禁用或启用的用户账户，右击选择快捷菜单中的"禁用账户"选项，即可禁用该账户。

另一种是选择要禁用或启用的账户，右击并选择快捷菜单中的"属性"选项，弹出"账户属性"对话框，选择"账户"选项卡，在"账户选项"列表框中，选中"账户已禁用"复选框，即可禁用该账户，而取消该复选框则启用该账户，如图 4-45 所示。

③ 删除账户。如果账户永久不再使用，则应将它删除，以节省资源，防止被人盗用。

在"Active Directory 用户和计算机"控制台中，选择要删除的账户，右击并选择快捷菜单中的"删除"选项，显示提示框，单击"是"按钮即可删除该账户。

系统管理员应经常检查并及时清理被废弃的账号（如员工被辞退或自动离职），这也是保障网络安全的重要措施。

4. 用户组的管理

对于域中的每个用户，网络管理员都要设置不同的权限。但是，当用户数量较多时，逐个设置不仅非常繁琐，而且很容易出错。此时，如果借助于组进行管理，将欲设置相同权限的多个用户添加到同一个组，只需为该组设置权限，即可作用于组中的每一个成员，使管理变得容易。当然，必须以管理员身份登录系统才能管理用户组。

（1）添加用户组

用户组也可以在 Active Directory 用户和计算机控制台中添加，而且必须以 Active Directory 中 Account Operators 组、Domain Admins 组或 Enterprise Admins 组成员的身份登录 Windows，或者必须有管理该活动目录的权限。

① 打开"Active Directory 用户和计算机"控制台窗口，右击目录树中的"Users"，选择快捷菜单中的"新建"→"组"，弹出"新建对象-组"对话框，如图 4-46 所示。

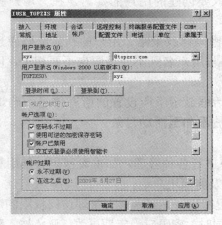

图 4-45　禁用账户　　　　图 4-46　"新建对象-组"对话框

② 在"组名"文本框中输入要添加的组名，"组名（Windows 2000 以前版本）"文本框可采用默认值。在"组作用域"选项组选择组的作用域，即该组可以在网络上的哪些地方使用。

③ 单击"确定"按钮，该用户组即被添加成功。

域中各个组的作用不同，本地域组只能在其所属域内使用，只能访问域内的资源；全局组则可以在所有的域内（如果网络内有多个域，并且域之间建立了信任）使用，可以访问每一个域内的资源。

（2）向组中添加成员

用户组创建完成后，即可将欲设置相同权限的多个用户添加到组中，便于为这些用户设置统一的权限。组成员可以包括用户、联系人、其他组和计算机。另外，新创建的用户也可以选择加入某个组。

① 打开"Active Directory 用户和计算机"控制台窗口，选择欲添加成员的组并右击，在快捷菜单中选择"属性"命令，弹出"组属性"对话框，选择"成员"选项卡。

② 单击"添加"按钮，弹出"选择用户、联系人或计算机"对话框。

③ 单击"对象类型"按钮，弹出"对象类型"对话框，选择要查找的对象类型，默认选中"其他对象"和"用户"选项。如果要添加其他类型，选中相应的复选框即可。

④ 单击"高级"按钮，弹出"选择用户、联系人或计算机"对话框，单击"立即查找"按钮，即可列出所有用户和计算机账户。借助于 Ctrl 键和 Shift 键，在列表框中选择所有欲添加至该组的用户。

⑤ 单击"确定"按钮，所选择的账户显示在列表框中。当然，如果知道用户名称，也可以直接在"输入对象名称来选择"列表框中输入欲添加的用户，多个用户之间用"；"隔开。

⑥ 单击"确定"按钮，返回"组属性"对话框，此时可看到，所有被选择账户都被添加至该组。

⑦ 单击"确定"按钮保存，组成员的添加完成。

（3）将用户添加至组

当新建一个用户之后，将该用户添加至某个组，该用户即可继承该组的权限，而不必让管理员再次设置。将用户添加到组可以使用两种方式，一种是直接添加，另一种是在用户属性中添加。以直接添加为例，操作步骤如下：

① 选择欲添加到组中的账户，右击选择快捷菜单中的"属性"命令，弹出"用户属性"对话框，选择"隶属于"选项卡。

② 单击"添加"按钮，弹出"选择组"对话框，单击"高级"按钮，再单击"立即查找"按钮，列出域中所有的用户组。此时，借助于 Ctrl 键和 Shift 键，可选择多个欲添加到的组。

③ 单击"确定"按钮返回"用户属性"对话框，可以看到所选择的多个用户组。

④ 单击"确定"按钮，该用户便被成功添加到用户组中。

（4）删除组

当一个组不再使用时，可以将它删除，并且通过该组所赋予的成员权限也会随之删除，但组内的成员不会被删除。

选择要删除的组右击，选择快捷菜单中的"删除"选项即可删除该组。

5. 组织单元的管理

组织单元（Organizational Unit，OU）又称为组织单位，是域中的一种容器，可以包含用户、组、计算机和其他单元等对象，并可为这些对象指派组策略，从而便于集中管理。

（1）添加与删除组织单元

① 打开"Active Directory 用户和计算机"控制台窗口，右击域控制器名称，依次选择快

捷菜单中的"新建"→"组织单位"，如图 4-47 所示，弹出"新建对象-组织单位"对话框，在"名称"文本框中输入一个名称。

② 单击"确定"按钮，一个组织单元创建完成，创建了一个名字为 work 的组织。

如果想要删除一个组织单元，可在"Active Directory 用户和计算机"控制台窗口，右击欲删除的组织单元，在快捷菜单中选择"删除"命令即可。

注意：当删除组织单元后，该组织单位原来所包含的对象不会被删除。

（2）向组织单元中添加用户和组

一个组织单元创建完成以后，默认没有任何对象，此时可以根据需要向新组织单元中添加用户、组或计算机。

① 在"Active Directory 用户和计算机"控制台窗口中，选择欲添加到组织单元的用户、组或计算机，右击选择快捷菜单中的"移动"选项，如图 4-48 所示，弹出"移动"对话框，选择欲移动到的组织单元"work"。

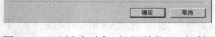

图 4-47　"新建对象-组织单位"对话框　　　图 4-48　将对象添加到组织单位

② 单击"确定"按钮，该对象便被移动到组织单元中，重复此操作，可以将多个对象添加到该组织单元。

（3）组策略的设置

组策略（Group Policy，GP）是介于控制面板和注册表之间的一种修改系统，设置程序的工具，是系统管理员为计算机和用户定义的，用来控制应用程序、系统设置和管理模板的一种机制。在域环境中，通过组策略可以对批量用户和计算机进行管理，从而提高工作效率。

在 Windows Server 2003 域环境中对批用户或组设置组策略的方法：先创建一个组织单元，然后将欲设置组策略的用户或组移动到该组织单元，此时，为该组织单元配置组策略，即可应用于这一批用户。

① 依次选择"开始"→"所有程序"→"管理工具"→"Active Directory 用户和计算机"，弹出"Active Directory 用户和计算机控制台"窗口，创建一个组织单元，并向该组织单元中添加对象，也可使用原有的组织单位。

② 用鼠标右键单击该组织单元，从快捷菜单中选择"属性"选项，打开"属性"对话框。选择"组策略"选项卡，单击"新建"按钮创建一个新策略，并输入一个名称。

③ 选择新建的策略，单击"编辑"按钮，打开"组策略编辑器"窗口，如图 4-49 所示。此时即可配置组织单元的策略，所做的设置对该组织单元中的所有对象有效。

图 4-49　组策略编辑器

注意：在配置组策略时，有些策略并不能即时生效，必须注销并重新登录系统后才能生效。

4.4　虚拟机技术

VMware（Virtual Machine Ware）是 Vmware 公司出品的一个多系统安装软件，利用它可以在一台计算机上将硬盘和内存的一部分拿出来虚拟出若干台机器，每台机器可以运行单独的操作系统而互不干扰，这些"新"机器各自拥有自己独立的 CMOS、硬盘和操作系统，我们可以像使用普通机器一样对其进行分区、格式化、安装系统和应用软件等操作，所有的这些操作都是一个虚拟的过程不会对真实的主机造成影响，还可以将这几个操作系统联成一个网络。全球不同规模的客户依靠 VMware 来降低成本和运营费用、确保业务持续性、加强安全性并走向绿色。

VMware 的主要功能如下所示。

（1）需要分区或重开机就能在同一台 PC 上使用两种以上的操作系统。

（2）完全隔离并且保护不同 OS 的操作环境，以及所有安装在 OS 上面的应用软件和资料。

（3）不同的 OS 之间还能互动操作，包括网络、周边、文件分享及复制粘贴功能。

（4）有复原（Undo）功能。

（5）能够设定并且随时修改操作系统的操作环境，如内存、磁碟空间、周边设备等。

（6）热迁移，高可用性。

VMware Workstation10.0 已于 2013 年 9 月 22 日发布，它延续了 VMware 的一贯传统，提供专业技术人员所依赖的创新功能，支持 Windows 8.1、平板电脑传感器和即将过期的虚拟机，可使工作无缝、直观、更具关联性，还有重要的一点就是该版本开始自带简体中文，用户无需再下载汉化包了。其主要特性有以下几项：

（1）支持微软的最新操作系统 Windows 8.1。

（2）增强的 Unity 模式，可与 Windows 8.1 UI 更好地无缝配合工作。

（3）支持多达 16 个虚拟 CPU、8 TB SATA 磁盘和 64 GB RAM。

（4）新的虚拟 SATA 磁盘控制器。

（5）支持最多 20 个虚拟网络。

（6）优化对 USB 3.0 设备的支持，拥有更快的文件复制。

（7）为虚拟机设定过期时间——受限虚拟机可设置具体到期日期和时间。到期的虚拟机可自动暂停，没有管理员的干预不会重新启动。

（8）平板电脑传感器——VMware Workstation 10 首次加入虚拟加速度计、陀螺仪、罗盘和四周光感应器，支持运行在虚拟机里的应用程序能够在用户与其平板电脑交互时，对用户做出响应。

（9）在 PC 上运行云——VMware Workstation 10 支持用户在其 PC 上构建云，从而运行 Pivotal、Puppet Labs 和 Vagrant 等流行应用程序。

VMware 已经在 2009 年 4 月 21 日正式发布其下一代虚拟系统管理软件 vSphere。vSphere 是虚拟化平台VI3（VMware Infrastructure 3）的下一代产品，是业界第一款云操作系统。

4.4.1　VMware 工作站（VMware Workstation）的安装

VMware Workstation 是一个工作站软件，它包含一个用于 Inter x86 兼容计算机的虚拟机套装，其允许多个 x86 虚拟机同时被创建和运行。每个虚拟机都可以运行其自己的客户机操作系统，即 VMware 工作站允许一台真实的计算机同时运行数个操作系统。其他 VMware 产品帮助在多个宿主计算机之间管理或移植 VMware 虚拟机。

将工作站和服务器转移到虚拟机环境可使系统管理简单化、缩减实际的底板面积、并减少对硬件的需求。

如何安装 VMware Workstation 呢？

（1）首先下载 VMware Workstation 压缩包，然后解压。打开执行程序，进入虚拟安装界面，如图 4-50 所示。

（2）选择"是，我接受..."，如图 4-51 所示。

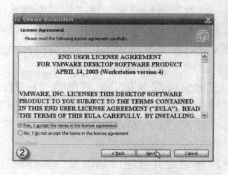

图 4-50　打开执行程序　　　　　　　　　　图 4-51　接受协议

（3）选择安装在"默认路径下..."，如图 4-52 所示。

（4）确定无误后，单击"Install 按钮..."，如图 4-53 所示。

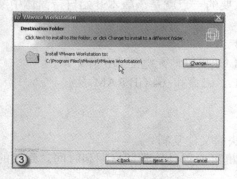
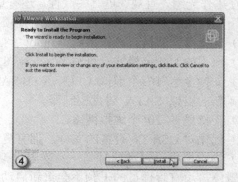

图 4-52　选择安装路径　　　　　　　　　　图 4-53　开始安装

（5）"安装…"，如图 4-54 所示。

（6）如果主机操作系统开启了光驱自动运行功能，安装向导弹出提示框，此时关闭此项功能，选择"是"按钮，如图 4-55 所示。

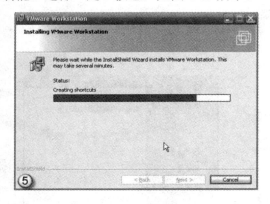

图 4-54　安装文件　　　　　　　　　　　图 4-55　关闭光驱自动运行功能

（7）"继续安装…"，如图 4-56 所示。

（8）安装完毕时向导弹出提示，询问是否对以前安装过的老版本进行搜索，若第一次安装，单击"No"按钮，如图 4-57 所示。

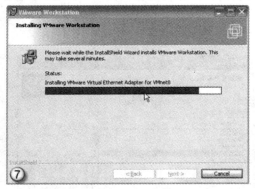

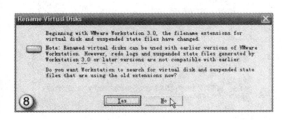

图 4-56　安装过程　　　　　　　　　　　图 4-57　是否搜素老版本

（9）安装完毕，重新启动计算机。

（10）通过下载汉化补丁可以进行汉化。

4.4.2　创建一个虚拟机

当硬件配置达不到要求时，虚拟机运行速度会很慢，甚至不能运行，VMware 的配置要求如下。

CPU：最低主频为 266MHz，建议 P3 在 1GB 以上。

内存：最小为 128MB，建议 512MB。

硬盘：最小空闲空间为 600MB，建议空闲空间为 5GB。

操作系统：必须是 Windows NT 内核操作系统，建议使用 Windows　2000 SP2 以上的版本。

（1）新建虚拟机，如图 4-58 所示。

（2）出现"新建虚拟机向导"窗口，如图 4-59 所示。

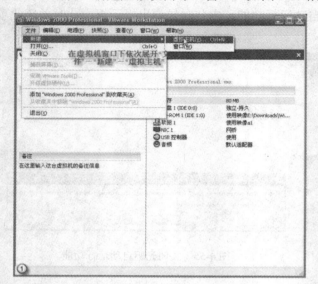

图 4-58　新建虚拟机　　　　　　　　　　　　图 4-59　新建虚拟机向导

（3）选择"自定义"选项，方便后面配置虚拟机内存，如若内存较大（512MB 以上），可选择"典型"选项，如图 4-60 所示。

（4）选择需要安装的操作系统，如图 4-61 所示。

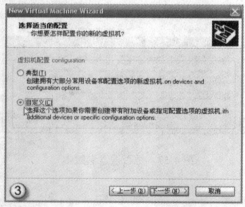

图 4-60　虚拟机配置　　　　　　　　　　　　图 4-61　安装操作系统

（5）输入虚拟机名和存放虚拟机文件的文件夹的路径。

（6）分配内存：注意输入的数值必须是 4MB 的整数倍。

（7）添加网络类型：一般选择"使用桥接网络"选项，因为这种连接方式最简单。

4.4.3　实现与主机之间的文件共享

在虚拟机中和主机之间可用"映射网络驱动器"的方法，前提是安装了 Vmware Tool 工具包以后，并且这种方法只适用于 Windows 2003 以上的操作系统。一般只能适用于客户机共享主机的文件，在主机下无法共享虚拟机的文件。如果希望"双向"共享可在"虚拟机设定"中启用"拖放操作"，即可实现在虚拟机和主机间来回拖放文件了。

（1）以虚拟 Windows 2003 为例：打开虚拟 Windows 2003 执行编辑—虚拟机设定—虚拟机面板—选项，如图 4-62 所示。

（2）进入"添加共享文件向导"，如图 4-63 所示。

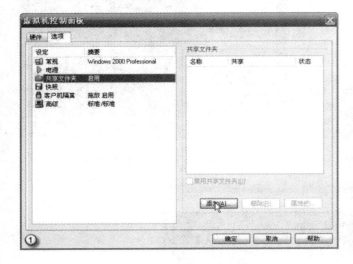

图 4-62　选项卡

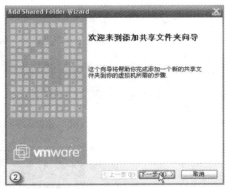

图 4-63　添加共享文件向导

（3）输入共享文件名和主机文件路径，如图 4-64 所示。

（4）单击"完成"按钮，如图 4-65 所示。

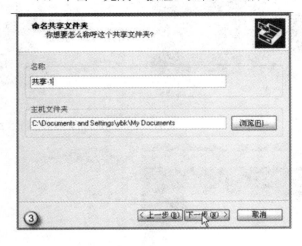

图 4-64　命名

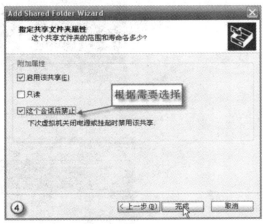

图 4-65　指定属性

（5）在虚拟机控制面板上即出现图标，如图 4-66 所示。

（6）启动虚拟 Windows 2003→右击→网上邻居→映射网络驱动器，如图 4-67 所示。

（7）指明路径，如图 4-68 所示。

（8）打开资源管理器即能看到共享于主机的文件夹——"我的文档"，如图 4-69 所示。

图 4-66　虚拟机控制面板　　　　　　　　　　图 4-67　映射网络驱动器

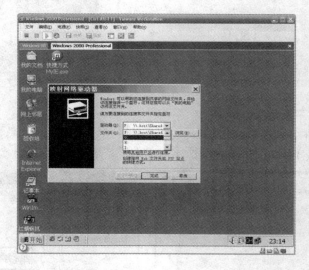

图 4-68　路径

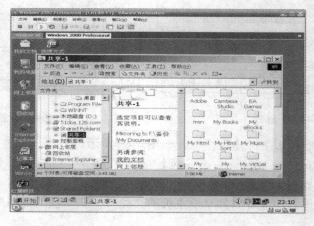

图 4-69　共享文件夹

4.4.4　为虚拟机添加硬件

在虚拟机中可以任意添加、删除一个或多个相同或不同的硬件，假设用虚拟机上网需要添加一块网卡。

（1）打开虚拟机控制面板——硬件，如图 4-70 所示。

（2）出现硬件添加向导界面，如图 4-71 所示。

图 4-70　虚拟机控制面板

（3）选择"以太网适配器"选项，如图 4-72 所示。

图 4-71　硬件添加向导

图 4-72　选择"以太网适配器"选项

（4）选择"网桥"模式，单击"完成"按钮，如图 4-73 所示。

（5）在虚拟机控制面板中即可看到网桥模式的虚拟以太网卡，如图 4-74 所示。

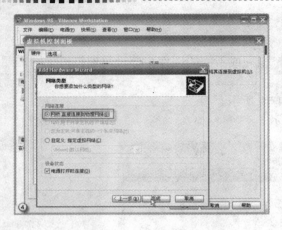
图 4-73　选择"网桥"模式

图 4-74　虚拟以太网卡

4.4.5　用虚拟机上网

VMware 提供了三种工作模式，它们是 Bridged（桥接模式）、NAT（网络地址转换模式）和 host-only（主机模式）。

1. Bridged（桥接模式）

这种模式下，VMware 虚拟出来的操作系统就像是局域网中的一台独立的主机，它可以访问网内任何一台机器。在桥接模式下，需要手工为虚拟系统配置 IP 地址、子网掩码，而且还要与宿主机器处于同一网段，这样虚拟系统才能和宿主机器进行通信。同时，由于这个虚拟系统是局域网中的一个独立的主机系统，那么就可以手工配置它的 TCP/IP 配置信息，以实现通过局域网的网关或路由器访问互联网。使用桥接模式的虚拟系统和宿主机器的关系，就像连接在同一个交换机上的两台计算机。想让它们相互通信，就需要为虚拟系统配置 IP 地址和子网掩码，否则就无法通信。如果想利用 VMware 在局域网内新建一个虚拟服务器，为局域网用户提供网络服务，就应该选择桥接模式。

2. host-only（主机模式）

在某些特殊的网络调试环境中，要求将真实环境和虚拟环境隔离开，这时就可采用 host-only 模式。在 host-only 模式中，所有的虚拟系统是可以相互通信的，但虚拟系统和真实的网络是被隔离开的。提示：在 host-only 模式下，虚拟系统和宿主机器系统是可以相互通信的，相当于这两台机器通过双绞线互连。在 host-only 模式下，虚拟系统的 TCP/IP 配置信息（如 IP 地址、网关地址、DNS 服务器等），都是由 VMNet1（host-only）虚拟网络的 DHCP 服务器来动态分配的。如果利用 VMware 创建一个与网内其他机器相隔离的虚拟系统，进行某些特殊的网络调试工作，可以选择 host-only 模式。

（1）在虚拟机上安装操作系统时，假设系统的 IP 设置为 192.168.0.99，DNS 为 192.168.0.1。

（2）修改虚拟机的 VMNet1 的 IP 为 192.168.0.1。

（3）在可访问网络的那块网卡上设置 Internet 连接共享，具体设置方式为属性→高级→连接共享，然后选择 VMNet1，将网络共享给它即可。

（4）在本机上 ping 192.168.0.99，如果能 ping 通，就说明设置正确，即可上网。

3. NAT（网络地址转换模式）

使用 NAT 模式，就是让虚拟系统借助 NAT（网络地址转换）功能，通过宿主机器所在的网络来访问公网。也就是说，使用 NAT 模式可以实现在虚拟系统里访问互联网。NAT 模式下的虚拟系统的 TCP/IP 配置信息是由 VMnet8（NAT）虚拟网络的 DHCP 服务器提供的，无法进行手工修改，因此，虚拟系统也就无法和本局域网中的其他真实主机进行通信。采用 NAT 模式最大的优势是虚拟系统接入互联网非常简单，不需要进行任何其他的配置，只需要宿主机能访问互联网即可。如果利用 VMware 安装一个新的虚拟系统，在虚拟系统中不用进行任何手工配置就能直接访问互联网，可采用 NAT 模式。

VMware 公司在虚拟化和云计算基础架构领域处于全球领先地位，所提供的经客户验证的解决方案可通过降低复杂性，以及更灵活、敏捷地交付服务来提高 IT 效率。VMware 使企业可以采用能够解决其独有业务难题的云计算模式。

因此，VMware 提供的方法可在保留现有投资并提高安全性和控制力的同时，加快向云计算的过渡。

4.5　基于工作过程的实训任务

任务一　Windows Server 2003 的安装

一、实训目的

练习掌握 Windows Server 2003 的安装方法，熟悉安装过程中应注意的事项。

二、实训内容

（1）练习使用 VMware 虚拟机。

（2）安装 Windows Server 2003，并掌握相关知识。

（3）安装主板驱动及显卡驱动。

（4）安装 Windows Server 2003 Service Pack1。

（5）配置 TCP/IP 协议并使计算机接入 Internet 网。

三、实训方法

1．Windows Server 2003 安装前的准备

安装 Windows Server 2003 的前提是硬盘必须有 FAT32 或者 FAT 文件系统分区存放安装文件（也可从光盘读取），并且该分区不被选中安装系统。DOS 不能识别 NTFS 文件系统，Window XP/2003 安装程序可识别 NTFS 文件系统。安装 Window Server 2003 与安装 Window XP/2000 是基本相同的。其准备工作如下：

（1）Windows 98/Me 启动盘一张。内含 smartdrv.exe（磁盘高速缓存）、 format.com（硬盘分区格式化命令）。

（2）准备好 Windows Server 2003 Enterprise Edition 简体中文免激活企业版安装文件。

（3）可能的情况下，在运行安装程序前用磁盘扫描程序扫描所有硬盘，检查硬盘错误并进行修复，否则，安装程序运行时如检查到有硬盘错误就会很麻烦。

（4）用纸张记录安装文件的产品密匙（安装序列号）。

（5）可能的情况下，用驱动程序备份工具（如驱动精灵）将 Windows XP 下的所有驱动程序备份到硬盘上。

（6）如果想在安装过程中格式化 C 盘或 D 盘（建议安装过程中格式化 C 盘），请备份 C 盘或 D 盘中有用的数据。

（7）系统要求——对基于 X86 的计算机，建议使用一个或多个主频不低于 550MHz（支持的最低主频为 133MHz）的处理器，使用 256MB 的 RAM（最小支持 128MB，最大支持 32GB）。

2．认识 VMware 虚拟机

（1）在桌面上有一个名为 VMware 的图标，双击打开。

（2）创建虚拟机分区。

选择"新建虚拟机"，将虚拟机创建在剩余空间较大的本地磁盘上（一定要看清虚拟机创建的位置），划分大约 3GB 的空间。

（3）设置虚拟机使用光驱或镜像文件。

在 VMware 虚拟机的菜单栏中，选择"虚拟机"→"外设"→"编辑"，然后添加镜像文件，选中该对话框上方的"连接"。

（4）设置虚拟机光盘启动

在启动虚拟机的过程中，设置 BIOS 引导顺序（光盘启动优先）。

3．安装 Windows Server 2003

（1）放入启动光盘，在光盘模式下启动 DOS 系统。

（2）加载磁盘缓存，格式化 C 盘（如果加载磁盘高速缓存命令"smartdrv.exe"，放在 F 盘根目录，则在"F:\ >"提示符下输入"smartdrv"按 Enter 键。再输入"smartdrv 200000"按 Enter 键，这样就给 DOS 加载了磁盘高速缓存）。

（3）如果安装文件放在 F 盘的 Win2003 目录下，格式化 C 盘后在屏幕出现提示"F:\>_"时输入"CD Win2003\I386"即转到安装目录下的 I386 文件夹，出现"F:\Win2003\I386>"后，输入"WINNT"后按 Enter 键，将准备安装 Windows 2003。这时系统会问安装文件的路径，是否从"F:\Win2003\I386"文件夹内复制文件？直接按 Enter 键确认即可。

（4）待复制完启动所需的文件后，这里提示你取出启动软盘，取出启动光盘后按 Enter 键将会重新启动进行下一步安装。

（5）按 F8 键同意安装后，这里用"向下和向上"箭头键选择安装系统所用的分区，如果已格式化 C 盘，请选择 C 分区，选择好分区后按 Enter 键。

（6）复制完文件后系统重新启动，首次出现 Windows Server 2003 启动画面，当提示还需 30 多分钟时，会弹出"区域和语言设置"对话框，区域和语言设置选用默认值就可以了，直接按"下一步"按钮。输入姓名和单位，以及预先记下产品密钥（安装产品的序列号）。

（7）系统提示计算机名称（自己输入），并输入两次系统管理员密码，请记住这个密码，登录时用。完成设置后继续安装，安装程序会自动完成。

4．安装驱动程序

先装主板驱动，再装显卡驱动，然后装其他驱动程序。

5．配置 TCP/IP 协议

设置 TCP/IP 属性，使之能够登录网络。

6．安装 Windows Server 2003 Service Pack 1

7．安装杀毒软件及其他常用应用软件

四、实训总结

（1）学习 Windows Server 2003 的具体安装过程。

（2）结合所学知识，进一步了解安装 Windows Server 2003 时应如何选择应用程序的插件。

任务二 IIS 服务器的安装配置与应用

一、实训目的

了解 Web 服务器的基本知识，掌握 IIS 服务器的工作原理及管理方法。

二、实训内容

（1）安装 IIS。

（2）练习配置实际目录与虚拟目录。

（3）在一台服务器配置多个 Web 站点。

（4）创建自定义的错误显示信息。

（5）练习实现网站安全性。

（6）远程管理 Web 服务器。

（7）通过 WebDAV 管理网站。

三、实训方法

通过"添加/删除程序"中的"添加/删除 Windows 组件"安装，选择"应用程序服务器"→"Internet 信息服务（IIS）"，按照提示完成安装。

测试是否安装成功，在任一台计算机的地址栏里输入 Web 服务器的 IP 地址，验证是否安装成功。

1．配置"默认网站"

（1）配置默认 Web 站点

首先，自己创建网页文件，并保存。

打开"Internet 服务管理器"（"开始"→"程序"→"管理工具"→"Internet"服务管理器），右击"默认 Web 站点"，打开属性页面。

① "Web 站点"选项卡：输入服务器的"说明"、"IP 地址"（Web 服务器的 IP 地址）、"TCP 端口"（默认为 80）。

② "主目录"选项卡：单击"浏览"按钮，选择网页文件所在的磁盘路径（文件夹）。

③ "文档"选项卡：单击"添加"按钮，为 Web 站点选择网页文件名。输入默认网页文件，单击"确定"按钮，将所输入的网页文件移到网页文件的目录下。

（2）浏览 Web 站点的方法

浏览本机的 Web 站点：http://localhost、http://127.0.0.1。

浏览本机或远程的 Web 站点：http://计算机名、http://计算机的 IP 地址。

2．启动、停止、暂停 Web 服务

为了使新的设置生效或对服务器进行备份，都需要停止、启动或暂停 Web 服务，右击站点即可完成上述功能。

3．实现一台服务器上配置多个 Web 站点（实现虚拟服务器）

（1）方法一

一个网卡配置多个 IP 地址，为每个 Web 站点分配不同的 IP 地址，可以实现一台服务器上配置多个 Web 站点。

① 添加多个 IP 地址，在"TCP/IP 属性"中单击"高级"按钮，在"IP 设置"选项卡中为一个网卡添加多个 IP 地址。

注意：为了避免 IP 地址冲突，所添加的 IP 地址在原 IP 地址上加 100。例如，若 IP 地址是 192.168.0.1，则所添加的 IP 地址为 192.168.0.101。

② 新建 Web 站点。

● 在"Internet 信息服务"窗口中右击"服务器"→"新建"→"Web 站点"，启动向导。

● 输入"说明"（描述信息）。

● 选择 IP 地址（注意：此处 IP 地址要与默认 Web 站点的 IP 地址不同。为什么？），输入主机头（在 DNS 服务器中解析的域名），其他参数不变。

● 确定主目录路径后，设置访问权限。

● 再打开站点的属性，转到"文档"选项卡，添加网页文档并移到队列头。

这样就新建立了一个站点，并且与默认 Web 站点共存，实现了一台服务器建立多个站点的目的（可以以同样的方法再创建多个站点，但 IP 地址要够用）。

③ 浏览新建的 Web 站点。在浏览器的地址栏中输入 IP 地址，浏览网页文档。

（2）方法二

若多个 Web 站点共用一个 IP 地址，则可以为每一个 Web 站点分配不同的主机头，即可实现一台服务器上配置多个 Web 站点，例如建立 www.jsj1.com 和 www.jsj2.com。

① 解析主机资源。在 DNS 服务器上解析主机资源 www.jsj1.com 和 www.jsj2.com，并使用 nslookup 命令或者 ping 命令查看 DNS 是否设置正确。

② 新建 Web 站点。分别新建以 www.jsj1.com 和 www.jsj2.com 为主机头的两个 Web 站点。

③ 浏览新建的 Web 站点。在浏览器的地址栏中输入上述域名，浏览网页文档。

（3）方法三

若多个 Web 站点共用一个 IP 地址，则可以为每一个 Web 站点分配不同的端口号，即可实现一台服务器上配置多个 Web 站点。

新建两个 Web 站点使它们采用不同的端口号，并通过"http://IP 地址：端口号"浏览网页文档。

4．创建虚拟目录

配置 1：利用虚拟目录创建向导创建虚拟目录。

（1）选择 Web 站点，右击该站点，选择"新建"→"虚拟目录"，启动向导。

（2）输入别名、物理路径、设置权限。

配置 2：通过文件夹中的 Web 共享创建虚拟目录，即建立 Web 共享文件夹。

效果：以别名显示，内容却是实际路径中的内容。

5．网站的安全性

（1）启动与停用动态属性

在"Web 服务扩展"中，右击要启动的服务，选择"允许"。

（2）验证用户身份

在网站的属性对话框的"目录安全性"选项卡中设置。使用户访问网站时必须输入用户名和密码。

（3）通过 IP 地址来限制连接

① 设置使与你相邻的计算机不能访问你的站点，并进行验证。

② 取消上述设置，重新设定，只能本机房的计算机能够访问你的站点。

（4）通过 NTFS 权限设置来增加网页安全性

要求将网页放在 NTFS 文件系统的分区上，设置 NTFS 权限。

四、实训总结

（1）学习 IIS 服务器如何上传网站，以及学习 IIS 服务器如何上传和管理虚拟目录。

（2）学习 IIS 服务器的用户管理和授权访问。

任务三   DNS 服务的配置与应用

一、实训目的

了解 DNS 服务器的基本知识，掌握 DNS 服务器的工作原理及管理方法。

二、实训内容

（1）配置 DNS 服务器与 DNS 客户端。

（2）实现 DNS 服务器的主要区域和辅助区域。

（3）实现 DNS 的区域委派及存根区域。

（4）使用 nslookup 来验证 DNS。

三、实训方法

1．安装 DNS 服务（注意：DNS 服务器必须拥有一个固定的 IP 地址）

通过添加\删除程序安装（需要安装光盘），在 Windows 组件向导中依次选择"网络服务"、"域名服务系统"、"管理工具"，选择"DNS"右击，选择"连接到计算机"，输入 DNS 服务器的 IP 地址。

2．设置 DNS 客户端

在客户端打开"TCP\IP 属性"对话框，在"首选 DNS 服务器"的文本框中输入 DNS 服务器的 IP 地址。

3．创建搜索区域

（1）正向标准主要区域

① 创建一个正向标准主要区域，区域名为 topzxs. com。

② 在主要区域 topzxs. com 内新建记录，如主机记录、别名、邮件服务器、主机信息等，右击要建记录的区域，选择相应的记录。

注意：

● 所建资源即可指向本机，也可指向其他计算机。

● 若所建主机记录是 jsj，那么其完整的域名就是 jsj. topzxs. com。

● 别名是主机资源的另一个名字，所以要先建主机资源，然后再建此主机资源的别名资源。

③ 在主要区域 topzxs. com 内新建子域 jsj，并在子域内创建资源记录。

（2）反向标准主要区域

① 创建反向标准主要区域。

在"DNS"中，右击"反向搜索区域"，选择"新建区域"，启动向导，选择"标准主要区域"，设置网络 ID（最多输入三个字节）。

② 在反向区域内创建记录，如指针记录。

（3）标准辅助区域

① 配置标准辅助区域，分别为正向搜索区域和反向搜索区域配置标准辅助区域。

注意：

● 此区域创建在另一台 DNS 服务器上。

● 区域名称与主要区域的名称一致。

② 在主要 DNS 服务器的主要区域上创建新的记录，在辅助 DNS 服务器端相应的辅助区域内进行数据传输，使之与主要区域保持一致。

③ 配置二级辅助区域，即为上述所配置的标准辅助区域配置辅助区域。

注意：默认状态下，二级辅助区域不能从它的 Master 服务器（一级服务器）上区域复制，此时需要定位到一级服务器的"区域属性"对话框，在"区域复制"选项卡中，选中"允许区域复制"复选框。

4. 验证 DNS

（1）使用 nslookup 来验证 DNS。在 MS-DOS 方式下输入"nslookup 解析的域名或 IP 地址"后按 Enter 键，查看结果，验证 DNS 的配置。

注意：结果中包含 DNS 服务器的信息和所解析的计算机的信息两部分内容。

（2）使用 ping 验证 DNS。在 MS-DOS 方式下输入"ping 解析的域名"，若 ping 通，则说明解析成功。

（3）把自己的服务器设置成转发器 DNS 服务器。

5. 其他操作

（1）暂停一个区域。

（2）修改主区域中的现存记录。

（3）删除区域。

（4）删除服务器。

注意：删除服务器只是将它从 DNS 管理器的"服务器清单"中删除，而对实际的 DNS 服务器没有进行任何操作。

6. 监视 DNS 服务器

通过事件查看器，查看 DNS 的事件日志。

四、实训总结

（1）学习 DNS 的具体应用及配置操作。

（2）结合所学知识，进一步了解 DNS 服务器的正向解析和逆向解析。

（3）掌握如何测试 DNS 解析的方法。

任务四　DHCP 服务器的配置与管理

一、实训目的

了解 DHCP 服务器的基本知识，掌握 DHCP 服务器的工作原理及管理方法。

二、实训内容

（1）授权本地为 DHCP 服务器。

（2）配置 DHCP 服务器。

（3）配置自动获得 DNS 服务器地址与保留 IP 地址。

（4）配置 DHCP 客户端。

三、实训方法

1．安装 DHCP 服务

通过"添加/删除程序"安装，在"添加/删除 Windows 组件"中选择"网络服务"→"详细信息"，然后选择"动态主机配置协议（DHCP）"，单击"确定"按钮。

2．授权 DHCP 服务

说明：独立的服务器不需要授权，但域中的 DHCP 服务器则必须授权才能正常工作。

（1）通过"管理工具"打开"DHCP"。

（2）在菜单栏中选择"操作"→"管理授权的服务器"。

（3）单击"授权"。

（4）输入要授权的服务器的 IP 地址或主机名称。

说明：通过对 DHCP 服务器进行授权可避免服务器分配非法 IP 地址造成的 IP 地址冲突。

3．配置 DHCP 服务器

说明：DHCP 服务器要使用静态 IP 地址。

（1）创建并配置地址域

作用域：可以分配给客户机的一组合法的 IP 地址。

选择"管理工具"→"DHCP"，选择"DHCP 服务"→右击"DHCP 服务器"，选择"新建作用域"，启动新建作用域向导。

要求如下所示：

① 作用域的名称为 192.168.0.子网。

② 地址池为 192.168.0.1～192.168.0.200。

③ 其中 IP 地址 192.168.0.20～192.168.0.50 不可用。

④ 设置 IP 地址租约为 10 天。

（2）激活作用域

作用域创建后，需要"激活"作用域才能发挥作用。选中新创建的作用域，右击，选择"激活"。

（3）设置作用域的选项

在为 DHCP 客户机提供租用 IP 地址的同时还可以为 DHCP 客户机提供 DNS 服务器的 IP 地址等选项。DHCP 提供的主要选项包括以下几个方面。

① 003：路由器的 IP 地址。

② 006：DNS 服务器的 IP 地址。

③ 015：DNS 域名。

④ 044：WINS 服务器的 IP 地址。

⑤ 046：NetBIOS 名称解析。

本例以 006：DNS 服务器的 IP 地址为例对作用域的选项进行说明。

展开 DHCP 服务器作用域，选择"作用域选项"→右击"配置选项"，弹出"作用域选项"对话框。选中"006：DNS 服务器"后，输入 DNS 服务器的 IP 地址：192.168.0.2。单击"确定"按钮。

以此方法配置 DNS 域名、WINS 服务器（IP 地址为 192.168.0.1）等作用域选项。

（4）添加保留地址

在"保留"上右击→"新建保留"，输入"保留名称"、"IP 地址"、"MAC 地址"等，然后单击"添加"按钮（保留地址为 192.168.0.100）。

注意：查看本机 MAC 地址的命令为 ipconfig\all。

查看相邻计算机 MAC 地址的命令为 arp –a IP 地址或 nbtstat –a IP 地址。

4．配置客户端计算机的 TCP/IP 协议

（1）配置客户端

打开"TCP/IP 属性"对话框，将 IP 地址的获取方式改为"自动获得 IP 地址"。

"自动获得 DNS 服务器地址"可以根据情况决定是否配置。

（2）查看获得的 IP 地址

进入命令提示符状态，使用 ipconfig 查看获得的 IP 地址。

5．DHCP 服务器的维护

（1）备份 DHCP 数据库。

（2）恢复 DHCP 数据库。若 DHCP 服务器遭到损坏，可用备份的数据库进行恢复，操作如下：

① 停止 DHCP 服务。

② 在%Systemroot%\system32\dhcp（数据库文件的路径）目录下，删除 J50.log,j50xxxxx.log 和 dhcp.tmp 文件。

（3）复制备份的 dhcp.mdb 到%Systemroot%\system32\dhcp 目录下。

（4）重新启动 DHCP 服务。

说明：数据库的默认备份在%Systemroot%\system32\dhcp\backup\jet\new 目录下。

四、实训总结

（1）学习 DHCP 服务器的具体应用及配置操作。

（2）学习 DHCP 客户端如何申请 IP 地址和如何查看 IP 地址。

任务五　用户与组的创建与管理

一、实训目的

了解域控制器的基本知识，掌握域控制器的工作原理及用户与组的管理方法。

二、实训内容

（1）练习用户和组的管理。

（2）练习共享打印机与共享文件夹的发布。

（3）了解文件夹的共享权限和 NTFS 权限。

三、实训方法

1．创建用户组名后缀

（1）在管理工具中选择"Active Directory 域和信任关系"选项。

（2）右击"Active Directory 域和信任关系"，然后单击"属性"。

（3）在"UPN 后缀"选项卡上输入一可供选择的后缀，如 aaa.com。

（4）单击"添加"按钮，再单击"确定"按钮。

（5）为验证已加入此后缀，请单击"Active Directory 用户和计算机"。

（6）右击"users"，选择新建用户。

（7）在新建对象页面中，看用户登录后缀项，发现刚才加入的 aaa.com 出现在选项中。

2．创建用户账号

（1）打开管理工具，选择"Active Directory 用户和计算机"选项。

（2）在左侧栏中，右击"users 容器"。

（3）选中新建用户。

（4）输入姓名及用户登录名。

（5）单击"下一步"按钮，输入密码。

（6）根据实际情况选择密码下面的四个选项。

3．设置账号的属性

在"Active Directory 用户和计算机"右侧内容栏中，右击刚才创建的账户，单击"属性"按钮，打开"属性"对话框，进行相关配置。

4．通过"查找"选项卡查找某账户的信息

选中 users 容器，单击控制台上的"操作"按钮，选择"查找"选项卡，通过打开的"查找用户、联系人及组"对话框查找目标账户。

5．将域模式由混合模式改为本机模式

（1）打开"Active Directory 用户和计算机"，右击域名，选择"属性"。

（2）在"常规"选项卡的"域模式"选项区域中，单击"更改模式"，在弹出的对话框中单击"是"按钮，就将域模式改为本机模式了。

6．自动发布打印机到活动目录上

（1）在客户机上添加打印机，选 LPT1 端口并设为共享。

（2）在域控制器的活动目录中，展开 computers 容器，选中安装打印机的客户机名。

（3）看右侧内容栏内有没有刚安装的打印机。

（4）去掉打印机和共享后再查看活动目录。

7．将加密的文件或文件夹移动或还原到另一台计算机

使用 Windows 2000 中的"备份"或任何为 Windows 2000 设计的备份程序，将加密文件或文件夹移动或还原到与加密该文件或文件夹不同的计算机上。如果用户已经通过漫游用户配置文件访问到第二台计算机，就不必导入和导出加密证书和私钥，因为它们在用户登录的每台计算机上都可用。

如果没有通过漫游用户配置文件访问第二台计算机，用户可以使用第一台计算机将加密证书和私钥以.pfx 文件格式导出到软盘上。为此，在 Microsoft 管理控制台（MMC）中使用"证书"中的"导出"命令。然后，在第二台计算机（在此还原加密的文件或文件夹）上，从 MMC 的"证书"中使用"导入"命令从软盘将.pfx 文件导入到"个人"存储区。

8．发布共享文件夹

（1）打开"Active Directory 用户和计算机"，展开域。

（2）右击需要发布共享文件夹的组织单元，单击"新建"，选择"共享文件夹"。

（3）在"名称"文本框中输入适当的名称。

（4）在网络路径处输入共享文件夹的 UNC 路径\\服务器名\共享目录。

（5）发布完共享文件夹后，就可以在组织单元中看到它了。在活动目录中，右击该文件

夹，选择"属性"，可以定义其属性。

9．了解文件夹的共享权限

（1）创建名为 zp 的文件夹，设为共享，共享名为 zp。

（2）右击该文件夹，单击"属性"，选中"共享"选项卡，单击"权限"按钮，查看。

10．了解文件夹的 NTFS 权限

（1）在 zp 文件夹属性页上选中"安全"选项卡。

（2）在此页面可以单击"添加"按钮，加入新用户或组，然后给它们分配权限。

四、实训总结

（1）学习活动目录的具体安装及配置操作。

（2）结合所学知识，进一步了解活动目录下用户和组的管理方法。

（3）了解活动目录下组策略的设置。

4.6 本章小结

1．学习常见的几种网络操作系统的概念与区别

2．学习 Windows Server 2003 网络操作系统的四种版本，以及它们的区别。

3．学习 Windows Server 2003 的安装方法，以及应该注意的要点。

4．学习 IIS 服务器如何上传网站，IIS 服务器如何上传和管理虚拟目录，IIS 服务器的用户管理和授权访问。

5．学习 DNS 的具体应用及配置操作。结合所学知识，进一步了解 DNS 服务器的正向解析和逆向解析。如何测试 DNS 解析的方法。

6．学习 DHCP 服务器的具体应用及配置操作，DHCP 客户端如何申请 IP 地址和如何查看 IP 地址。

7．学习活动目录的具体安装及配置操作，活动目录下用户和组的管理方法，了解活动目录下组策略的设置。

习题与思考题

1．填空题

（1）网络操作系统是_____和_____之间的接口。

（2）DNS 的解析一般分为_____和_____。

2．简答题

（1）目前有哪几种流行的网络操作系统？它们各自有什么特点？

（2）网络操作系统的一般功能和特征有哪些？

（3）Windows Server 2003 有哪几个版本？它们有什么区别？

（4）DHCP 服务器中如何为特定的用户设置 IP 地址？

（5）什么是 DNS 服务器的资源记录？常见的资源记录有哪些？

（6）什么是 IIS 的发布目录、主目录和虚拟目录？虚拟目录使用别名有什么好处？

第5章

Linux 网络操作系统环境的构建与服务

5.1　Linux 概述

5.1.1　Linux 网络操作系统的发展

　　Linux 网络是 UNIX 克隆或 UNIX 风格的操作系统，在源代码级上兼容绝大部分 UNIX 标准。Linux 支持多用户、多进程、多线程，实时性较好，功能强大而稳定。它可以运行在 X86PC、Sun Sparc、Digital Alpha、PowerPC、MIPS 等平台上，是目前运行硬件平台最多的操作系统，Linux 最大的特点在于它是 GNU（自由软件组织）的一员，遵循 GPL（公共版权许可证），秉承"自由的思想，开放的源码"的原则，成千上万的专家、爱好者通过 Internet 在不断地完善并维护它，可以说 Linux 是计算机爱好者自己的操作系统。

　　Linux 的出现，开始于 Linus Torvalds。1990 年，Linus Torvalds 还是芬兰赫尔辛基大学的一名学生，最初是用汇编语言写了一个在 80386 保护模式下处理多任务切换的程序，后来从 Minix（Andy Tanenbaum 教授所写的很小的 UNIX 操作系统，主要用于操作系统教学）得到灵感，决定进一步写一个比 Minix 更好的操作系统，于是开始写了一些硬件的设备驱动程序，这样 0.01 版本的 Linux 就出来了，但是它只具有操作系统内核的勉强的雏形，甚至不能运行，必须在有 Minix 的机器上编译以后才能使用。这时候 Linus 已经完全着迷而不想停止，他决定踢开 Minix，于是在 1991 年 10 月 5 号发布 Linux0.02 版本，在这个版本中已经可以运行 bash（the GNU Bourne Again Shell）和 gcc（GUN C 编译器）。从一开始，Linus 就决定自由扩散 Linux，包括源代码。

　　随即 Linux 引起黑客们的注意，通过计算机网络加入了 Linux 的内核开发，Linux 倾向于成为一个黑客系统。由于一批高水平黑客的加入，使 Linux 发展迅猛，到 1993 年年底、1994 年初，Linux1.0 终于诞生了。Linux1.0 已经是一个功能完备的操作系统，而且内核写得紧凑高效，可以充分发挥硬件的性能，在 4MB 内存的 80386 机器上也表现得非常好。Linux 具有良好的兼容性和可移植性，大约在 1.3 版本之后，开始向其他硬件平台移植。

　　在 Linux 的发展历程上有一件重要的事：Linux 加入 GNU 并遵循公共版权许可证（GPL）。此举大大加强了 GNU 和 Linux，几乎所有应用的 GNU 库/软件都移植到 Linux，完善并提高了 Linux 的实用性，而 GNU 也有了一个根基。更重要的是遵循公共版权许可证，在继承自由软件精神的前提下，不再排斥对自由软件的商业行为（如把自由软件打包以光盘形式出售），不排斥商家对自由软件进一步开发，不排斥在 Linux 上开发商业软件，从此 Linux 又开始了一次飞跃，出现了很多的 Linux 发行版，如 Slackware、Redhat、SUSE、TurboLinux 和 OpenLinux 等十多种，而且还在不断增加，还有一些公司在 Linux 上开发商业软件或把其他 UNIX 平台的软件移植到 Linux 上来。如今很多 IT 业界的公司，如 IBM，Intel，Oracle，Infomix，Sysbase，Corel，Netscape，CA、Novell 等都宣布支持 Linux。商家的加盟弥补了纯自由软件的不足和发展障碍，Linux 的迅速普及到广大计算机爱好者，并且进入商业应用。这正是打破某些公司垄断的希望所在。

5.1.2　Linux 网络操作系统的组成

Linux 一般由 4 个主要部分组成，分别是内核、Shell、文件结构和实用工具。

1. Linux 内核

内核是系统的心脏，是运行程序、管理像磁盘和打印机等硬件设备的核心程序。

2. Linux Shell

Shell 是系统的用户界面，提供了用户与内核进行交互操作的一种接口。它接收用户输入的命令并把它送入内核去执行。实际上 Shell 是一个命令解释器，它解释由用户输入的命令并且把它们送到内核。不仅如此，Shell 有自己的编程语言用于对命令的编辑，它允许用户编写由 Shell 命令组成的程序。Shell 编程语言具有普通编程语言的很多特点，例如，它也有循环结构和分支控制结构等，用这种编程语言编写的 Shell 程序灵活而强大。每个 Linux 系统的用户可以拥有它自己的用户界面或 Shell，用以满足他们自己专门的需求。

3. Linux 文件系统

文件系统是文件存放在磁盘等存储设备上的组织方法，主要体现在对文件和目录的组织上。目录提供了管理文件的一个方便而有效的途径，能够从一个目录切换到另一个目录，而且可以设置目录和文件的权限，设置文件的共享程度。使用 Linux，用户可以设置目录和文件的权限，以便允许或拒绝其他人对其进行访问。Linux 目录采用多级树形结构，用户可以浏览整个系统，可以进入任何一个已授权进入的目录，访问那里的文件。

目前 Linux 能支持多种文件系统，如 EXT2、EXT3、FAT、VFAT、ISO9660、NFS、SMB 等。

内核、Shell 和文件系统一起形成了基本的操作系统结构，它们使得用户可以运行程序，管理文件及使用系统。此外，Linux 操作系统还有许多称为实用工具的程序，辅助用户完成一些特定的任务。

4. Linux 实用工具

标准的 Linux 系统都有一套称为实用工具的程序，它们是专门的程序，例如，编辑器、执行标准的计算操作等，实用工具可分为以下三类。

（1）编辑器
编辑器用于编辑文件。

（2）过滤器
过滤器用于接收数据并过滤数据。

（3）交互程序
允许用户发送或接收来自其他用户的信息。

Linux 的编辑器主要有 Ed、Ex、Vi 和 Emacs。Ed 和 Ex 是行编辑器，Vi 和 Emacs 是全屏幕编辑器。

Linux 的过滤器用来读取、检查和处理从用户文件或其他地方输入的数据，然后输出结果。从这个意义上说，它过滤了经过它的数据，Linux 有不同类型的过滤器，一些过滤器用行编辑命令输出一个被编辑的文件。另外，一些过滤器是按模式寻找文件，并以这种模式输出部分数据。还有一些执行字处理操作，检测一个文件中的格式，输出一个格式化的文件，过滤器的输入可以是一个文件，也可以是用户从键盘输入的数据，还可以是另一个过滤器的输出。过滤器可以相互连接，因此，一个过滤器的输出可能是另一个过滤器的输入。在有些情况下，用户可以编写自己的过滤器程序。

交互程序是用户与机器的信息接口。Linux 是一个多用户系统，它必须与所有用户保持联系。信息可以由系统上的不同用户发送或接收。信息的发送有两种方式，一种方式是与其他用户一对一地连接进行对话，另一种是一个用户对多个用户同时连接进行通信，即广播式通信。

5.1.3 Linux 网络操作系统的特性

Linux 包含了 UNIX 的全部功能和特性。简单地说，Linux 具有以下主要特性。

1. 开放性

开放性是指系统遵循世界标准规范，特别是遵循开放系统互联国际标准。凡遵循国际标准所开发的硬件和软件，都能彼此兼容，可方便地实现互联。

2. 多用户

多用户是指系统资源可以被不同用户各自拥有使用，即每个用户对自己的资源（如文件、设备）有特定的权限，互不影响。Linux 和 UNIX 都具有多用户的特性。

3. 多任务

多任务是现代计算机的最主要的一个特点。它是指计算机同时执行多个程序，而且各个程序的运行互相独立。Linux 系统调度每一个进程平等地访问微处理器。由于 CPU 的处理速度非常快，其结果是，启动的应用程序看起来好像在并行运行。事实上，从处理器执行一个应用程序中的一组指令到 Linux 调度处理器再次运行这个程序之间只有很短的时间延迟，用户是感觉不出来的。

4. 良好的用户界面

Linux 向用户提供了两种界面：用户界面和系统调用。Linux 的传统用户界面是基于文本的命令行界面，即 Shell，它既可以联机使用，又可存在文件上脱机使用。Shell 有很强的程序设计能力，用户可方便地用它编制程序，从而为用户扩充系统功能提供了更高级的手段。可编程 Shell 是指将多余命令组合在一起，形成一个 Shell 程序，这个程序可以单独运行，也可以与其他程序同时运行。系统调用是系统给用户提供编程时使用的界面，用户可以在编程时直接使用系统提供的系统调用命令。系统通过这个界面为用户程序提供高效率的服务。

Linux 还提供了像 Microsoft Windows 那样的可视命令输入界面——X Window 的图形用户

界面（GUI）。它提供了很多窗口管理器，其操作就像 Windows 一样，有窗口、图标和菜单，所有的管理都是通过鼠标控制。现在比较流行的窗口管理器是 KDE 和 GNOME。

5. 设备独立性

设备独立性是指操作系统把所有外部设备统一当成文件来看待，只要安装它们的驱动程序，任何用户都可以像使用文件一样，操纵、使用这些设备，而不必知道它们的具体存在形式。Linux 是具有设备独立性的操作系统，它的内核具有高度适应能力，随着更多的程序员加入 Linux 编程，会有更多硬件设备加入到各种 Linux 核心版本和发行版本中。另外，由于用户可以免费得到 Linux 的内核源代码，因此，用户可以修改内核源代码，以便适应新增加的外部设备。

6. 提供了丰富的网络功能

完善的内置网络是 Linux 的一大特点。Linux 在通信和网络功能方面优于其他操作系统。其他操作系统不包含如此紧密地和内核结合在一起的连接网络的能力，也没有内置这些联网特有的灵活性。而 Linux 为用户提供了完善的、强大的网络功能。Linux 具有支持 Internet、文件传输和远程访问等网络功能。

7. 可靠的系统安全性

Linux 采取了许多安全技术措施，包括对读/写进行权限控制，带保护的子系统，审计跟踪，核心授权等，这为网络多用户环境中的用户提供了必要的安全保障。

8. 良好的可移植性

可移植性是指将操作系统从一个平台转移到另一个平台，它仍然能按其自身的方式运行的能力。Linux 是一种可移植的操作系统，能够在从微型计算机到大型计算机的任何环境中和任何平台上运行。可移植性为运行 Linux 的不同计算机平台与其他任何机器进行准确而有效的通信提供了手段，不需要另外增加特殊的和昂贵的通信接口。

就 Linux 的本质来说，它只是操作系统的核心，负责控制硬件、管理文件系统、程序进程等，并不给用户提供各种工具和应用软件。所谓工欲善其事，必先利其器，一套优秀的操作系统核心，若没有强大的应用软件可以使用，如 C/C++编译器、C/C++库、系统管理工具、网络工具、办公软件、多媒体软件、绘图软件等，就无法发挥它强大的功能，用户也无法使用这个系统核心进行工作，因此，人们以 Linux 核心为中心，集成搭配各种各样的系统管理软件或应用工具软件组成一套完整的操作系统，此组合称为 Linux 发行版。许多个人、组织和企业，开发了各种 Linux 发行版，如 Red Hat、Slackware、SUSE、Debian、红旗等，用户可以根据实际需要选择使用。

5.1.4 Linux 的主流发行版本

Linux 的版本众多，接下来简单地介绍一下目前比较流行的 Linux 发行版本。

1. Red Hat Linux

Red Hat 是全球最大的开源技术厂家，其产品 Red Hat Linux 也是全世界应用最广泛的 Linux。Red Hat 领导着 Linux 的开发、部署和经营，从嵌入式设备到安全网页服务器，它都是用开源软件作为 Internet 基础设施解决方案的领头羊。Red Hat 由有远见的企业家 Bob Young 和 Marc Ewing 创建于 1994 年，以源码开发作为营业模型的基础，也代表了软件开发行业的一次根本转变。软件的原始代码所有人都可以获得，使用该软件的开发人员可以自由地对其做改进。其结果是迅速的革新。

目前 Red Hat 分为两个系列：由 Red Hat 公司提供收费技术支持和更新的 Red Hat Enterprise Linux，以及由社区开发的免费的 Fedora Core。Fedora Core 1 发布于 2003 年年末，而 Fedora Core 的定位便是桌面用户。它提供了最新的软件包，同时，它的版本更新周期也非常短，仅 6 个月，目前最新版本为 Fedora Core 6。

优点：拥有数量庞大的用户，优秀的社区技术支持，许多创新。

缺点：免费牌（Fedora Core）版本生命周期太短，多媒体支持不佳。

2. SUSE

SUSE 是德国最著名的 Linux 发行牌，在全世界范围中也享有较高的声誉。SUSE 为德文 Software and System Entwicklung 的缩写，英文意思为 Software and System Development。SUSE 属于 Novell 旗下的业务，它同时也是 Desktop Linux Consortium 的发起成员之一。目前最新版为 SUSE Linux10.2。

优点：专业，易用的 YaST 软件包管理系统。

缺点：FTP 发布通常要比零售版晚 1～3 个月。

3. Debian GUN/Linux

Debian GNU/Linux 是一套自由的 Linux 系统，它的开发模式和 Linux 与其他开放性源代码操作系统的精神一致，由世界各地约 500 位志愿者通过互联网合作开发而成。Debian 致力于自由软件事业，以其非盈利的性质及开放式的开发模式，在诸多 Linux 发行版本中独树一帜。难以想象如此伟大的工程，竟然获得这样辉煌的成功。

Debian GNU/Linux 最主要的特色是易于升级，它明确地定义了各应用软件之间的依赖性及开放性。到目前为止，已经有很多公司都推出基于 Debian GNU/Linux 的商业 Linux 发行版本，像 Corel 公司、Libranet 计算机系统和 Stormix 科技等，而其他公司也将要推出同类产品。

优点：遵循 GNU 规范，完全免费。

缺点：安装相对不易，stable 分支的软件极度过时。

4. Ubuntu

"Ubuntu" 是一个古非洲语单词，意思是 "乐于分享"，班图精神也意味着 "我和他人紧紧相连，密不可分，我们都在同一种生活之中"，Ubuntu Linux 也将班图精神带到了软件世界。

Ubuntu 是一个完全以 Linux 为基础的操作系统，可自由获得，并提供社区和专业的支持。Ubuntu 的宣言是软件应免费提供，软件工具应能以人们本地语种的形式可用且不牺牲任何功能，人们应拥有定制及改变他们软件的自由，这包括以任何他们认为适宜的方式。这些自由让 Ubuntu 从根本上与传统的专有软件不同。Ubuntu 对于桌面和服务器都是合适的。当前 Ubuntu 发行版支持 Intel x86（IBM-compatible PC），AMD64（Hammer）and PowerPC（Apple iBook and Powerbook，G4 and G5）架构。

优点：人气颇高的论坛提供优秀的资源和技术支持，固定的版本更新周期和技术支持，可从 Debian Woody 直接升级。

缺点：还未建立成熟的商业模式。

5.2 Red Hat Linux 的使用方法

Linux 在今天的广大电脑玩家耳中已经不再是那个曾经陌生又遥远的名字，大家提起 Linux 时，不再是把它当做与微软抗衡的一面大旗或自由软件爱好者的精神支柱。如果说几年前的 Linux 是星星之火的话，今天的它已经真正地形成了燎原之势。随着越来越多成熟的 Linux 发行版的推出及 Linux 推广的许多问题（安装不方便、中文化困难、软件匮乏、缺乏统一标准等）得到圆满解决，现在 Linux 已经真正地向广大的电脑爱好者们敞开了大门。

5.2.1 安装前的准备

1. 检查硬件支持

在安装 Linux 之前，先确定计算机的硬件是否能被 Linux 所支持。

首先，Linux 目前支持几乎所有的处理器（CPU）。其次，早期的 Linux 只支持数量很少的显卡、声卡，而如今，如果要安装 Linux，已经不需要再为硬件是否能被 Linux 支持担心了。经过十多年的发展，Linux 内核不断完善，已经能够支持大部分的主流硬件，同时各大硬件厂商也意识到了 Linux 操作系统对其产品线的重要性，纷纷针对 Linux 推出了驱动程序和补丁，使得 Linux 在硬件驱动上获得了更广泛的支持。

另外，如果声卡、显卡是非常新的型号，Linux 内核暂时无法支持，那也不要紧，Red Hat 会自动把无法准确识别的硬件模拟成标准硬件来使用，让硬件一样可以在 Linux 中发挥作用。

由于设计 Linux 时的初衷之一就是用较低的系统配置提供高效率的系统服务，所以安装 Linux 并没有严格的系统配置要求，只要 Pentium 以上的 CPU、64MB 以上的内存、1GB 左右的硬盘空间，就能安装基本的 Linux 系统并且能运行各种系统服务。如果要顺畅地运行 X Window，就需要有足够的内存，建议 128MB 以上。

2. 确认安装方式

Red Hat Linux 9.0 采用了稳定的内核 Linux Kernel 2.4.20，配合 GCC 3.2.1，以及 GNU libc 2.3.2。这些最新的特性能够保证整个系统的优越表现。

（1）从光盘安装

最简单、最方便的安装方法当然是从 CD 安装，你可以享受最人性化的、类似于 Windows 的安装。你只要将计算机设置成光驱引导，把安装 CD1 放入光驱，重新引导系统，在安装界面中直接按 Enter 键，即进入图形化安装界面。在提供"豪华"的图形化 GUI 安装界面的同时，Red Hat Linux 9.0 仍然保留了以往版本中的字符模式安装界面，这对于追求安装速度与效率的用户一直是很有吸引力的。因为许多用户是将 Red Hat 9 安装成服务器来使用的，不需要 X Window 及 GUI 安装界面。

Red Hat 9.0 的安装步骤中比以往多了一个环节，那就是对安装光盘介质的检测。它允许在开始安装过程前对安装光盘介质进行内容校验，以防止在安装的中途由于光盘无法读取或者内容错误造成意外的安装中断，导致前功尽弃。

Red Hat Linux 9.0 如果完全安装将达到 7 张光盘，安装时间长达几十分钟。如果因为一张光盘的内容错误导致安装失败，这将浪费很多安装时间。所以，建议在安装之前对光盘进行介质检测与校验以保证安装顺利进行。

（2）从硬盘安装

如果没有安装光盘，而是从网上直接下载 Linux 的 ISO 映像文件，能不能用下载的 ISO 文件进行安装而不用刻录成光盘呢？当然可以。

从硬盘安装 Red Hat Linux 9.0 通常需要三个文件，这代表了安装时需要的三张光盘，包括 shrike-i386-disc1.iso，shrike-i386-disc2.iso，shrike-i386-disc3.iso。由于是映像文件，系统无法直接读取，所以需要先将 ISO 里的文件还原。这里推荐大家使用 Daemon To（http://www.linuxeden.com/ download/winapps/daemon333.exe），这个 Windows 下的软件将 ISO 文件"解"到硬盘上。比如说，shrike-i386-disc1.iso 可以解到 C:盘的 cd1 目录，shrike-i386-disc2.iso 解到 C:盘的 cd2 目录，shrike-i386-disc3.iso 可以解到 C:盘的 cd3 目录待用。

接下来重新启动系统进入 MS-DOS 方式，进入刚才解出来的 C:\cd1 目录，里面有个 dosutils 目录，执行里面一个名为 autoboot.bat 的 DOS 批处理文件，系统就会再次重新启动，进入 Linux 的安装界面。这时安装程序就会提示用户选择从光盘安装还是从硬盘安装，选择从硬盘安装后，系统会提示输入安装文件所在的目录。

需要注意的是，ISO 文件是在 Windows 中操作的，如果直接输入 C:\cd1，Linux 安装程序是无法识别的，需要将 C:\cd1 对应到 Linux 安装程序能够识别的格式，因此，这里应该输入的是/dev/hda1/cd1。

（3）网络安装

Linux 提供了 NFS、FTP、HTTP 三种网络安装方式。网络安装方式所用的 NFS、FTP、HTTP 服务器必须能够提供完整的 Linux 安装树目录，即安装盘中所有必需的文件都存在且可以被使用。

要把安装盘中的内容复制到网络安装服务器上，执行以下步骤：

```
#mount /dev/cdrom /mnt/cdrom
#cp -var /mnt/cdrom/* /filelocation （/filelocation 代表存放安装树的目录）
#umount /mnt/cdrom/
```

配置网卡

进行网络安装需要准备网络驱动盘。成功引导安装程序后，在 Installation Method（安装方法）界面中选择要从哪种网络服务器上安装 Linux，即 NFS image（NFS 映像）、FTP、HTTP。

无论采用哪一种网络安装方式，都要先进行本机的 TCP/IP 配置。在"Configure TCP/IP（配置 TCP/IP）"对话框中有以下几个待填项。

[ ]Use dynamic IP configuration（BOOTUP/DHCP）通过 DHCP 自动配置

IP Address：IP 地址

Netmask：网络掩码

Default Gateway：默认网关

Primary Name Server：主名称服务器

① NFS 安装。

NFS 网络安装的筹备工作如下。

除了可以利用可用的安装树外，还可以使用 ISO 映像文件。把 Linux 安装光盘的 ISO 映像文件存放到 NFS 服务器的某一目录中，然后把该目录作为 NFS 安装指向的目录。然后在 NFS 设置界面中输入 NFS 服务器信息。NFS Server name（NFS 服务器名称）：输入 NSF 服务器的域名或 IP，Linux directory（目录位置）：输入包含 Linux 安装树或光盘镜像的目录名。

② FTP 安装。

类似 NFS 安装，需要在"FTP 设置"对话框中输入"FTP site name（FTP 站点名称）"、"Linux directory（目录位置）"、"[ ]Use non-anonymous FTP（使用非匿名的 FTP 账户）"。

③ HTTP 安装。

类似 NFS 安装，需要在"HTTP 设置"对话框中输入"HTTP site name（HTTP 站点名称）"、"Linux directory（目录位置）"。

5.2.2　开始安装系统

通过上面的叙述，无论是从光盘安装，还是从硬盘安装，用户都可以方便地进入正式的安装过程。需要注意安装过程中几个重要的地方。

1. 选择系统默认语言

Red Hat 支持世界上几乎所有国家的语言，这里只要在简体中文前面打钩，并将系统默认语言选择为简体中文，那么在安装过程结束、系统启动后，整个操作系统的界面都将是简体中文的了，用户不用做任何额外的中文化操作和设置。

2. 分区操作

接下来，是磁盘分区的工作，这也许是整个安装过程中唯一需要用户较多干预的步骤，Red Hat Linux 9.0 提供了两种分区方式——自动分区和使用 DISK DRUID 程序进行手动分区。

（1）自动分区：如果是全新的计算机，上面没有任何操作系统，建议使用"自动分区"功能，它会自动根据磁盘及内存的大小，分配磁盘空间和 SWAP 空间。

这是一个"危险"的功能，因为它会自动删除原先硬盘上的数据并格式化成为 Linux 的分区文件系统（EXT3，REISERFS 等），所以除非计算机上没有任何其他操作系统或是没有任何需要保留的数据，才可以使用"自动分区"功能。

（2）手动分区：如果硬盘上有其他操作系统或是需要保留其他分区上的数据，建议采用 DISK DRUID 程序进行手动分区。DISK DRUID 是一个 GUI 的分区程序，它可以对磁盘的分区进行方便的删除、添加和修改属性等操作，它比以前版本中使用的字符界面 Fdisk 程序的界面更加友好，操作更加直观。下面来看看如何使用 DISK DRUID 程序对硬盘进行分区。

因为 Linux 操作系统需要有自己的文件系统分区，而且 Linux 的分区和微软 Windows 的分区不同，不能共用，所以，需要为 Linux 单独开辟一个（或若干个）分区。Linux 一般可以采用 EXT3 分区，这也是 RED HAT Linux 9.0 默认采用的文件系统。

为 Linux 建立文件分区可以有两种办法：一种是利用空闲的磁盘空间新建一个 Linux 分区；另一种是编辑一个现有的分区，使它成为 Linux 分区。如果没有空闲的磁盘空间，就需要将现有的分区删除后，腾出空间，以建立 Linux 分区。

DISK DRUID 程序中有明显的新建、删除、编辑、重设等按钮。用户可以直观地对磁盘进行操作。在使用 DISK DRUID 对磁盘分区进行操作时，有四个重要的参数需要仔细设定，它们是挂载点、文件系统类型、允许的驱动器、分区大小。

（3）挂载点：它指定了该分区对应 Linux 文件系统的哪个目录，Linux 允许将不同的物理磁盘上的分区映射到不同的目录，这样可以实现将不同的服务程序放在不同的物理磁盘上，当其中一个物理磁盘损坏时不会影响到其他物理磁盘上的数据。

（4）文件系统类型：它指定了该分区的文件系统类型，可选项有 EXT2、EXT3、REISERFS、JFS、SWAP 等。Linux 的数据分区创建完毕后，有必要创建一个 SWAP 分区，它实际上是用硬盘模拟的虚拟内存，当系统内存使用率比较高时，内核会自动使用 SWAP 分区来模拟内存。

（5）分区大小：指分区的大小（以 MB 为单位），Linux 数据分区的大小可以根据用户的实际情况进行填写，而 SWAP 大小根据经验可以设为物理内存的两倍，但是当物理内存大于 1GB 时，SWAP 分区可以设置为 2GB。

（6）允许的驱动器：如果计算机上有多个物理磁盘，就可以在这个"菜单"选项中选中需要进行分区操作的物理磁盘。

经过磁盘分区的操作，安装过程中相对最复杂的一个步骤已经过去，接下来的安装将会很容易。用户需要选择要安装的系统组件。

3. 选择安装组件

Red Hat Linux 9.0 与先前的版本在安装组件的选择上非常相似，用户既可以选择桌面计算机、工作站、服务器、最简化安装这四个安装方法中的一个，也可以自己定义需要安装哪些软件包，并且安装程序会实时地估算出需要的磁盘空间，对用户非常方便。

系统组件安装完毕后，安装程序会自动将用户选择的软件包从光盘介质复制到计算机的硬盘上，中途不需人工干预，并且在安装每个系统组件时都会对该组件做简短的说明。

在选择软件包时，如果想进一步配置系统，可以选定制软件包集合。建议定制，选择 KDE 桌面环境，这样就有可以与 Windows XP 媲美的真彩图标的桌面。

当然，这还不是最后一步，因为在安装完所有系统组件后，安装程序还会提醒你制作一张启动磁盘，以备不测。

到此为止，Linux 系统就已经顺利地安装完成了。

5.2.3　登录系统和更改启动方式

1. 用户登录

Linux 是一个真正意义上的多用户操作系统，用户要使用该系统，必须首先登录。用户登录系统时，为了使系统能够识别该用户，必须输入用户名和密码，经系统验证无误后才可登录系统使用。Linux 有两种用户。

（1）root 用户。超级权限者，系统的拥有者。在 Linux 系统中有且只有一个 root 用户，它可以在系统中做任何操作。在系统安装时所设定的密码就是 root 用户的密码。

（2）普通用户。Linux 系统可以创建许多普通用户，并为其指定相应的权限，使其有权限使用 Linux 系统。

用户登录时，首先输入用户的登录名，系统根据该登录名来识别用户。然后，输入用户的口令，该口令是用户自己选择的一个字符串，对其他用户完全保密，是登录系统时识别用户的唯一根据，因而每一个用户都应该保护好自己的口令。

系统在建立之初，仅有 root 用户，其他的用户则是由 root 用户创建的。由于 root 用户的权限太大了，所以如果 root 用户出现误操作将可能造成很大的损失。建议系统管理员为自己新建一个用户，只有需要做系统维护、管理任务时才以 root 用户身份登录。

登录成功，我们将获得 Shell（Shell 是用来与用户交互的程序，它就像 DOS 中的 Command.com，不过在 Linux 下可以有多种 Shell 供选择，如 bash、csh、ksh 等）提示符。如果以 root 用户登录，那么获得的提示符是"#"，否则是"$"。

2．修改口令

为了更好地保护用户账号的安全，Linux 允许用户在登录之后随时使用 passwd 命令修改自己的口令。修改口令需要输入原来的口令，如果口令错误，将终止程序，无法修改口令；输入新的口令，提示重复一遍新的口令，如果两次输入的口令相吻合，则口令修改成功。而如果是 root 用户修改口令，则不需要输入旧密码。也就是说，它可以修改任何用户的口令。

3．退出和关闭系统

无论 root 用户还是普通用户，只需简单地执行 exit 命令就可以退出登录。

在 Linux 系统中，普通用户是无权关闭系统的。只有 root 用户才能够关闭它。可以通过以下几种方法实现：

（1）按下 Ctrl+Alt+Del 组合键，这样系统将重新启动。

（2）执行 reboot 命令，这样系统也将重新启动。

（3）执行 shutdown –h now 命令，这样系统将关闭计算机。

（4）执行 halt 命令，也可以关闭计算机。

4．更改启动方式和登录界面

默认情况下，Red Hat Linux 9.0 在启动时会自动启动 X Window 进入图形化操作界面。而许多 Linux 铁杆玩家已经习惯了在 Console 字符界面工作，或是有些玩家觉得 X Window 启动太慢，喜欢直观快速的 Console 操作。

（1）进入字符界面

为了在 Linux 启动时直接进入 Console 界面，我们可以编辑/etc/inittab 文件。找到 id：5：initdefault：这一行，将它改为 id：3：initdefault：后重新启动系统即可。我们看到，简简单单地将 5 改为 3，就能实现启动时进入 X Window 图形操作界面或 Console 字符界面的转换，这是因为 Linux 操作系统有六种不同的运行级（Run Level），在不同的运行级下，系统有着不同的状态，这六种运行级分别如下所示。

① 0，停机（记住不要把 initdefault 设置为 0，因为这样会使 Linux 无法启动）。

② 1，单用户模式，就像 Windows 9X 下的安全模式。

③ 2，多用户，但是没有 NFS。

④ 3，完全多用户模式，标准的运行级。

⑤ 4，一般不用，在一些特殊情况下可以用它来做一些事情。

⑥ 5，X11，即进入 X Window 系统。

⑦ 6，重新启动（记住不要把 initdefault 设置为 6，因为这样会使 Linux 不断地重新启动）。

其中，运行级 3 就是要进入的标准 Console 字符界面模式。

（2）自由转换字符界面和 X Window 图形界面

在了解了启动自动进入 X Window 图形操作界面和 Console 字符操作界面的转换后，也许你会想，这两种操作界面各有各的好处。

在 X Window 图形操作界面中按 Alt+Ctrl+Fn（n=1～6）组合键就可以进入 Console 字符操作界面。这就意味着你可以同时拥有 X Window 加上 6 个 Console 字符的操作界面。

在 Console 字符操作界面里如何回到刚才的 X Window 中呢？很简单，按 Alt+Ctrl+ F7 组合键即可。这时 Linux 默认打开 7 个屏幕，编号为 tty1～tty7。X Window 启动后，占用的是

tty7 号屏幕，tty1～tty6 仍为字符界面屏幕。也就是说，用 Alt+Ctrl+F*n* 组合键即可实现字符界面与 X Window 界面的快速切换。

　　Linux 用户们都知道，X Window 是一个非常方便的图形界面，它能使用户用鼠标进行操作，但是它也有不少的缺点：例如，启动和运行速度慢、稳定性不够、兼容性差、容易崩溃等。但是一旦 X Window 系统出了问题，并不会使整个 Linux 系统崩溃而导致数据丢失或系统损坏，因为当 X Window 由于自身或应用程序而失去响应或崩溃时，可以非常方便地退出 X Window 进入 Console 进行故障处理，要做的只是按 Alt+Ctrl+Backspace 组合键，这意味着只要系统没有失去对键盘的响应，X Window 出了任何问题，都可以方便地退出。

5.3　基于工作过程的实训任务

任务一　在 VMware 下安装 Fedora Core 7（FC7）

一、实训目的

　　在 VMware 下安装 Fedora Core 7（FC7）。

二、实训内容

　　学会使用 VMware 虚拟机。
　　在 VMware 上安装操作系统 Fedora Core 7。

三、实训方法

　　首先准备 Fedora Core7 32 位 ISO 映像安装文件（使用安装光盘也可以），另外，当然要有 VMware 了，我采用的是 VMware Workstation5。
　　（1）选择 VMware 菜单中的"文件"→"新建"→"虚拟机"，单击"下一步"按钮，选择"自定义"，如图 5-1 所示。
　　（2）选择虚拟机的版本，如图 5-2 所示。

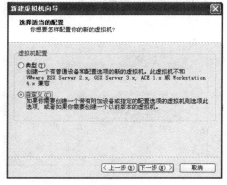
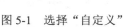

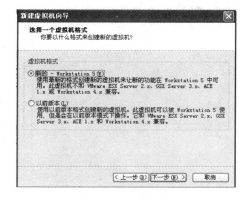

图 5-1　选择"自定义"　　　　　图 5-2　选择"新的-Workstation 5"

　　（3）选择 Linux，Other Linux 2.6.x kernel，别错选了 64 位版本，如图 5-3 所示。
　　（4）输入虚拟机名字和虚拟机文件的存放路径，如图 5-4 所示。

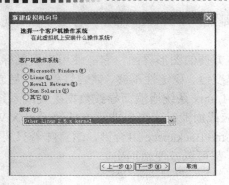

图 5-3　选择操作系统

图 5-4　虚拟机名称

（5）设置物理内存使用限制，可根据个人情况，一般建议设置大一点，否则，FC7 安装过程可能比较慢，如图 5-5 所示。

（6）虚拟机和物理主机的联网方式，一般选择的第一个是桥接，第二个是 NAT，第三个是 host-only，具体选择根据网络环境，如图 5-6 所示。

（7）选择虚拟硬盘的接口类型，如图 5-7 所示。

（8）创建一个新的虚拟磁盘，如图 5-8 所示。

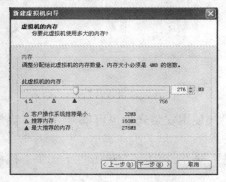

图 5-5　分配内存大小

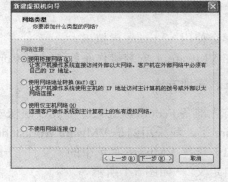

图 5-6　选择联网方式

图 5-7　选择硬盘接口

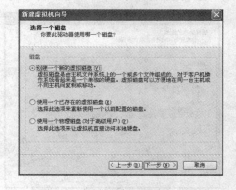

图 5-8　创建一个新的虚拟磁盘

（9）设置磁盘大小，建议 6GB 以上。两个复选框，第一个是立即分配磁盘空间，建议不选（就是说立即把你硬盘上的 6GB 空间划分出来，如果不选，则随着数据的写入慢慢增大），第二个是针对非 NTFS 格式的分区，把文件划分为一个 2GB，如图 5-9 所示。

（10）设置虚拟磁盘文件名，完成创建，如图 5-10 所示。

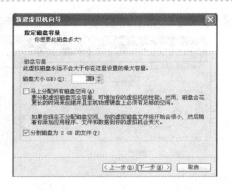

图 5-9　设置虚拟磁盘总空间的大小

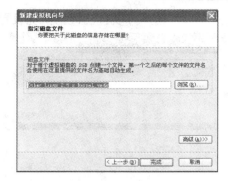

图 5-10　指定磁盘文件

（11）右击虚拟机名称，载入安装文件 ISO 镜像，选择"CD-ROM"→"Use ISO Image"，或者使用安装光盘，如图 5-11 所示。

（12）启动虚拟机，选择第一项安装，如图 5-12 所示。

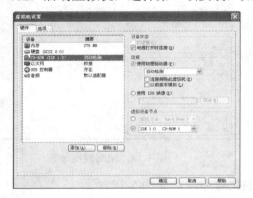

图 5-11　选择使用光驱或镜像文件

图 5-12　选择安装方式

（13）进入安装的图形界面，单击"Next"按钮，如图 5-13 所示。

（14）安装过程中的语言，选择简体中文，如图 5-14 所示。

图 5-13　安装的图形界面

图 5-14　选择简体中文

（15）选择键盘类型，我们使用的是美式键盘，如图 5-15 所示。

（16）接受默认设置即可，如果需要自己修改分区大小，选中"检验和修改分区方案"复选框，如图 5-16 所示。

（17）提示会重建分区，单击"是"按钮，如图 5-17 所示。

（18）联网方式，可以自己根据情况设置，也可以安装完后再设置，如图 5-18 所示。

图 5-15　选择适当的键盘

图 5-16　使用默认设置

图 5-17　重建分区

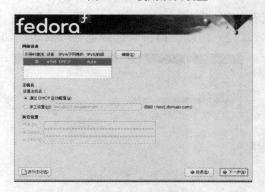

图 5-18　填写网络参数

（19）选择时区，用鼠标点地图上中国上海的位置即可，如图 5-19 所示。

（20）设置 root 用户密码，如图 5-20 所示。

图 5-19　选择时区

图 5-20　设置管理员密码

（21）设置需要安装的软件包，建议选择"现在定制"选项，如图 5-21 所示。

（22）开始安装，单击"下一步"按钮，如图 5-22 所示。

（23）分区、格式化，如图 5-23 所示。

（24）安装系统的软件包，如图 5-24 所示。

图 5-21　选择软件包

图 5-22　开始安装

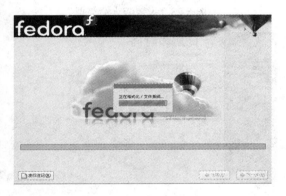

图 5-23　格式化文件系统

图 5-24　安装过程

（25）安装完成，单击"重新引导"按钮，如图 5-25 所示。

（26）需要进行几个设置，如图 5-26 所示。

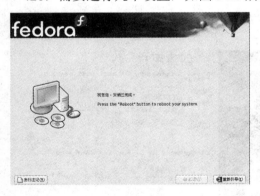

图 5-25　安装完成

图 5-26　进入基本配置界面

（27）在许可协议界面下，单击"前进"按钮，如图 5-27 所示。

（28）设置防火墙类型，如图 5-28 所示。

（29）安全防御和上面的防火墙功能，根据个人情况设置，可以进入系统更改，如图 5-29 所示。

（30）设置时间和日期，如图 5-30 所示。

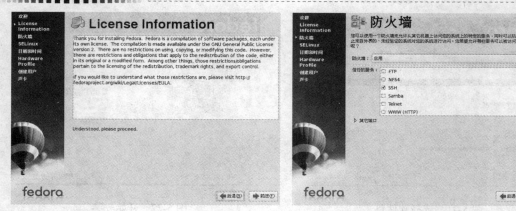

| 图 5-27　选择同意许可协议 | 图 5-28　设置防火墙类型 |

| 图 5-29　设置安全防御 | 图 5-30　设置时间和日期 |

（31）选择不发送配置文件，如图 5-31 所示。

（32）创建日常使用用户，如图 5-32 所示。

| 图 5-31　不发送配置文件 | 图 5-32　创建一个普通用户 |

（33）设置声卡，如图 5-33 所示。

（34）安装完毕后登录，进入系统，如图 5-34 所示。

图 5-33　设置声卡　　　　　　　　　　图 5-34　进入安装后的系统

四、实训总结

本次实训第一步要准备好 Fedora 的 ISO 镜像文件。

安装虚拟操作系统前要先安装 VMWorkstation 虚拟机软件。

任务二　Linux 用户和组管理

一、实训目的

熟悉掌握 Linux 操作系统中用户和组的管理，并对其中用户和组的域信息有一定的了解，能在 Linux 下实现对用户和组的基本操作。

二、实训内容

（1）在 Linux 下创建新用户和新组。

（2）设置新用户口令，使口令失效。

（3）修改、删除用户和组及其文件。

（4）锁定和解除锁定用户。

三、实训方法

实验 1　添加用户（useradd）

（1）在系统上创建一个用户 bxs。

```
[root@lab9 root]# useradd bxs
```

运行以上命令后，/etc/passwd 中会在最后添加一行关于 bxs 的信息。使用 cat 命令查看该文件。

```
bxs:x:505:505::/home/bxs:/bin/bash
```

这 7 个域分别是"用户名：加密的口令：UID:GID:用户的全名或描述：主目录：登录 shell"。

（2）在系统上创建一个用户 nenq，并指定它的群组为 root。

```
[root@lab9 root]# useradd - g root nenq
```

实验2　设置口令

（1）使用 root 用户设置 bxs 用户的口令，注意：输入的密码不会显示出来。

```
[root@lab9 root]# passwd bxs
Changing password for user bxs
New password:
Retype new password:
Passwd:all authentication tokens updated successfully.
```

（2）查询 bxs 用户的状态。

```
[root@lab9 root]#passwd -S bxs
Password set, MDS crypt.
```

（3）先使用户 bxs 的口令失效，然后再使其生效。

```
[root@lab9 root]# passwd -l bxs
Locking password for user bxs.
passwd: Success
[root@lab9 root]# passwd -u bxs
Unlocking password for user bxs.
passwd: Success.
```

实验3　修改用户

（1）修改用户名，把用户名 student 改为 neuq。

```
[root@lab9 root]# usermod -L neuq student
```

（2）锁定 neuq 用户，使其不能登录。

```
[root@lab9 root]# usermod -L neuq
```

（3）解锁 neuq 用户账号，使其可以登录。

```
[root@lab9 root]# usermod -U neuq
```

实验4　删除用户

（1）删除用户 bxs，但是保留/home/bxs 目录。先查询用户 bxs 是否存在。

```
[root@lab9 root]# grep bxs /etc/passwd
Bxs: 505: 505: : /home/bxs: /bin/bash
```

删除用户 bxs。

```
[root@lab9 root]# userdel bxs
```

再次查询用户是否存在，无显示表示不存在。

```
[root@lab9 root] # grep bxs /etc/passwd
```

查看/home/bxs 目录是否存在。

```
[root@lab9 root]# ls -ld /home/bxs
#-d 一般与-l 一起使用，即，-ld，不显示当前目录下的文件
Drwx…… 5 bxs bxs 4096 Jan 2 03:12 /home/bxs
#显示的是/home/bxs 文件夹下的目录
```

（2）删除 bxs 用户及其主目录。

```
[root@lab9 root]# userdel  -rf  bxs
```

实验 5　添加用户组

（1）建立组账号 bxsgroup。

```
[root@lab9 root]# groupadd  bxsgroup
[root@lab9 root]# grep  bxsgroup  /etc/group
bxsgroup:x:506:
```

（2）建立系统组账号 bxssysgroup。

```
[root@lab9 root]# groupadd  -r  bxssysgroup
[root@lab9 root]# grep  bxssysgroup  /etc/group
bxssysgroup:x:101:
```

四、实训总结

用户信息中的 7 个域分别是用户名：，加密的口令：，UID：，GID：，用户的全名或描述：，主目录：，登录 shell。

掌握 usermod 命令的使用。

掌握使用到的命令的扩展命令，如 ls–l。

任务三　基本网络参数和防火墙的配置

一、实训目的

掌握网络配置过程中的各种参数，激活并使用 Telnet 服务。

二、实训内容

（1）设置网卡的 IP 地址。

（2）配置防火墙并打开相应服务的端口。

三、实训方法

实验 1　为网卡设定 IP 地址

Linux 网络设备在配置时被赋予别名，该别名由一个描述性的缩略词和一个编号组成。某种类型的第一个设备的编号为 0，其他设备依次被编号为 1，2，3 等。eth0，eth1 是以太网卡接口。它们用于大多数的以太网卡，包括许多并行端口以太网卡。为 Linux 以太网卡设定 IP 地址的方式非常灵活，可以选择适合你的方法。

使用 netconfig 命令可以设置网络设备的 IP 地址，netconfig 命令可以永久保存设置。

（1）使用方法是 netconfig ethX。使用命令 netconfig eth0 后会在命令行下弹出一个对话框，如图 5-35 所示。

（2）选择所需要的上网方式，请设置好 IP 地址，如图 5-36 所示。

（3）设置完成后重新启动网卡，并检测网络是否连通，如图 5-37 所示。

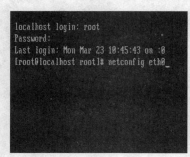  

图 5-35　配置网卡　　　　　图 5-36　设置网络参数　　　　图 5-37　重启网卡并测试网络

实验 2　配置 Linux 防火墙并打开相应的端口

（1）使用 setup 命令打开"系统配置"窗口，如图 5-38 所示。

（2）选择配置防火墙，如图 5-39 所示。

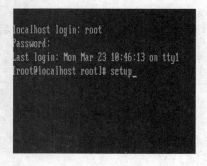 

图 5-38　打开"系统配置"窗口　　　　　图 5-39　选择防火墙配置

（3）选择配置高级中级或不配置防火墙或者自定义端口，如图 5-40 所示。

（4）选择相应的要打开的端口，如图 5-41 所示，端口号可在系统/etc/services 中进行查看。

图 5-40　配置防火墙的级别　　　　　图 5-41　打开相应的端口

四、实训总结

（1）配置网卡 IP 地址时可以使用 netconfig 命令，也可以在图形界面配置。

（2）配置防火墙，开启端口时可以使用 setup 命令，也可以在图形界面中配置。

任务四　Telnet 服务的应用

一、实训目的

使用 Telnet 服务实现远程登录。

二、实训内容

（1）在 Linux 中安装 Telnet 软件。
（2）启动并配置 Telnet 服务，开启端口。
（3）设置 Telnet 客户端。

三、实训方法

实验 1　安装 Telnet 软件包

Telnet-Client（或 Telnet）软件包提供了 Telnet 客户端程序，Telnet-Server 软件包提供了 Telnet 服务器端程序。安装之前先检测这些软件包是否已安装，方法如下：[root@lab9 root]# rpm –qa | grep telnet。

如果没有检测到软件包，需要进行安装，Red Hat Linux 9.0 默认已安装了 telnet-Client 软件包，用户只要安装 Telnet-Server 包即可。在 Red Hat Linux 9.0 的安装盘中获取 Telnet-Server-0.17-25.i386.rpm 软件包进行安装：

```
[root@lab9 root]# rpm -ivh telnet-Server-0.17-25.i386.rpm
```

实验 2　启动 Telnet 服务
（1）开启服务
开启 Telnet 服务使用 ntsysv 命令：

```
[root@lab9 root]# ntsysv
```

在出现的窗口之中，将 Telnet 前面加上"*"（按 Space 键），然后单击"确定"按钮，如图 5-42 所示。

图 5-42　选择要启动的系统服务

（2）激活服务

```
[root@lab9 root]# service xinetd restart
```

实验 3　测试 Telnet 服务（也可以在 Windows 下使用 DOS 登录）

```
[root@lab9 root]# telnet ip（或者 hostname）
```

如图 5-43 所示，如果配置正确，系统提示输入远程机器的用户名和密码，如图 5-44 所示。

图 5-43 telnet 登录   图 5-44 输入用户名和密码

实验 4 设置 Telnet 端口（登录时需要输入端口号）

```
[root@lab9 root]# vi /etc/services
```

进入编辑模式后查找如下内容：

```
telnet 23：tcp
telnet 23：udp
```

将 23 修改成未使用的端口号（如 2000），退出 vi，重启 Telnet 服务，完成端口设置。

实验 5 Telnet 服务限制

Telnet 是明文传送口令和数据的，如果对其默认的设置不满意，有必要对其服务范围进行限制。假设主机的 IP 地址是 192.168.100.4，可以按如下方式设置。

```
#vi /etc/xinetd.d/telnet
Service telnet
{
disable = no                     //激活服务
bind = 192.168.100.4             //用户 IP 地址
only_from = 192.168.100.0/24     //只允许 192.168.100.0/24 网段进入
only_from = .edu.cn              //只有教育网才能进入
no_access = 192.168.100.{115, 116}       //这两个 IP 地址的主机不可登录
access_times=8：00-12：00 20：00-23：59     //每天只有这两个时间段开放服务
……
}
```

实验 6 Telnet root 用户的进入

Telnet 不是很安全，默认的情况之下不允许 root 以 Telnet 进入 Linux 主机。若要允许 root 用户进入，使用下列方法：

```
[root@lab9 root]# vi /etc/pam.d/login
```

找到 auth required pam_securetty.so，将这一行加上注释：

```
#auth required pam_securetty.so
```

或者直接改变文件名：

```
[root@lab9 root]# mv /etc/securetty /etc/securetty.bak
```

这样，root 用户就可以直接进入 Linux 主机了。

四、实训总结

（1）实验之前需先安装 Telnet 软件。

（2）Telnet 服务的端口为 TCP：23，UDP：23。

（3）可对配置文件进行修改，限制 Telnet 访问。

任务五　DHCP 服务器的配置

一、实训目的

配置并启用 Linux 网络中的 DHCP 服务器。

二、实训内容

（1）安装 DHCP 服务器软件。

（2）备份并修改 DHCP 服务器的配置文件。

（3）激活 DHCP 服务。

（4）开启服务器端口。

（5）设置 DHCP 客户机，以获取 IP 地址。

三、实训方法

实验 1　DHCP 服务器的安装

进行 DHCP 服务器配置之前，先安装 DHCP 服务器软件，使用下面的命令：

```
[root@lab9 root]# rpm -ivh dhcp-3.opll-23.i386.rpm
```

实验 2　DHCP 的配置文件

DHCP 软件安装后，就可对其进行配置。DHCP 服务器的配置文件是/etc/dhcpd.conf，但默认情况下，此文件是不存在的，用户必须手工建立该文件。可以通过文件模板建立此文件，模板的位置是/usr/share/doc/dhcp-3.0pll/dhcpd.conf.sample。将此文件复制到"/etc"目录，并把文件名的后缀改成".conf"，使用下面的命令：

```
[root@lab9 root]#cp  /usr/share/doc/dhcp-3.opll/dhcpd.conf.sample
/etc/dhcpd.conf
```

编辑/etc/dhcpd.conf 文件：

```
[root@labo root]# vi  /etc/dhcpd.conf
```

/etc/dhcpd.conf 文件的内容如下：

```
ddns-update-style interim;              //使用过渡性（interim）动态 DNS 更新模式
ignore  client-updates;                 //忽略客户端更新
subnet  192.168.0.0  netmask  255.255.255.0//设置子网声明
# … default gateway
option routers        192.168.0.1;      //设置 DHCP 客户默认网关
option subnet-mask    255.255.255.0；    //设置 DHCP 客户的子网掩码
option nis-domain     "domain.org"；     //设置 DHCP 客户的 nis 域
```

```
option domain-name "domain.org";        //设置 DHCP 客户的 DNS 域
option domain-name-Server  192.168.1.1;      //设置 DHCP 客户的 DNS 服务器地址
option time-offset    -18000;  # Eastern Standard Time
//设置与格林威治偏离时间（秒）
#  option ntp-Servers          192.168.1.1;
#    option netbios-name-serves   192.168.1.1;
# --- Selects point-to-point node (default is hybrid).Don't change this unless
# -- you understand Netbios very well
#   option netbios-node-type 2;
range dynamic-bootp 192.168.0.128 192.168.0.255;  //设置客户端的地址池
default-lease-time 21600;                    //设置客户默认的地址租约
max-lease-time 43200;                        //设置客户最长的地址租约
host ns {
hardware ethernet 52: 54: AB: 34: 5B: 09;     //运行 DHCP 的网络接口的 MAC 地址
fixed-address 192.168.1.9;                     //对指定的 MAC 分配固定的地址
}
```

以下通过一个具体的应用来说明如何配置/etc/dhcpd.conf。该应用的具体要求如下。

（1）IP 地址的使用范围是 60.7.72.10～60.7.72.50。

（2）子网掩码：255.255.254.0。

（3）默认网关：60.7.72.1。

（4）DNS 域名服务器的地址：202.99.166.4，202.99.160.68。

按照以上要求配置/etc/dhcpd.conf 文件后，如下所示：

```
ddns-update-style interim;
ignore client-updates;
subnet 60.7.72.0 netmask 255.255.254.0 {
#…default gateway
option routers 60.7.72.1;
option subnet-mask 255.255.254.0;
option nis-domain    "bxs.neuq.edu.cn";
option domain-name   "bxs.neuq.edu.cn";
option domain-name-Server 202.99.166.4  202.99.160.68;
option time-offset    -18000;
#   option ntp-Servers          192.168.1.1;
#   option netbios-name-serves    192.168.1.1;
# --- Selects point-to-point node (default is hybrid).Don't change this unless
# -- you understand Netbios very well
#   option netbios-node-type 2;
range dynamic-bootp 60.7.72.10  60.7.72.50;
default-lease-time 21600;
max-lease-time 43200;
 host ns {
hardware ethernet 12: 34: 56: 78: AB: CD;
fixed-address 207.175.42.254;
 }
 }
```

实验 3　DHCP 服务启动停止

配置完成后，需要启动 dhcp 服务。

```
[root@lab9 root]# /etc/init.d/dhcpd  start
```

若在服务器运行时修改了/etc/dhcpd.conf 文件，则必须重新启动 dhcp 服务使修改生效：

```
[root@lab9 root]# /etc/init.d/dhcpd  restart
```

要停止 dhcpd 服务，使用命令如下：

```
[root@lab9 root]# /etc/init.d/dhcpd  stop
```

实验 4　设置 DHCP 客户机获取 IP 地址

将局域网中的一个 Windows 客户端设置为自动获取 IP 地址方式，如图 5-45 所示。该机器所获得的地址租约结果如图 5-46 所示。

图 5-45　客户端 DHCP 方式上网

图 5-46　自动获得 IP 地址

从图中获得网卡的物理地址是 00:02:A5:9C:25:97，如果想把该物理地址对应的网卡固定设为 IP 地址是 211.85.203.88，那么仅需要把上述文件中的最后一段替换为如下所示。

```
host ns {
hardware ethernet 00: 02: A5: 9C: 25: 97;
        fixed-address 211.85.203.88;
    }
```

四、实训总结

① 配置 DHCP 服务器之前要先安装 DHCP 软件。

② 修改配置文件之前要先备份。

③ DHCP 客户端要先设置，才能获取 IP 地址。

5.4　本章小结

1. Linux 网络操作系统的发展

Linux 的出现，开始于 Linus Torvalds。1990 年 0.0.1 版本的 Linux 诞生，在 1991 年 10 月

5 日发布 Linux0.0.2 版本。到 1993 年年底、1994 年年初，Linux1.0 终于诞生了。Linux1.0 已经是一个功能完备的操作系统，而且内核写得紧凑高效，可以充分发挥硬件的性能，在 4MB 内存的 80386 机器上也表现得非常好。Linux 具有良好的兼容性和可移植性，大约在 1.3 版本之后，开始向其他硬件平台移植。

如今很多 IT 业界的公司，如 IBM、Intel、Oracle、Infomix、Sysbase、Corel、Netscape、CA、Novell 等都宣布支持 Linux。商家的加盟弥补了纯自由软件的不足和发展障碍，Linux 迅速普及到广大计算机爱好者，并且进入商业应用。

2. Linux 网络操作系统的组成

Linux 一般由 4 个主要部分组成，分别是内核、Shell、文件系统和实用工具。

（1）Linux 内核

内核是系统的心脏，是运行程序、管理像磁盘和打印机等硬件设备的核心程序。

（2）Linux Shell

Shell 是系统的用户界面，提供了用户与内核进行交互操作的一种接口。

（3）Linux 文件系统

文件系统是文件存放在磁盘等存储设备上的组织方法，主要体现在对文件和目录的组织上。

（4）Linux 实用工具

标准的 Linux 系统都有一套称为实用工具的程序，它们是专门的程序，如编辑器、执行标准的计算机操作等。

3. Linux 网络操作系统的特性

Linux 包含了 UNIX 的全部功能和特性。简单地说，Linux 具有以下主要特性。

（1）开放性。

（2）多用户。

（3）多任务。

（4）良好的用户界面。

（5）设备独立性。

（6）提供了丰富的网络功能。

（7）可靠的系统安全性。

（8）良好的可移植性。

4. Linux 的主流发行版本

（1）Red Hat

目前 Red Hat 分为两个系列：由 Red Hat 公司提供收费技术支持和更新的 Red Hat Enterprise Linux，以及由社区开发的免费的 Fedora Core。

（2）SUSE

SUSE 是德国最著名的 Linux 发行版，在全世界范围中也享有较高的声誉。

（3）Debian GNU/Linux

Debian GNU/Linux 是一套自由的 Linux 系统，它的开发模式和 Linux 及其他开放性源代码操作系统的精神一致，由世界各地约 500 位志愿者通过互联网合作开发而成。

（4）Ubuntu

Ubuntu 是一个完全以 Linux 为基础的操作系统，可自由获得，并提供社区和专业的支持。

习题与思考题

1. 选择题

（1）Linux 文件权限一共 10 位长度，分成四段，第三段表示的内容是（　　）。

A．文件类型 　　　　　　　　　　B．文件所有者的权限

C．文件所有者所在组的权限 　　　D．其他用户的权限

（2）若一台计算机的内存为 128MB，则交换分区的大小通常是（　　）。

A．64MB 　　　　B．128MB 　　　　C．256MB 　　　　D．512MB

（3）Linux 文件系统的文件都按其作用分门别类地放在相关的目录中，对于外部设备文件，一般应将其放在（　　）目录中。

A．/bin 　　　　　B．/etc 　　　　　C．/dev 　　　　　D．/lib

2. 简答题

（1）简述 Linux 网络操作系统的发展。

（2）简述 Linux 网络操作系统的组成。

（3）简述 Linux 网络操作系统的特性。

（4）简述 Linux 的主流发行版本。

（5）简述 Linux 操作系统的安装过程。

第6章

广域网技术

6.1 广域网概述

6.1.1 广域网的概念

广域网（Wide Area Network，WAN），有时又称为远程网，是指将分布在全国、甚至全球范围内的各种局域网、计算机、终端等互联在一起的计算机通信网络。

区分局域网和广域网的关键是网络的规模。广域网能按需要连接地理位置距离较远的许多节点，每个节点内有许多计算机。例如，广域网应能连接一个大公司散布于数千平方千米内几十个不同地点的所有计算机，另外，还必须使大规模网络的性能达到相当的水平，否则也不能称为广域网。也就是说，广域网不仅仅是连接许多计算机，它还必须有良好的性能，使得大量计算机之间能同时通信。

目前，常见的广域网有公用电话网、公用分组交换网、公用数字数据网、宽带综合业务数字网、公用帧中继网和大量的专用网。

6.1.2 广域网的特点

与覆盖范围较小的局域网相比，广域网具有以下几个特点。

（1）覆盖范围广，可达数千、甚至数万千米。

（2）数据传输速率较低，通常为几千比特每秒至几兆比特每秒。

（3）使用多种传输介质。例如，有线介质有光纤、双绞线、同轴电缆等，无线介质有微波、卫星、红外线、激光等。

（4）数据传输延时大，如卫星通信的延时可达几秒钟。

（5）数据传输质量不高，如误码率高、信号误差大等。

（6）广域网的管理、维护困难。

6.1.3 广域网的协议

OSI/RM 的 7 层协议同样适用于广域网，但广域网只涉及下面 3 层：物理层、数据链路层和网络层。图 6-1 所示给出了常用广域网协议与 OSI 参考模型之间的对应关系。

OSI 参考模型		广域网协议层次
网络层		X.25，IP 等
数据链路层	LLC 子层	LAPB，FR，X.25，HDLC 等
	MAC 子层	PPP，SDLC 等
物理层		X.21bis，RS-232C，RS-499，V.24 V.35，G.73 等

图 6-1 广域网协议与 OSI 参考模型之间的对应关系

6.1.4 广域网的构成

广域网怎样才能连接并管理许多计算机？网络自身必须是可扩展的。广域网由许多交换机组成，各台计算机就连接到交换机上。广域网中的交换机称为包交换机（Packet Switch），因为它把整个包从一个节点传送到另一个节点。从概念上说，每个包交换机是一台小型计算机，有处理器和存储器，以及用来收发包的输入/输出设备。

图 6-2 表示的是含有两种输入/输出接口的包交换机：第一种接口具有较高的速度，通过数字线路连接另一个包交换机；第二种接口具有较低的速度，用于连接一台计算机。

一组交换机互联构成广域网。一台交换机通常有多个输入/输出接口，使得它能形成多种不同的拓扑结构，连接多台计算机。例如，图 6-3 表示的是由包交换机互联而成的广域网。

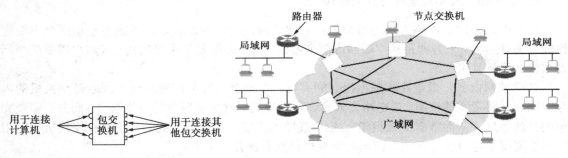

图 6-2 含有两种输入/输出接口的包交换机   图 6-3 通过包交换机互联而成的广域网

广域网不必对称——交换机间的互联和每个连接的容量都根据预期流量而定，并提供冗余以防故障。包交换机间的连接速度通常比包交换机与计算机间的连接速度快。广域网的构成可概括如下：包交换机是广域网的基本组成模块，广域网由一些互联的包交换机构成并由此连接计算机，其他的交换机可在需要时加入以扩展广域网。

6.1.5 广域网提供的服务

广域网一般最多只包含 OSI 参考模型的下三层，而且目前大部分广域网都采用存储转发方式进行数据交换，也就是说，广域网是基于报文交换或分组交换技术的。广域网中的交换机先将发送给它的数据包完整接收下来，然后经过路径选择找出一条输出线路，最后交换机将接收到的数据包发送到该线路上去，以此类推，直到将数据包发送到目的节点。

广域网可以提供面向连接和无连接两种服务模式，对应于两种服务模式，广域网有两种组网方式：虚电路（Virtual Circuit）方式和数据报（Datagram）方式。

1. 虚电路方式和数据报方式

对于采用虚电路方式的广域网，源节点在与目的节点进行通信之前，首先必须建立一条从源节点到目的节点的虚电路（逻辑连接），然后通过该虚电路进行数据传送，最后当数据传输结束时，释放该虚电路。在虚电路方式中，每个交换机都维持一个虚电路表，用于记录经过该交换机的所有虚电路的情况，每条虚电路占据其中的一项。在虚电路方式中，其数据报文头必须包含一个虚电路号。

在虚电路方式中，当某台机器试图与另一台机器建立一条虚电路时，首先选择本机还未使用的虚电路号作为该虚电路的标识，同时在该机器的虚电路表中填上一项。由于每台机器（包括交换机）独立选择虚电路号，所以虚电路号仅仅具有局部意义。也就是说，报文在通过虚电路传送的过程中，报文头中的虚电路号会发生变化。一旦源节点与目的节点建立了一条虚电路，就意味着在所有交换机的虚电路表上都登记有该条虚电路的信息。当两台建立了虚电路的机器相互通信时，可以根据数据报文中的虚电路号，通过查找交换机的虚电路表而得到它的输出线路，进而将数据传送到目的端。当数据传输结束时，由任一方发送一个拆除虚电路的报文，清除沿途交换机虚电路表中的相关项。

对于采用数据报方式的广域网，交换机不必记录每条打开的虚电路，只需要用一张转发表来指明到达所有可能的目的端交换机的输出线路。由于数据报方式中每个报文都要单独寻址，因而要求每个数据报的报头包含完整的目的地址。

2. 虚电路方式和数据报方式的比较

广域网是采用虚电路方式还是数据报方式，涉及的因素比较多。下面主要从两个方面来比较这两种结构。一方面是从广域网内部来考察，另一方面是从用户的角度（用户需要广域网提供什么服务）来考察。

在广域网内部，虚电路和数据报之间有好几个需要权衡的因素。一个因素是交换机的内存空间与线路带宽的权衡。虚电路方式允许数据报文只含位数较少的虚电路号，而并不需要完整的目的地址，从而节省交换机输入/输出线路的带宽。虚电路方式的代价是在交换机中占用内存空间用于存放虚电路表，而同时交换机仍然要保存路由表。

另一个因素是虚电路建立的时间和路由选择时间的比较。在虚电路方式中，虚电路的建立需要一定的时间，这个时间主要是用于各个交换机寻找输出线路和填写虚电路表，而在数据传输过程中，报文的路由选择却比较简单，仅仅查找虚电路表即可。数据报方式不需要连接建立过程，每一个报文的路由选择单独进行。

虚电路还可以避免拥塞，原因是在建立虚电路时已经对资源进行了预先分配（如缓冲区）。而数据报广域网要实现拥塞控制就比较困难，原因是数据报广域网中的交换机不存储广域网状态。

广域网内部使用虚电路方式还是数据报方式正是对应于广域网提供给用户的服务。虚电路方式提供的是面向连接的服务；而数据报方式提供的是无连接的服务。关键在于网络要不要提供端到端的可靠服务。

虚电路服务的思路来源于传统的电信网，电信网将其用户终端（电话机）做得非常简单，而电信网负责保证可靠通信的一切措施，因而电信网的节点交换机复杂而昂贵。网络本身必须解决差错和拥塞控制问题，提供给用户完善的传输功能。虚电路的差错控制是通过在相邻交换机之间局部控制来实现的。也就是说，每个交换机发出一个报文后要启动定时器，如果在定时器超时之前没有收到下一个交换机的确认，则它必须重发数据。而拥塞避免是通过定期接收下一站交换机的"允许发送"信号来实现的。

数据报服务力求使网络在恶劣的环境下仍可工作，并使对网络的控制功能分散，因而只能要求提供尽最大努力的服务。网络最终能实现什么功能应由用户自己来决定，试图通过在网络内部进行控制来增强网络功能的做法是多余的。也就是说，即使是最好的网络也不要完全相信它。这种网络要求使用较复杂且有相当智力的计算机作为用户终端，可靠性控制最终要通过用户来实现，利用用户之间的确认机制去保证数据传输的正确性和完整性。表 6-1 给出了虚电路服务与数据报服务的对比。

表 6-1　虚电路服务与数据报服务的对比

对比的方面	虚电路服务	数据报服务
思路	可靠通信由网络来保证	可靠通信由用户主机来保证
连接的建立	必须有	不要
目的站地址	仅在连接建立阶段使用，每个分组使用短的虚电路号	每个分组都有目的站的地址
路由选择	在虚电路建立时进行，所有分组均按同一路由	每个分组独立选择路由
当路由器出故障时	所有通过出故障的路由器的虚电路均不能工作	出故障的路由器可能会丢失分组，一些路由可能发生变化
分组的顺序	总是按照发送顺序到达目的站	不一定按发送顺序到达目的站
端到端的差错处理和流量控制	由通信子网负责	由用户主机负责

OSI 在网络层采用了虚电路服务，Internet 在网络层采用了数据报服务。因特网能够发展到今天这样的规模，充分说明了在网络层提供数据报服务是非常成功的。

6.2　广域网中的路由选择机制

6.2.1　广域网中的物理地址

从连接计算机的观点来看，广域网的大多数功能都类似于局域网。每种广域网技术都定义了计算机所收发帧的明确格式，而且连到广域网上的每台计算机都有一个物理地址。当发送到另外一台计算机时，发送者必须给出目的计算机的地址。

广域网使用层次地址方案（Hierarchical Addressing Scheme），使得转发效率更高。层次地址方案把一个地址分为两部分：前一部分的二进制数表示该主机所连接的包交换机的编号；后一部分的二进制数表示所连接的包交换机的端口号或主机的编号。

图 6-4　广域网中层次地址的例子

例如，图 6-4 所示用一对十进制整数来表示一个地址，地址[1，3]是指连接在交换机 1 的 3 号端口的主机；地址[2，2]是指连接在交换机 2 的 2 号端口的主机。

6.2.2　广域网中包的转发

包交换机必须选择一条路径来转发包。如果包的目的地是一台直接相连的计算机，包交换机就将包发往该计算机。如果包的目的地是另一个包交换机上的计算机，包应通过通往该交换机的高速连接转发。要做出这种选择，包交换机就要使用包中的目的地址。

包交换机不必保存怎样到达所有可能目的地的完整信息。一个交换机仅包含为使该包最终到达目的地所应发送的下一站信息。每个交换机都有不同的下一站信息。如图 6-5 所示是在包交换网络中的下一站转发技术。

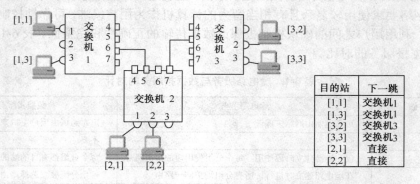

目的站	下一跳
[1,1]	交换机1
[1,3]	交换机1
[3,2]	交换机3
[3,3]	交换机3
[2,1]	直接
[2,2]	直接

（a）由三个包交换机组成的网络　　　　（b）交换机 2 中的下一站转发表

图 6-5　包交换网络中的下一站转发技术

如图 6-5 所示，下一站信息可以制成一张表，表中每一项列出了一个目的地址及对应的下一站。当转发包时，交换机检查包的目的地址，搜索与之相匹配的项，然后将该包发往表中所标出的下一站。图 6-5（b）显示了包交换机 2 是如何转发包的。当它收到目的地址为[3，2]的包后，该交换机把此包发往接口 7，而接口 7 通往交换机 3。

交换机在转发分组时，只与包的目的地址有关，与分组的源地址及分组在到达交换机之前所经过的路径无关，这就是源独立特性。如同坐火车旅行，乘客来自哪里，怎么来的，都无关紧要；只要是去同一目的地，就都乘同一趟车。

正是因为源独立特性，才使得计算机网络中的转发机制更为简洁有效，只需要一张表即可完成所有分组的路由选择，而且只需从包中提取目的地址即可。

6.2.3　层次地址和路由的关系

存储下一站信息的表通常称为路由表（Routing Table），转发一个包到下一站的过程称为路由（Routing）。两段式层次地址的优点在图 6-5 的路由表中明显地体现出来了。表中多个项具有相同的下一站，更进一步的观察表明：第一部分地址相同的目的地址会转发到同一个包交换机。因此，当转发包时，包交换机仅需检查层次地址的第一部分。当包到达目的计算机所连的包交换机时，交换机才检查第二部分地址并选择目的计算机。

仅使用层次地址的一部分来转发包有两个重要的实际意义。第一，因为路由表可用索引建立而不用搜索列表，从而减少了转发包所需的计算时间。第二，整个路由表可用目的交换机而不用目的计算机来表示，从而大大缩小了路由表的规模。规模的缩小对一个有许多计算机连接到包交换机的大型广域网而言具有实际意义。图 6-5（b）的路由表可简化为如图 6-6 所示。

6.2.4　广域网中的路由

当有另外的计算机连入时，广域网的容量必须能相应扩大。当有少量计算机加入时，可通过增加输入/输出接口硬件或更换更快的 CPU 来扩大单个交换机的容量。这些改变能适应网络小规模的扩大，更大的扩充就需要增加包交换机。这一基本概念使得建立一个具有较大可扩展性的广域网成为可能。特别是在网络内部可加入包交换机来处理负载，这样的交换机无须连接计算机。一般称这些包交换机为内部交换机（Interior Switch），而把与计算机直接连接的交换机称为外部交换机（Exterior Switch）。

为使广域网能正确地运行，内、外部交换机都必须有一张路由表，并且都能转发包。路由表中的数据必须符合以下条件。

（1）完整的路由。每个交换机的路由表必须包含所有可能目的地的下一站。

（2）路由优化。对于一个给定的目的地而言，交换机路由表中下一站的值必须是指向目的地的最短路径。

对广域网而言，最简单的方法是把它看作图来考虑，图中每个节点（Node）代表一个交换机。如果网络中一对交换机直接相连，则在图中的相应节点间有一条边（Edge）或链接（Link）。图 6-7 所示给出了一个广域网的例子和相应的图，图中每个节点对应一个交换机，两节点间的边代表对应包交换机间的连接。

目的地	下一跳
[1，anything]	交换机 1
[3，anything]	交换机 3
[2，anything]	直接

图 6-6　简化了的路由表

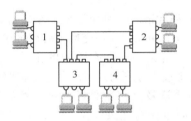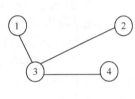

图 6-7　一个广域网的例子和相应的图

用图来表示网络是很有用的。由于图 6-7 还显示了没有相连计算机的交换机，该图就展现出网络的主要部分，而且图可用来理解和计算下一站路由。图 6-8 表示图 6-7 中各节点的路由表。

目的站	下一跳
1	直接
2	3
3	3
4	3

节点 1

目的站	下一跳
1	3
2	直接
3	3
4	3

节点 2

目的站	下一跳
1	1
2	2
3	直接
4	4

节点 3

目的站	下一跳
1	3
2	3
3	3
4	直接

节点 4

图 6-8　图 6-7 中各节点的路由表

6.2.5　默认路由的使用

图 6-8 中节点 1 的路由表体现了一个很重要的思想：虽然层次地址减小了路由表的规模，简化了的路由表中许多项仍然含有相同的下一站。为理解这种情况的产生原因，可参看图 6-7 中所表示的网络，节点 1 所对应的包交换机与其他交换机只有一个连接，所有向外的通信都通过它。结果，除了对应于自身的项，节点 1 的路由表中，其他项的下一站都是节点 3。

在较小的网络中，路由表中重复的项不多。然而，大型广域网中路由表会有数百个重复的项。这种情况下，搜索路由表会很费时。大多数广域网系统都有消除这种重复路由的机制。这种方法是用一个项来代替路由表中许多具有相同下一站的项，称为默认路由（Default Route）。

一个路由表中只有一个默认项，并且比其他项的优先级低。如果一个给定的目的地址没有明确的项对应，则将使用默认项。图 6-9 说明了用默认路由重新设计图 6-8 中路由表后的情况。如对于节点 1，由于目的地址除了节点 1 本身之外都有相同的下一站，所以表目变得简洁了，节点 3 就不用默认路由，因为每项都有唯一的下一站。

目的站	下一跳
1	直接
默认	3

目的站	下一跳
2	直接
4	4
默认	3

目的站	下一跳
1	1
2	2
3	直接
4	4

目的站	下一跳
2	2
4	直接
默认	3

节点1　　　　　　节点2　　　　　　节点3　　　　　　节点4

图 6-9　图 6-8 中使用默认路由

6.2.6　路由表的计算

虽然小型网络中可通过人工计算完成路由表计算，但对于大型网络而言却是不现实的，必须用软件来设计完成。有如下两种基本方法。

（1）静态路由（Static Routing）：包交换机启动时计算和设置路由，此后路由不再改变。

（2）动态路由（Dynamic Routing）：包交换机启动时建立初始路由，当网络变化时随时更新。

每种类型的路由都有其优缺点。静态路由的主要优点是简单，开销小；主要缺点是缺乏灵活性——静态路由不易改变。大多数网络采用动态路由，因为它能使网络自动适应变化。软件可随时监测网络中的流量及网络硬件的状态，然后根据实际情况修改路由。由于大型网络为应付偶发的硬件故障而设计有冗余连接，所以大多数大型网络采用动态路由。

6.3　帧　中　继

6.3.1　帧中继概述

帧中继（Frame Relay，FR）技术是在分组技术充分发展，数字与光纤传输线路逐渐替代已有的模拟线路，用户终端日益智能化的条件下诞生并发展起来的，称为第二代 X.25。随着通信技术的不断发展，特别是光纤通信的广泛使用，通信线路的传输率越来越高，而误码率却越来越低。为了提高网络的传输率，帧中继技术省去了 X.25 分组交换网中的差错控制和流量控制功能，这就意味着帧中继网在传送数据时可以使用更简单的通信协议，而把某些工作留给用户端去完成，这样使得帧中继网的性能优于 X.25 网。

帧中继技术只提供最简单的通信处理功能，如帧开始和帧结束的确定及帧传输差错检查。当帧中继交换机接收到一个损坏帧时只是将其丢弃，帧中继技术不提供确认和流量控制机制。由于帧中继网对差错帧不进行纠正，简化了协议，因此，帧中继交换机处理数据帧所需的时间大大缩短。当帧中继交换机接到一个帧的首部时，只要一查出帧的目的地址就立即转发该帧，这种传输帧的方式又称为 X.25 的流水线方式。因此，在帧中继网络中，一个帧的处理时间比 X.25 网约减少一个数量级，帧中继网的吞吐量要比 X.25 网提高一个数量级以上。帧中继网还提供一套完备的带宽管理和拥塞控制机制，在带宽动态分配上比 X.25 网更具优势。

6.3.2　帧中继提供的服务

帧中继网络向上提供面向连接的虚电路服务。帧中继的逻辑连接的复用和交换是在第二层处理，而不是像 X.25 在第三层处理。帧中继网络通常为相隔较远的一些局域网提供链路层的永久虚电路服务，它的好处是在通信时可省去建立连接的过程，可以把帧中继看做一条虚拟专线。用户可以在两节点之间租用一条永久虚电路并通过该虚电路发送数据帧，用户也可以在多个节点之间通过租用多条永久虚电路进行通信。如图 6-10 所示，帧中继网络中有 4 个帧中继交换机，帧中继网与局域网相连的交换机相当于 DCE，与帧中继网络相连的路由器相当于 DTE，对两端的用户来说，帧中继网络提供的虚电路就好像在这两个用户之间有一条直通的专用线路。

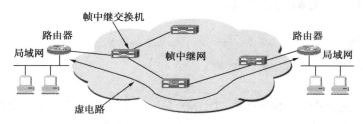

图 6-10　帧中继网络提供的虚电路服务

6.3.3　帧中继的层次结构和帧格式

帧中继在用户—网络接口（UNI）之间提供用户数据的双向传送，并保持原顺序不变。用户数据以帧为单位在网络内传送，用户—网络接口之间以虚电路进行连接。帧中继的层次结构如图 6-11 所示。帧中继对应于 OSI 参考模型底下面 2 层，提供物理层和数据链路层的规格参数。帧中继的有关标准在 ITU-T 的 I 系列和 Q 系列建议书中有详细的规定。物理层使用 I.430/I.431 建议，数据链路层使用 Q.922 协议的“核心”协议。数据链路层协议 LAPD 提供了全部数据链路服务，包括差错控制和寻址，该协议能在数据链路层实现链路的复用和转接，故称为帧中继，而 X.25 要在网络层实现复用和转接。数据链路层帧格式由 ITU-T 建议 Q.922 中的 LAPF 核心协议定义。LAPF 帧格式如图 6-12 所示。

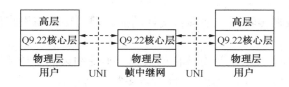

图 6-11　帧中继的层次结构

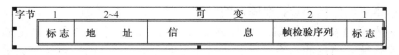

字节	1	2~4	可　　　变	2	1
	标　志	地　　　址	信　　　　　　息	帧检验序列	标　志

图 6-12　LAPF 帧格式

6.3.4　帧中继网络的工作过程

用户在局域网上传送的 MAC 帧传到与帧中继网络相连接的路由器。路由器剥去 MAC 帧的首部，将 IP 数据报交给路由器的网络层。网络层再将 IP 数据报传给帧中继接口卡。帧中继接口卡把 IP 数据报封装到帧中继帧的信息字段。加上帧中继帧的首部，进行 CRC 检验后，加上帧中继帧的尾部，就构成了帧中继帧。帧中继接口卡将封装好的帧通过向电信公司租来的专线发送给帧中继网络中的帧中继交换机。帧中继交换机收到帧中继帧就按地址字段中的虚电路号转发帧。目的主机若发现有差错，则报告上层的 TCP 协议处理。即使 TCP 协议对有错误的数据进行了重传，帧中继网也仍然当做是新的帧中继帧来传送，而并不知道这是重传的数据。

6.4 数字数据网（DDN）

6.4.1 DDN 概述

1. 定义

数字数据网（Digital Data Network，DDN）是一种利用数字信道提供数据通信的传输网。DDN 的传输介质主要有光纤、数字微波、卫星信道等。DDN 采用了计算机管理的数字交叉连接（DXC、Data、Cross Connection）技术，为用户提供半永久性连接电路，即 DDN 提供的信道是非交换、用户独占的永久虚电路。一旦用户提出申请，网络管理员便可以通过软件命令改变用户专线的路由或专网结构，而无须经过物理线路的改造扩建工程，因此，DDN 极易根据用户的需要，在约定的时间内接通所需带宽的线路。

DDN 为用户提供的基本业务是点到点的专线。从用户角度来看，租用一条点到点的专线就是租用了一条高质量、高带宽的数字信道。用户在 DDN 上租用一条点到点数字专线与租用一条电话专线十分类似。DDN 专线与电话专线的区别在于：电话专线是固定的物理连接，而且电话专线是模拟信道，带宽窄、质量差、数据传输率低；而 DDN 专线是半固定连接，其数据传输率和路由可随时根据需要申请改变。另外，DDN 专线是数字信道，其质量高、带宽宽，并且采用热冗余技术，具有路由故障自动迂回功能。

DDN 有四个组成部分：数字通道、DDN 节点、网管控制和用户环路。

2. 特点

（1）DDN 是同步数据传输网，不具备交换功能。但可根据与用户所订协议，定时接通所需路由（半永久性连接）。

（2）DDN 为全透明网。DDN 是支持任何规程、不受约束的全透明网，可支持网络层及其上的任何协议，从而可满足数据、图像、声音等多种业务的需要。

（3）传输速率高，网络时延小。由于 DDN 采用了同步转移模式的数字时分复用技术，用户数据信息根据事先约定的协议，在固定的时隙以预先设定的通道带宽和速率，顺序传输，这样只需按时隙识别通道就可以准确地将数据信息送到目的终端。由于信息是顺序到达目的终端，免去了目的终端对信息的重组，因此，减小了时延。目前 DDN 可达到的最高传输速率为155Mbps，平均时延于不大于 450μs。

（4）传输质量高，数据信息传输全程采用数字方式。

（5）网络运行管理简便。DDN 将检错和纠错功能放到智能化较高的终端来完成，因而简化了网络运行管理和监控内容，也为用户参与网络管理创造了条件。

3. DDN 业务

DDN 网络业务分为 TDM 专用电路、帧中继和语音/G3 传真三类业务。

TDM 专用电路业务是 DDN 提供的最基本业务。它是通过 DDN 节点内的时分复用交叉连接功能来实现的，向用户提供中、高速率，高质量的点到点和点到多点的数字专用电路。对用户而言，专用电路是确定带宽的透明传输电路。帧中继业务是在 DDN 节点上引入帧中继服务模块（FRM）来实现的，提供永久性虚电路（PVC）连接方式的帧中继业务。语音/G3 传真业务是通过在语音/G3 传真业务用户入网处引入话音服务模块（VSM）来实现的，在 VSM 之间，DDN 网络提供端到端的全数字连接，即中间需要引入模/数转换部件。在 DDN 上，帧中继业务和语音/G3 传真业务均可看做是在专用电路业务基础上的增值业务。对语音/G3 传真业务可由网络增值，也可由用户增值。

6.4.2 用户接入方式

用户接入方式大体上分为用户终端设备接入 DDN 方式和用户网络与 DDN 互联方式两种。

1. 用户终端设备接入 DDN

用户终端可以是一般的异步终端、计算机或图像设备，也可以是电话机或传真机，它们接入 DDN 的方式依其接口速率和传输距离而定。一般情况下，用户终端设备和 DDN 网络设备相隔一定的距离，为了保证传输质量，需要借助辅助手段，如调制解调器和用户集中器等。

（1）通过调制解调器接入 DDN

这种接入方式在数据通信领域应用最为广泛，在模拟专用网和电话网上开放的数据业务都是采用这种方式。随着技术的发展，调制解调器所支持的速率越来越高，不仅能满足 ITU-TV.24、G.703（64kbps）、V.35 和 X.21 建议所能支持的接口速率，而且能支持 G.703（2048kbps）的高速率，如图 6-13 所示。

（2）通过 DDN 的数据终端设备接入 DDN

这种方式是用户直接利用 DDN 提供的数据终端设备接入 DDN，而无须增加单独的调制解调器。DDN 数据终端设备接口标准符合 ITU-TV.24、V.35 和 X.21 建议，接口速率范围为 2.4～128kbps，如图 6-14 所示。在这种方式中，DDN 网关中心能够对其所属的数据终端设备进行远程系统配置、参数修改和日常维护管理，找出设备本身或线路的故障，提高系统的可靠性。

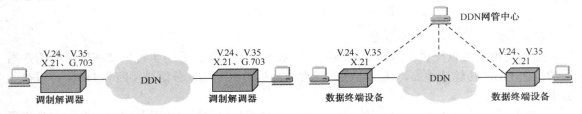

图 6-13　通过调制解调器接入 DDN　　　　图 6-14　通过数据终端设备接入 DDN

（3）通过用户集中设备接入 DDN

这种方式适合于用户数据接口需要大量或用户已具备用户集中设备的情况。用户集中设备可以是零次群复用设备，也可以是 DDN 所提供的小型复用器。

2. 用户网络与 DDN 互联

DDN 作为一种数据业务的承载网络不仅可以实现用户终端的接入，而且可以满足用户网络的互联，扩大信息的应用范围。用户网络可以是局域网、专用数据数字网、分组交换网及其他用户网络。

（1）局域网利用 DDN 互联

局域网利用 DDN 互联可通过网桥或路由器等设备，其互联接口采用 ITU-T G.703 或 V.35、X.21 标准，这种连接本质上是局域网与局域网的互联，如图 6-15 所示。

图 6-15　局域网通过 DDN 互联

网桥将一个网络上接收的报文存储、转发到其他网络上，由 DDN 实现局域网之间的互联。网桥的作用就是把 LAN 在链路层上进行协议的转换，从而使之连接起来。

路由器具有网际路由功能，通过路由选择转发不同子网的报文，通过路由器 DDN 可实现多个局域网互联。

（2）专用 DDN 与公用 DDN 互联

专用 DDN 与公用 DDN 在本质上没有什么不同，它是公用 DDN 的有益补充。专用 DDN 覆盖的地理区域有限，一般为某单一组织所专有，结构简单，由专网单位自行管理。由于专用 DDN 的局限性，其功能实现、数据交流的广度都不如公用 DDN，所以，专用 DDN 与公用 DDN 互联有深远的意义。

专用 DDN 与公用 DDN 互联有不同的方式，可以采用 V.24、V.35、X.21 标准，也可以采用 G.703 2048kbps 标准，如图 6-16 所示。具体互联时对信道的传输速率、接口标准及所经路由等方面的要求可按专用 DDN 需要确定。由于 DDN 采用同步方式工作，为保证网络的正常工作，专用 DDN 应从公用 DDN 获取时钟同步信号。

图 6-16　专用 DDN 与公用 DDN 的互联

（3）分组交换网与 DDN 互联

分组交换网可以提供不同速率、高质量的数据通信业务，适用于短报文和低密度的数据通信；而 DDN 传输速率高，适用于实时性要求高的数据通信，分组交换网和 DDN 可以在业务上进行互补。

DDN 不仅可以给分组交换网的远程用户提供数据传输通道，而且还可以为分组交换机局间中继线提供传输通道，为分组交换机互联提供良好的条件。DDN 与分组交换网的互联接口标准采用 G.703 或 V.35，如图 6-17 所示。

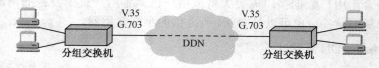

图 6-17　分组交换机通过 DDN 互联

6.5 非对称数字用户线（ADSL）

6.5.1 ADSL 概述

1. 定义

ADSL（Asymmetrical Digital Subscriber Line，非对称数字用户线）是 xDSL 家族成员中的一员，它以普通电话线和 3 类/5 类线等铜质双绞线作为传输媒质。由于它采用了全新的数字调制解调技术，因而带宽比 Modem 和 ISDN 高得多。ADSL 使用普通电话线，只需在普通直线电话两端安装相应的 ADSL 终端设备就可享受宽带技术，原有电话线路无须改造，安装便捷，使用简便。

ADSL 为用户提供上、下行非对称的传输速率。上行（从用户到网络）速率可达 1Mbps，下行（从网络到用户）速率更高达 8Mbps，充分满足了目前所有的宽带业务对带宽的要求。ADSL 的双向速率不对称性，完全符合用户使用互联网的业务特性——"下载的多，上传的少"，非常适合高速上网和视频服务等宽带业务应用。

ADSL 和传统的调制解调器与 ISDN 一样，也是使用电话网作为传输媒介。当在一对电话线的两端分别安置一个 ADSL 设备时，利用现代分频和编码调制技术，就能够在这段电话线上产生三个信息的通道：一个速率为 1.5～9Mbps 的高速下行通道，用于用户下载信息；一个速率为 16kbps～1Mbps 的中速双工通道，用于 ADSL 控制信号的传输和上行的信息；一个普通的电话服务通道；且这三个通道可以同时工作。也就是说，它能够在现有的电话线上获得最大的数据传输能力，这样用户在一条电话线上既可以上网，还可以打电话发送传真。具体工作流程：经 ADSL Modem 编码后的信号通过电话线传到电话局后再通过一个信号识别/分离器，如果是语音信号就传到电话交换机上，如果是数字信号就接入 Internet。

2. 特点

（1）连接速率高：ADSL 支持的常用下行速率高达 8Mbps，是普通 56K 调制解调器的 150倍，上行也达 1Mbps。

（2）性能稳定：由于 ADSL 采用自适应信道的调制方式，在一段频率内选出若干不受干扰效果最好的频点，而且当某一频点被干扰后会自动跳到其他频点，因而很少"掉线"。

（3）接入速度快：由于 ADSL 是一种"专线"方式，一个用户的网络资源是独占的，虚拟拨号只是一种计费手段，因此，再也不会出现普通电话或 ISDN 用户那种想上网却发现拨不上去的现象。

（4）应用丰富多彩：一方面，由于 ADSL 终端设备价格低廉，种类丰富，能够满足从家庭个人上网到中小企业接入互联网的各种应用；另一方面，由于 ADSL 技术基于 ATM 技术开发，因此，它不但适合各种非实时网络应用，还适合对网络 QoS 要求非常高的视频/音频应用，为视频点播、远程医疗、教育、娱乐开辟了广阔的空间。

（5）价格低廉：由于 ADSL 上网不通过电话交换机，因此，不产生电话费，只需交纳一定数量的上网费。

6.5.2 ADSL 接入

ADSL 接入时的设备安装包括局端线路调整和用户端设备安装。局端线路的调整主要是将用户原有的电话线路，在电信局一端接入 ADSL 的局端设备，目前由服务商将用户原有的电话线中接入 ADSL 局端设备；用户端的 ADSL 安装，只要将电话线连上滤波器，滤波器与 ADSL MODEM 之间用一条两芯电话线连上，ADSL MODEM 与计算机的网卡之间用一条交叉网线连通即可完成硬件安装，再将 TCP/IP 协议中的 IP、DNS 和网关参数项设置好，便完成了安装工作。ADSL 的使用就更加简易了，由于 ADSL 不需要拨号，一直在线，用户只需接上 ADSL 电源便可以享受高速网上冲浪的服务了，而且可以同时打电话。

1. 单机接入

单机采用 ADSL Modem 接入 Internet 时，有两种方案：一是使用 PCI 接口的 ADSL Modem；二是对于移动用户，最好使用 USB 接口的 ADSL Modem，如图 6-18 所示。

2. 局域网接入

局域网用户的 ADSL 安装与单机用户没有很大区别，只需再加多一个集线器，用直连网线将集线器与 ADSL Modem 连起来就可以了，如图 6-19 所示。

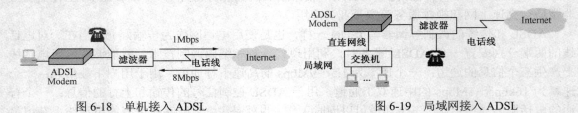

图 6-18　单机接入 ADSL　　　　　　图 6-19　局域网接入 ADSL

6.6　异步转移模式（ATM）

6.6.1　ATM 概述

与 SDH（Synchronous Digital Hierarchy，同步数字体系）一样，ATM（Asynchronous Transfer Mode，异步转移模式）也是基础的网络宽带技术之一。ATM 是一种简化的面向连接的高速分组交换，它采用信元（Cell）作为交换单位，信元实际上是一种固定长度的分组，所以也是一种分组交换，从面向连接这一要求来看又具有某些电路交换的特征，但更重要的是要在操作规则上做大量简化，才能实现高速处理。ATM 是目前国际上统一的一种用于宽带网内传输、复用和交换信元的技术，是为支持高质量的语音、图像、高速数据等综合服务而设计的，它本身不属于网络结构，只是一种适用于宽带网的传递模式，802.bDQDB（双队列双总线）建议与 ATM 是各自独立开发的，但现在已用来作为达到 ATM 和 B-ISDN（宽带综合业务数字网）结合的引导。

6.6.2　ATM 参考模型

ATM 的协议参考模型共有三层，大体上对应于 OSI 的最低两层。分为物理层、ATM 层、适配层 ATM（AAL 层），如图 6-20 所示。

（1）物理层，定义了如何将比特放在发送端的电缆上，

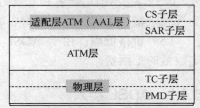

图 6-20　ATM 参考模型

以及如何在接收端将它们删除。

（2）ATM 层，处理信元多路复用不同的"家务事"。

（3）适配层 ATM（AAL 层），定义子层协议，这些协议用于形成 53 字节信元中各种各样的更高层的通信。

6.6.3 信元格式

ATM 信元长度为 53 字节，包括一个 48 字节的有效负载和 5 字节的头。在 ATM 层，有两个接口是非常重要的，即用户—网络接口 UNI（User-Network Interface）和网络—网络接口 NNI（Network-Network Interface）。前者定义了主机和 ATM 网络之间的边界（在很多情况下是在客户和载体之间），后者应用于两台 ATM 交换机（ATM 意义上的路由器）之间。因此，ATM 信元有两种不同的首部，ATM 信元格式如图 6-21 所示。

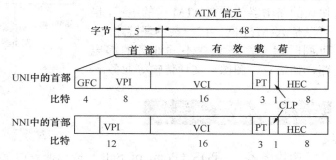

图 6-21　ATM 信元格式

6.6.4 ATM 的特点

ATM 能够以非常快的速度传输各种各样的信息，它采用的方法是将数据划分为多个等大小的信元，并给这些信元附上一个头以保证每一个信元能够发送到目的地。这种 ATM 信元结构能够传输声音、视频及数据。

由于 ATM 是一个基于交换的技术，所以它能够很容易地伸缩。当通信负载增加或者当网络大量增加时，只要给网络添加更多的 ATM 交换机就可以了。ATM 物理链接对许多电缆类型都能够进行操作，包括双绞线、同轴电缆，以及多模式和单模式的光纤电缆（对每一种电缆而言，都具备适当的速度）。可用的 ATM 传输速度是 25Mbps、51Mbps、155Mbps、622Mbps、1.2Gbps 及 2.4Gbps。比较低的速度，622Mbps 及以下，用于 LAN；而 622Mbps 以上的速度是用于 WAN 的。

ATM 的主要优点有以下四项：

（1）选择固定长度的短信元作为信息传输的单位，有利于宽带高速交换。

（2）能支持不同速率的各种业务。

（3）所有信息在最低层是以面向连接的方式传送，保持了电路交换在实时性和服务质量方面的优点。

（4）ATM 使用光纤信道传输。由于光纤信道的误码率极低，且容量很大，因此，在 ATM 网内不必在数据链路层进行差错控制和流量控制（放在高层处理），因而明显地提高了信元在网络中的传送速率。

ATM 的主要缺点有以下四项：

（1）ATM 的一个明显缺点就是信元首部的开销太大，即 5 字节的信元首部在整个 53 字节的信元中所占的比例相当大。

（2）ATM 的技术复杂且价格较高。

（3）ATM 能够直接支持的应用不多。

（4）10 千兆位以太网的问世，进一步削弱了 ATM 在因特网高速主干网领域的竞争能力。

6.6.5 入网方式

ATM 是面向连接方式，在主叫与被叫之间先建立一条连接，同时分配一个虚通路，将来自不同信息源的信元汇集到一起，在缓冲器内排队，队列中的信元根据到达的先后按优先等级逐个输出到传输线路上，形成首尾相接的信元流。具有同样标志的信元在传输线上并不对应着某个固定的时隙，也不是按周期出现的。异步时分复用使 ATM 具有很大的灵活性，任何业务都按实际信息量来占用资源，使网络资源得到最大限度的利用。

图 6-22 所示是 ATM 的一般入网方式，与网络直接相连的可以是支持 ATM 协议的路由器或装有 ATM 卡的主机，也可以是 ATM 子网。在一条物理链路上，可同时建立多条承载不同业务的虚电路，如语音、图像、文件传输等业务。

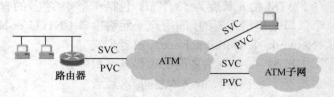

图 6-22　ATM 的一般入网方式

6.7　销售终端系统

销售终端——POS（Point of Sale）是一种多功能终端，全称为销售点情报管理系统。把它安装在信用卡的特约商户和受理网点中与计算机联成网络，就能实现电子资金自动转账，它具有支持消费、预授权、余额查询和转帐等功能，使用起来安全、快捷、可靠。

6.7.1　POS 的功能

（1）具有以太网通信功能，通过 ADSL 宽带构成总、分店网络即时管理系统。

（2）具有支持商品条形码扫描、超市票据打印、顾客显示屏、自动控制钱箱，使用该系统可以方便地进行进、销、存及收银的管理，提高销售效率和服务档次的能力。

（3）具有将数据实时采集并分析、处理成可供决策层制订销售策略的数据、报表或图形从而提高管理水平、降低经营成本、提高市场竞争能力。

（4）具有对客户信息包括客户个人信息、购物历史等进行收集从而能够以此来分析客户的购物偏好和习惯，并为一线管理者制定销售策略提供事实依据，实现由数据到决策的转换能力。

6.7.2　POS 的分类

1. 按通信方式分类

（1）固定 POS 机

这种方式需要连线操作，客人需要到收银台付账。适用一体化改造项目的商户。

（2）无线 POS 机

无线操作，付款地点形式自由；但通信信号不稳定，数据易丢失、成本高，适用到客人住所收款的商户类型。

2. 按打印方式分类

（1）热敏 POS 机

这种方式打印速度快、打印时无噪声、耗材成本低。但签购单保存年限短，易受环境影响。适用于一般商户类型。

（2）针打 POS 机

签购单保存年限长，不易受环境影响 。但打印噪声大，耗材成较高。适用于一般商户类型。

（3）套打 POS 机

签购单保存年限长，不易受环境影响，外观比较美观。但耗材成本最高；打印速度慢。适用于宾馆、酒店、百货等大型商户。

3. 按机型分类

（1）手持 POS 机。体积较小，移动方便，能以单键快速操作。

（2）台式 POS 机。体积较手持 POS 机大，功能比手持 POS 机齐全。

（3）移动手机 POS 机：按操作方式分类分为手机外置设备刷卡机和手机专用 POS 机。

手机外置设备刷卡机随身携带方便、体积小、成本低。但需外置设备、数据传输慢、到账时间慢、刷卡限额低。

手机专用 POS 机不需外置设备、方便、随身携带、能够跨行转账、到账时间快、刷卡限额大、安全性能高；但无打印账单功能、成本高。

4. 按磁卡性能分类

（1）刷磁卡 POS 机。磁卡成本低廉，易于使用，便于管理，但磁卡安全性隐患日益凸显。

（2）刷接触 IC 卡 POS 机。长时间接触，容易造成 IC 卡接触不良，不易读出数据。

（3）刷非接触 IC 卡 POS 机。IC 卡与磁卡的区别在于数据存储的媒体不同，IC 卡的存储容量大，安全保密性高，CPU 卡具有数据处理能力且使用寿命长的特点。

5. 按用途分类

（1）金融类 POS 机。主要用于银联商务体系、各商业银行、各地信用合作社等银行系统。

（2）非金融类。POS 机可广泛适用于各种规模、各种类型的会员、连锁、加盟店；餐饮娱乐企业，汽车养护中心、化妆品专卖店、旅游景点等领域。

6. 按用户分类

（1）对公 POS 机：对公取钱是在银行排队填资料取钱，费率高，与对公账户对应，办理手续复杂。

（2）对私 POS 机：对私取钱可在自动取款机上取钱，费率低，与个人账户对应，办理手续简单。

6.7.3 POS 的工作原理

POS 机是通过读卡器读取银行卡上的持卡人磁条信息，由 POS 操作人员输入交易金额，持卡人输入个人识别信息（密码），POS 把这些信息通过银联中心，上送发卡银行系统，完成联机交易，给出成功与否的信息，并打印相应的票据。POS 的应用实现了信用卡、借记卡等银行卡的联机消费，保证了交易的安全、快捷和准确，避免了手工查询黑名单和压单等繁杂劳动，提高了工作效率。磁条卡模块的设计要求满足三磁道磁卡的需要，即此模块要能阅读 1/2、2/3、1/2/3 磁道的磁卡。通信接口电路通常由 RS232 接口、PINPAD 接口、IRDA 接口和 RS485

等接口电路组成。RS232 接口通常为 POS 程序下载口，PINPAD 接口通常为主机和密码键盘的接口，IRDA 接口通常为手机和座机的红外通讯接口。接口信号通常都是由一个发送信号、一个接收信号和电源信号组成。Modem 板由中央处理模块、存储器模块、Modem 模块、电话线接口组成。首先，POS 会先检测/RING 和/PHONE 信号，以确定电话线上的电压是否可以使用，交换机返回可以拨号音，POS 拨号，发送灯闪动，开始拨号，由通讯协议确定交换机和 POS 之间的信号握手确认等，之后才开始 POS 的数据交换，信号通过 Modem 电路收发信号；完成后挂断，结束该过程。

POS 机是采用 PSTN（Public Switched Telephone Network）技术实现网络互联的。PSTN 公共交换电话网络，即我们日常生活中常用的电话网。工作原理也是一种全球语音通信电路交换网络，包括商业的和政府拥有的。是一种以模拟技术为基础的电路交换网络。在众多的广域网互连技术中，通过 PSTN 进行互连所要求的通信费用最低，但其数据传输质量及传输速度也最差，同时 PSTN 的网络资源利用率也比较低，如图 6-23 所示。

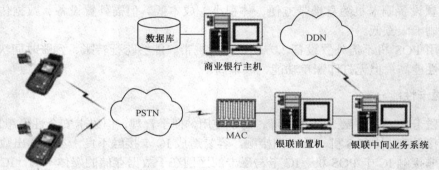

图 6-23　POS 的工作原理图

6.7.4　POS 的使用

1. POS 的基本组成

在基本构成上 POS 机主要由主机、键盘、显示器、票据打印机、钱箱、顾客显示屏、条码阅读器、刷卡槽等部分组成，如图 6-24 所示。其中前三部分相当于一台计算机决定着 POS 机的质量稳定性，是 POS 机的核心，剩余部分则属于外围设备具有一定的独立性。

（1）收款机键盘

① 收款机基本键：数字键（0～9 数字）、运算键、促销控制键（折扣）、付款方式键（现金、支票、外币、信用卡、礼券等）、取消/更正键、交易结束键（小计、合计）等。

② 收款机功能键：部门分类键、锁定密码键、税率计算键、币值交换键、报表打印键、自由设定键等。一般键盘约有 35 个键，键盘的右上角有一个钥匙插孔，通常分为 0～3 挡，每挡有不同的设置，如 0 挡为关闭状态挡，1 挡为收银员挡，2 挡为操作员/收银主管挡，3 挡为计算机部挡。

图 6-24　POS 机

（2）顾客显示器：面向顾客显示交易的商品品名、价格、总额等信息的仪器。一般可以旋转，通常顾客显示器最多可显示两排字符，显示语种有英文、中文、拼音，处于收款状态显示的字体颜色通常有绿色、红色、黄色等，但没有商品录入之前，顾客显示器没有任何显示。录入商品之后，顾客显示器应该显示商品的数量及单价。在按"总计"键以后，顾客显示器上显示商品总价。在输入顾客所付现金并按"现金"键以后，顾客显示器显示找零金额。在关闭状态，顾客显示器上显示"欢迎光临"。

（3）微型票据打印机：用于打印交易文字票据的机器，通常每一台主机配置两台打印机，同时自动打印票据，一份留底、一份给顾客，或一台打印机打印一式两份的票据。打印机打印的票据内容通常有店名、时间、交易号、收银机号码、商品品名、数量、单价、总价、商品编码或商品条码，以及收款金额、找零金额等。将销售清单固定在打印机送纸器上，按"进纸"键，打印机自动进纸，在等打印机停止进纸后，连击"进纸"键几次，将纸上好。

（4）PC 的主机与显示器：PC 的主机、CPU 内存、2～4MB 硬盘、记忆卡、显示卡、网卡、显示器。

（5）收银钱箱：与收款机相连、用来存放现金的扁形金属柜，有电子锁，开关由"收款"键控制。柜中有若干小格和夹子。

2．POS 的使用

（1）当一个顾客需要通过 POS 机进行支付时，POS 机持有者需要在 POS 机上对交易的信息进行基本的设置，例如，消费的名目、交易的总金额、商家的单位等基本信息。

（2）设置完成后，即可将顾客的信用卡或银行卡在 POS 机上进行刷卡，由顾客在密码输入键盘确认消费金额和输入信用卡支付密码后按"确认"键。

（3）确认后，POS 机将读取的输入信息数据通过数据线（通常是电话线或网络接口）发送到银行处理系统或第三方支付平台进行交易信息的最终处理。

（4）银行处理系统获第三方支付平台在收到 POS 机的信息数据后，即按接受到的交易处理数据，将从刷卡人的银行账户中扣去相应的消费款项到 POS 机绑定的商户上获第三方支付平台，至此，POS 机支付交易算初步完成。

总的来说，POS 机的运用使得商业经营者在投资不大的基础上迅速、准确、全面地掌握商品流通过程中的数据，从而为其在市场调查、内部管理、决策咨询等方面提供了极大便利。在商业经营者需求与科技发展的双重驱动下，相信 POS 机在未来将会给人们带来更多惊喜。

6.8　同步数字体系

6.8.1　SDH 的基本概念

1．SDH 的定义

SDH 是 Synchronous Digital Hierarchy 的缩写，全称为同步数字体系，根据国际电信联盟远端通讯标准化组（ITU-T）的建议定义，是不同速度的数位信号的传输提供相应等级的信息结构，包括复用方法和映射方法，以及相关的同步方法组成的一个技术体制。

SDH 是一套可进行同步信息传输、复用、分插和交叉连接的标准化数字信号结构等级，在传输媒质上（如光纤、微波等）进行同步信号的传送。它规范了数字信号的帧结构、复用方式、传输速率等级、接口码型等特性，提供了一个在国际上得到支持的框架，在此基础上就可以发展并建成一种灵活、可靠、便于管理的世界电信传输网。这种未来的传输网扩展容易，适用于新的电信业务的开发，并且使不同厂家生产的设备之间进行互通成为可能，这正是网络建设者长期以来所一直期望的。

2. SDH 的产生背景

自 20 世纪 80 年代中期以来，光纤通信在电信网中获得了广泛的应用。光纤通信优良的宽带特性、传输性能和低廉的价格正使它成为电信网的主要传输手段。在 SDH 得到应用前，传输系统应用的是准同步数字体系 PDH。它是一种采用比特填充和码位交织把低速率等级的信号复合成高速信号的一种复用技术，它能够独立传送国内长途和市话网业务，如果扩容，也只需要增加新的 PDH 设备就行了。但是，随着电信网的发展和用户要求的提高，逐渐暴露出了 PDH 体制一些固有的弱点，如标准不统一、复用结构复杂、缺乏强大的网络管理功能等。

为了克服这些弱点，国际电话电报咨询委员会（CCITT，现 ITU-T）以美国 AT&T 公司提出的同步光纤网（SONET）为基础，经过修改和完善，使之适应于欧美两种数字系列，将它们统一于一个传输构架之中，并取名为同步数字体系（SDH）。这就是由准同步数字体系（PDH）发展到同步数字体系（SDH）的过程。

3. SDH 的特点

由于 SDH 是为克服 PDH 的缺点而产生的，因此，它是先有目标再定规范，然后研制设备，这个过程与 PDH 的正好相反。显然，这就可能最大限度地以最理想的方式来定义符合未来电信网要求的系统和设备。下列的 SDH 主要特点反映了这些要求。

（1）使北美、日本和欧洲三个地区性的标准在 STM-1 及以上等级中获得了统一。数字信号在跨越国界通信时不再需要转换成另一种标准，因而第一次真正实现了数字传输体制上的世界性标准。

（2）由于有了统一的标准光接口，所以能够在基本光缆段上实现横向兼容，即允许不同厂家的设备在光路上互通，满足多厂家环境的要求。

（3）SDH 采用了同步复用方式和灵活的复用映射结构，各种不同等级的码流在帧结构净负荷内的排列是有规律的，而净负荷与网络是同步的，因而只需利用软件即可使高速信号一次直接分出低速支路信号，也就是一步复用特性。比较一下 SDH 和 PDH 系统中分插信号的过程：要从 155Mbit/s 码流中分出一个 2Mbit/s 的低速支路信号，采用了 SDH 的分插复用器 ADM 后，可以利用软件直接一次分出 2Mbit/s 的支路信号，避免了对全部高速信号进行逐级分解后再重新复用的过程，省去了全套背靠背的复用设备。所以，SDH 的上下业务都十分容易，网络结构和设备都大大简化了，而且数字交叉连接的实现也比较容易。

（4）SDH 采用了大量的软件进行网络配置和控制，使得配置更为灵活，调度也更为方便。

（5）SDH 帧结构中安排了丰富的开销比特，这些开销比特大约占了整个信号的 5%，可利用软件对开销比特进行处理，因而使网络的运行、管理和维护能力都大大加强了。

（6）SDH 网与现有网络能够完全兼容，即 SDH 兼容现有 PDH 的各种速率，使 SDH 可以支持已经建起来的 PDH 网络，同时也有利于 PDH 向 SDH 顺利过渡。同时，SDH 网还能容纳像 ATM 信元等各种新业务信号，也就是说，SDH 具有完全的后向兼容性和前向兼容性。

6.8.2 SDH 的成网技术

1. SDH 的传输原理

SDH 采用的信息结构等级称为同步传送模块 STM－N（Synchronous Transport，N=1，4，16，64），最基本的模块为 STM－1，四个 STM－1 同步复用构成 STM－4，16 个 STM－1 或

四个 STM－4 同步复用构成 STM－16。

SDH 以字节为单位进行传输，它的帧结构是一种以字节结构为基础的矩形块状帧结构，包括270×N列和9行字节,每字节包括8 个比特。整个帧结构分成段开销（Section Over Head，SOH）区（包括再生段开销 RSOH、复用段开销 MSOH）、STM—N 净负荷区（Payload）和管理单元指针（AU-PTR）区三个区域，其中，段开销区主要用于网络的运行、管理、维护及指配以保证信息能够正常灵活地传送，它又分为再生段开销（Rege Nerator Section Over Head，RSOH）和复用段开销（Multiplex Section Over Head，MSOH）；净负荷区用于存放真正用于信息业务的比特和少量的用于通道维护管理的通道开销字节；管理单元指针用来指示净负荷区内的信息首字节在 STM－N 帧内的准确位置以便接收时能正确分离净负荷。SDH帧结构如图 6-25 所示。

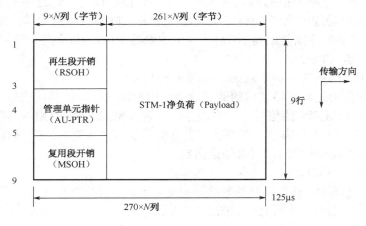

图 6-25　SDH 帧结构

SDH 的矩形帧在光纤上传输时是成链传输的,在光发送端经并/串转换成链状结构进行传输,而在光接收端经串/并转换成矩形块状进行处理。在 SDH 帧中，字节的传输是从左到右按行进行的，首先由图中左上角第一个字节开始，从左向右按顺序传送，传完一行再传下一行，直至整个 9×270×N 个字节都传送完再转入下一帧，如此一帧一帧地传送。每秒可传 8000 帧，帧长恒定为 125μs。SDH 的帧频为 8000 帧/秒，这就是说，信号帧中某一特定字节每秒被传送 8000次，那么该字节的比特速率是 8000×8bit=64kbit/s，即一路数字电话的传输速率。以 STM-1 等级为例，其速率为 270（每帧 270 列）×9（共 9 行）×64kbit/s（每个字节的比特速率为 64kit/s）=155520kbit/s=155.520Mbit/s。而 STM－4 的传输速率为 4×155.520Mbit/s=622.080Mbit/s；STM－16 的传输速率为 16×155.520（或 4×622.080）=2488.320Mbit/s。

SDH 传输业务信号时各种业务信号要进入 SDH 的帧都要经过映射、定位和复用三个步骤：映射是将各种速率的信号先经过码速调整装入相应的标准容器（C），再加入通道开销（POH）形成虚容器（VC）的过程，帧相位发生偏差称为帧偏移；定位是将帧偏移信息收进支路单元（TU）或管理单元（AU）的过程，它通过支路单元指针（TU PTR）或管理单元指针（AU PTR）的功能来实现；复用则是将多个低价通道层信号通过码速调整使之进入高价通道或将多个高价通道层信号通过码速调整使之进入复用层的过程。

2. 统一的光接口

SDH 通过定义统一的光接口，解决了不同厂家设备之间的兼容问题。

在 G.957 建议中，提供了对同步数字系列光接口的规定，包括一系列光接口详细参数及其测量方法，如光发射机的平均发射光功率范围、最小消光比、信号眼图模板，光源的光谱特 性，光通路允许的衰耗、色散值和反射，接收机灵敏度、动态范围等。

SDH 中的光接口按传输距离和所用的技术可分为三种，即局内连接、短距离局间连接和长距离局间连接。相应地有三套光接口参数：局内连接典型传输距离为几百米，小于 2km，采用 G.652 光纤，工作在 1310nm 波长区域；短距离局间连接典型传输距离为 15km 左右，采用 G.65 2 光纤，工作在 1310nm 或 1550nm 波长区域；长距离局间连接典型传输距离为 40km 以上，工作在 1310nm 波长区域时使用 G.653 光纤，工作在 1550nm 波长区域时，采用 G.652、G.653 或 G.654 光纤。

3．SDH 网络设备

SDH 传输网是由不同类型的网元通过光缆线路连接组成的，通过不同的网元完成 SDH 网的传送功能，这些功能如上/下业务、交叉连接业务、网络故障自愈等。SDH 网中常见网元有终端复用 器 TM，分插复用器 ADM，再生中继器 REG，数字交叉连接设备 DXC。

（1）终端复用器（TM）

终端复用器用于网络的终端站点上，如图 6-26 所示。

终端复用器的作用是将支路端口的低速信号复用到线路端口的高速信号 STM-N 中，或从 STM-N 的信号中分出低速支路信号。它的线路端口输入/输出一路 STM-N 信号，而支路端口可以输出/输入多路低速支路信号。在将低速支路信号复用进线路信号的 STM-N 帧上时，支路信号在线路信号 STM-N 中的位置可任意指定。

（2）分插复用器（ADM）

分插复用器用于 SDH 传输网络的转接站点处，例如，链的中间节点或环上节点，是 SDH 网上使用最多、最重要的一种网元，如图 6-27 所示。

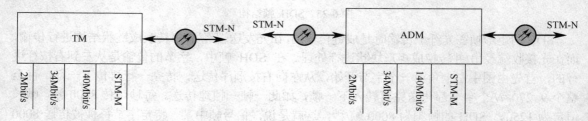

图 6-26　终端复用器模型图　　　　　　　　图 6-27　分插复用器模型图

ADM 有两个线路端口和一个支路端口。两个线路端口各接一侧的光缆（每侧收/发共两根光纤），为了描述方便我们将其分为西向（W）、东向（E）两个线路端口。ADM 的作用是将低速支路信号交叉复用到线路上去，或从线路端口收到的线路信号中拆分出低速支路信号。另外，还可将东/西向线路侧的 STM-N 信号进行交叉连接。ADM 是 SDH 最重要的一种网元，通过它可等效成其他网元，即能完成其他网元的功能，例如，ADM 可等效成两个 TM。

（3）再生中继器（REG）

光传输网的再生中继器有两种，一种是纯光学的再生中继器，主要进行光功率放大以延长光传输距离；另一种是用于脉冲再生整形的电再生中继器，主要通过光/电变换（O/E）、电信号抽样、判决、再生整形、电/光变换（E/O）等处理，以达到不积累线路噪声、保证传送信号波形完好的目的。此处指的是后一种再生中继器，REG 只有两个线路端口，如图 6-28 所示。

REG 的作用是将接收的光信号经 O/E、抽样、判决、再生整形、E/O 后在对侧发出。真正的 REG 只需处理 STM-N 帧中的 RSOH，并且不需要交叉连接功能。而 ADM 和 TM 因为要完成将低速支路信号插到 STM-N 中，所以不仅要处理 RSOH，而且还要处理 MSOH，另外，ADM 和 TM 都具有交叉连接功能。

图 6-28   再生中继器模型图

（4）数字交叉连接设备（DXC）

数字交叉连接设备主要完成 STM-N 信号的交叉连接，它实际上相当于一个交叉矩阵，完成各个信号间的交叉连接，如图 6-29 所示。

DXC 可将输入的 M 路 STM-N 信号交叉连接到输出的 N 路 STM-N 信号上，DXC 的核心是交叉矩阵，功能强大的 DXC 能够实现高速信号在交叉矩阵内的低级别交叉。 通常用 DXC m/n 来表示一个 DXC 的类型和性能（$m \geqslant n$），m 表示可接入 DXC 的最高速率等级，n 表示在交叉矩阵中能够进行交叉连接的最低速率级别。m 越大表示 DXC 的承载容量越大；n 越小表示 DXC 的交叉灵活性越大。m 和 n 的相应数值的含义如表 6-2 所示。

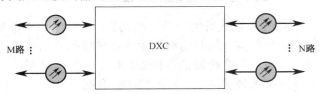

图 6-29   数字交叉连接设备模型图

表 6-2   DXC m/n 数值速率对照表

m 或 n	0	1	2	3	4	5	6
对应速率	64 Kbit/s	2 Mbit/s	8 Mbit/s	34 Mbit/s	140Mbit/s 155 Mbit/s	622Mbit/s	2.5Gbit/s

5. SDH 的网同步

SDH 网同步结构采用主从同步方式，要求所有网络单元时钟都能最终跟踪到全网的基准主时钟。

局内同步分配一般用星形拓扑，即局内所有时钟由本局最高质量的时钟获取定时，只有高质量的时钟由外部定时同步。获取的定时由 SDH 网络单元经同步链路送往其他局的网络单元。由于 TU（支路单元）指针调整引起的抖动会影响时钟性能，因而不再推荐在 TU 内传送的一次群信号作为局间同步分配，而直接用 STM-N 传送同步信息。局间同步分配一般采用树形拓扑。SDH 网同步方式一般有网同步方式、伪同步方式及准同步方式三种。

6. SDH 的网络管理

SDH 网的管理应纳入统一的电信管理网（TMN）范畴内。SDH 管理网（SMN）是负责管理 SDH 网络单元的 TMN 的子集，它又可以细分为一系列的 SDH 管理子网（SMS）。SDH 网的管理采用多层分布式管理进程，每一层提供某种预先确定的网管功能。SMN 由一套分离的 SDH 嵌入控制通路（ECC）及有关局内数据通信链路组成。ECC 以段开销中的字节作为物理层，总速率达 768kbit/s。

SDH 的网络管理与电信网的信息模型紧密相关，它是为了达到不同系统间的兼容，需要将信息模型化，即电信网的信息模型。目前 SDH 的信息模型尚待进一步研究完成。SDH 共同协议的实现将是能否实现多厂家产品环境的关键。

SDH 具有很强的管理功能，SDH 可以划分为 5 个管理层次，从上至下依次为事务管理层、服务管理层、网络管理层、网元管理层和网元层。适应现行的 SDH 等级结构，中国的 SMN 目前总分为全国、省和区域三个等级的管理结构，分别归属于全国 SDH 网管中心、省 SDH 网管中心和区域 SDH 网管中心。

在 CCITT 的建议中，选择了一套七层协议栈（一组按次序堆积起来的协议），来满足维护管理信息传递的要求。

6.8.3　SDH 数字电路业务

1．SDH-数字电路业务介绍

SDH 是以光纤为中继干线网络，基本组成单位是节点，节点间通过光纤宽带连接，构成网状的拓扑结构，用户的终端设备通过数据终端单元（DTU）与就近的节点相连。SDH 数字电路业务采用数字传输信道传输数据信号的通信网，可组建点到点、点到多点及点到网的语音、数据及图像传输网络，为用户传输数据、图像、声音等信息，又可作为帧中继网及互联网等专网的数据链路，可根据需求为客户开通本地专线电路、国内长途专线电路、港澳台及国际专线电路。SDH 适用于实时要求高、保密性强、高速无协议的数据传输，图像传输，语音传输需求，如民航、火车站售票联网、银行联网、股市行情广播及交易、信息数据库查询系统、智能小区、任何计算机的联网通信等。SDH-数字电路组网如图 6-30 所示，SDH-数字电路结构如图 6-31 所示。

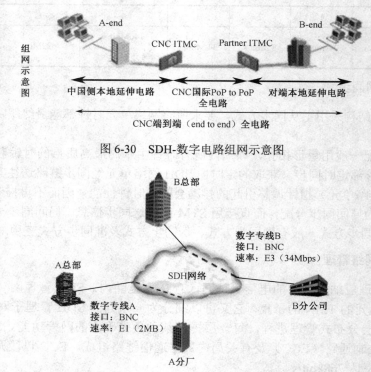

图 6-30　SDH-数字电路组网示意图

图 6-31　SDH-数字电路结构示意图

2. 数字电路的网络技术特征

数字电路的网络技术特征有以下五项。

（1）传输质量高，可靠性高，保密性强。

（2）网络时延小，抗干扰能力强，无噪声积累。

（3）全透明网络。

（4）灵活的连接方式，组网环境。

（5）采用路由迂回和备用方式，使电路安全可靠。

3. SDH-数字电路的业务功能

（1）点到点通信：两点之间通信，如图 6-32 所示。

（2）点到多点通信：一点作为总点与其他分点之间的通信。客户总点以 155M 光端机方式接入 SDH 网，其他分点占用 SDH 网络资源接至总点，形成一点对多点组网方式，如图 6-33 所示。

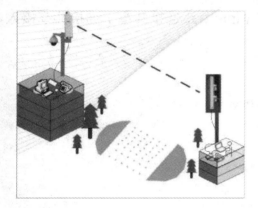

图 6-32　点到点结构图

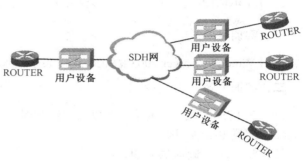

图 6-33　点到多点结构图

（3）点到网通信：通过 SDH 与 16900 网、FR 网等网络互联，形成相应的业务，如图 6-34 所示。

6.8.4　SDH 的发展趋势

　　SDH 作为新一代理想的传输体系，具有路由自动选择能力，上下电路方便，维护、控制、管理功能强，标准统一，便于传输更高速率的业务等优点，能很好地适应通信网飞速发展的需要。迄今，SDH 得

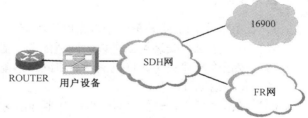

图 6-34　点到网结构图

到了空前的应用与发展。在标准化方面，已建立和即将建立的一系列建议已基本上覆盖了 SDH 的方方面面。在干线网和长途网、中继网、接入网中它开始广泛应用，在光纤通信、微波通信、卫星通信中也积极地开展研究与应用。近些年，点播电视、多媒体业务和其他宽带业务如雨后春笋般纷纷出现，为 SDH 应用在接入网中提供了广阔的空间。

从技术上来看，接入层的相对带宽需求较小，需要提供 IP、TDM，可能还有 ATM 等综合业务传送。以 SDH 系统为基础并能够提供 IP 、ATM 传送与处理的系统（包括 TDM、IP 与 ATM 接口，甚至包括 IP 和 ATM 交换模块）将是解决接入层传送的主要方法，这种方式可廉

价地在一个业务提供点（POP）上提供高质量专线、ATM 、IP 等业务的接入、传送和保护。

随着骨干传输容量不断增大，城域传输网络的接入能力也多样化。但以 IP 为主的网络业务仍然是不可预知的，这需要传输网络具有更好的自适应能力，而这种自适应能力不仅仅是网络接口或网络容量的适应能力，而且要求网络连接的自适应能力。总的来说，低成本、灵活快速地完成运营商端局到用户端的业务接入和业务收敛是对未来城域网接入系统的主要需求。

综上所述，SDH 以其明显的优越性已成为传输网发展的主流。SDH 技术与一些先进技术相结合，如光波分复用（WDM）、ATM 技术、Internet 技术（IP over SDH）等，使 SDH 网络的作用越来越大。SDH 已被各国列入 21 世纪高速通信网的应用项目，是电信界公认的数字传输网的发展方向，具有远大的商用前景。

6.9　基于工作过程的实训任务

任务一　使用 Windows Server 2003 的 ICS（Internet 连接共享）连接共享接入 Internet

一、实训目的

使用 Windows Server 2003 的 ICS 连接共享接入 Internet。

二、实训内容

（1）在 ICS 主机上安装第二个以太网适配器。

（2）配置 ICS 主机。

（3）配置 Windows 客户机。

三、实训环境

Windows Serve 2003 的计算机。

四、实训步骤

1．在 ICS 主机上安装第二个以太网适配器

要在 ICS 主机上安装第二个以太网适配器，必须以 Administrators 组成员的身份登录。

（1）按正确步骤关闭计算机，然后将网络适配器插入计算机中。

（2）重新启动计算机。

（3）弹出"找到新硬件"对话框，其中列出您安装的网络适配器的名称，单击"下一步"按钮。

（4）在"安装硬件设备驱动程序"页上单击"下一步"按钮。

（5）在"寻找驱动程序文件"上，单击包含正在安装的网络适配器的驱动程序的"介质"选项。例如，单击"CD-ROM 驱动器"、"软盘驱动器"或硬盘驱动器目录。

（6）在"驱动程序文件搜索结果"上，单击"完成"按钮。

2．配置 ICS 主机

ICS 主机通过第二个网络适配器提供了与现有 TCP/IP 网络的连接。以 Administrators 组成员的身份登录来设置 ICS 主机。

① 单击"开始"，单击"控制面板"，然后单击"网络连接"。

② 右键单击本地连接（刚安装的网卡），然后将其重命名为 Internet 连接。在"网络和拨号连接"对话框中，将显示两个连接（分别对应不同的网络适配器）：Internet 连接和本地连接。

③ 右击"Internet 连接"，然后单击"属性"。

④ 单击常规选项卡，然后检查是否显示"Microsoft 网络客户端"和"Internet 协议（TCP/IP）"。

⑤ 单击"高级"选项卡，然后单击选中"启用此连接的 Internet 连接共享"复选框。

注意：确保已经删除了防火墙软件或来自第三方制造商的其他 Internet 共享软件。

⑥ 单击"确定"按钮，返回到桌面。

3．配置 Windows 客户机

以 Administrators 组成员的身份登录，设置将共享 Internet 连接的 Windows 客户机。

① 单击"开始"菜单，单击"控制面板"，然后双击"网络连接"。

② 右键单击"本地连接"，然后单击"属性"。

③ 单击"常规"选项卡，然后检查是否显示并选中了"Microsoft 网络客户端"和"Internet 协议（TCP/IP）"。

④ 单击"Internet 协议（TCP/IP）"，然后单击"属性"。

⑤ 单击"常规"选项卡，单击"自动获得 IP 地址"，然后单击"自动获得 DNS 服务器地址"（如果尚未选择这些选项）。

⑥ 单击"高级"，然后确保"IP 设置"、"DNS"和"WINS"选项卡上的各种列表均是空的。

⑦ 单击"确定"按钮，然后返回到桌面。

五、实训总结

① 学习了 ICS 的具体应用和配置。

② 熟悉了配置 Windows Server 2003 的 ICS 连接共享方法。

任务二　在 Windows Server 2003 中配置路由和远程访问服务进行 VPN 连接

一、实训目的

掌握 Windows Server 2003 的路由和远程访问服务的配置。

二、实训内容

（1）启用路由和远程访问服务，创建 VPN 服务器。

（2）创建 VPN 用户账户。

（3）VPN 客户端的配置。

三、实训环境

Windows Server 2003 系统，并安装路由和远程访问服务。

VPN 服务器安装 2 块网卡，一块接外网，一块接内网。

四、实训步骤

1．启用路由和远程访问服务创建 VPN 服务器

（1）单击"开始"菜单，指向"管理工具"，然后单击"路由和远程访问"选项。在控制

台左窗格中单击与本地服务器名称匹配的服务器图标。右键单击服务器名称，单击"配置并启用路由和远程访问"选项以启动路由和远程访问服务器安装向导。如图 6-35 所示。

（2）单击"下一步"按钮，选中"虚拟专用网络（VPN）访问和 NAT"单选按钮，服务器有两块网卡时才能选择这一项。如图 6-36 所示。

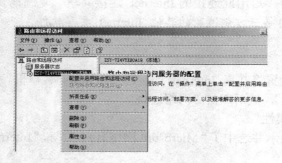

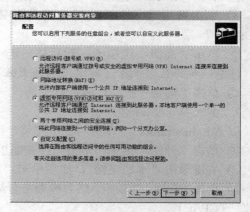

图 6-35　启用路由和远程访问服务　　　　图 6-36　路由和远程访问安装向导

（3）单击"下一步"按钮，选择"外网网卡"选项。如图 6-37 所示。

（4）单击"下一步"按钮，选择对远程客户端 IP 地址的指定，手动设置 IP 范围。如图 6-38 所示。

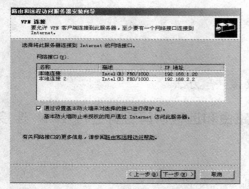

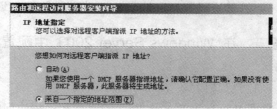

图 6-37　选择"外网网卡"　　　　　　图 6-38　指定远程客户端的 IP 地址

（5）单击"下一步"按钮，指定为 VPN 客户机分配的 IP 地址范围，这个地址池中的地址必须与 VPN 内部网卡的 IP 地址在同一个网段。这些地址是当客户机连入 VPN 服务器时，为客户机分配的一个内网 IP 地址，它相当于一种 NAT 功能。

（6）单击"下一步"按钮，选中"否，使用路由和远程访问来对连接请求进行身份验证"单选按钮。如图 6-39 所示。

（7）单击"下一步"按钮，再单击"完成"按钮，至此，VPN 服务器配置完成，可以为客户机提供 VPN 接入服务了。

2. 创建 VPN 用户账户

在 VPN 服务器上单击"开始"→"管理工具"→"计算机管理"，在"本地用户和组"中为 VPN 用户创建账户和密码。打开"账户属性"对话框，在"拨入"选项卡中设置"允许访问"，如图 6-40 所示。

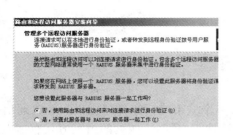 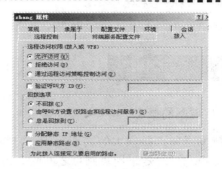

图 6-39　对连接请求进行身份验证　　　　　图 6-40　VPN 账户属性

3．VPN 客户端的配置

在 VPN 用户使用的计算机上安装一个用于 VPN 的网络连接步骤如下所示：

（1）在"网上邻居"上右击，选择"属性"选项，打开"网络连接"窗口，单击"新建网络连接"。

（2）"网络连接类型"选择"连接到我的工作场所的网络"，如图 6-41 所示。

（3）"网络连接"选择"虚拟专用网络连接"，如图 6-42 所示。

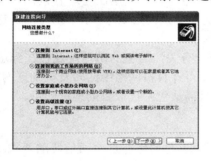 

图 6-41　选择连接类型　　　　　　　　　图 6-42　选择网络连接

（4）自定义连接名为"VPN 连接"。

（5）连接 VPN 之前，应该先连入 Internet，设置连入 Internet 使用的连接，如图 6-43 所示。

（6）指定 VPN 服务器的 IP 地址，该地址就是 VPN 服务器的外网卡的 IP 地址。

（7）双击"VPN 连接"，如图 6-44 所示。它会先用"宽带连接"连入 Internet，再连接 VPN 服务器。连接成功后，该计算机就可以访问局域网内部的资源了。

图 6-43　设置连入 Internet 使用的连接　　　图 6-44　使用 VPN 连接

五、实训总结

（1）学习在 Windows Server 2003 中配置路由和远程访问服务。

（2）学会了安装并应用路由和远程访问服务进行 VPN 连接。

6.10 本章小结

1. 广域网的概念

广域网通常跨接很大的物理范围，它能连接多个城市或国家并能提供远距离通信。广域网内的交换机一般是采用点到点之间的专用线路连接起来的。广域网的组网方式有虚电路方式和数据报方式两种，分别对应面向连接和无连接两种网络服务模式。

2. 广域网的特点

覆盖范围广，可达数千、甚至数万千米；数据传输速率较低，通常为几 kbps 至几 Mbps，数据传输延时大等。

3. 广域网的路由转发机制

介绍了广域网使用的层次地址方案及广域网中包的转发。层次地址方案把一个地址分为两部分：前一部分的二进制数表示该主机所连接的包交换机的编号；后一部分的二进制数表示所连接的包交换机的端口号或主机的编号。

广域网交换机在转发包时，只与包的目的地址有关，与包的源地址及包在到达交换机之前所经过的路径无关，这就是源独立特性。这样使得计算机网络中的转发机制更为简洁有效，只需要一张表即可完成所有包的路由选择，而且只需从包中提取目的地址即可。

4. 介绍了常见的广域网技术

X.25 分组交换网是最早用于数据传输的广域网，它的优点是对通信线路要求不高，缺点是数据传输率较低。DDN 是一种采用数字交叉连接的全透明传输网，它不具备交换功能。帧中继网是从 X.25 网络上改进而来，它是简化了的 X.25 协议，提高了数据传输率。ISDN 业务具有综合性，高速率和应用方便等特点，ISDN 既能为远程通信网络用户提供数字服务，又能在本地回路上提供语音和数据服务。ADSL 可以使家庭和小型企业利用现有电话网接入网络，它具有高速率上网和打电话互不干扰、安装方便及提供多种先进服务等特点。ATM 网络的主要目标是在同一个网络上提供数据、语音、图像和视频等综合业务。

习题与思考题

简答题

（1）比较虚电路方式和数据报方式的优缺点。

（2）与 X.25 相比，帧中继有哪些优点？

（3）可将 DDN 网络分为几级结构？

（4）为什么 ADSL 是非对称的？

（5）ISDN 由几个信道组成？各信道的作用使什么？

（6）简述 ISDN 中 D 信道和 B 信道的主要区别。

（7）信元作为 ATM 网络的基本部件有何重要意义？

第7章

Internet 技术及应用

7.1 Internet 概述

众所周知，互联网最早起源于美国，可以说，互联网是 20 世纪最伟大的发明之一。时至今日，信息化浪潮正席卷全球，方兴未艾。互联网已成为信息化的重要平台、信息化的重要工具和信息化的重要组成部分，互联网已经与信息化分不开，而且相互促进。Internet 在字面上讲就是计算机互联网的意思。通俗地说，成千上万台计算机相互连接到一起，这一集合体就是 Internet。

从通信的角度来看，Internet 是一个理想的信息交流媒介：利用 Internet 的 E-mail 能够快捷、安全、高效地传递文字、声音、图像及各种各样的信息；通过 Internet 可以打国际长途电话，甚至传送国际可视电话，召开在线视频会议。

从获得信息的角度来看，Internet 是一个庞大的信息资源库：网络上有几千个书库、遍布全球的几千家图书馆，近万种期刊，还有政府、学校和公司企业等机构的详细信息。

从娱乐休闲的角度来看，Internet 是一个花样众多的娱乐厅：网络上有很多专门的电影站点和广播站点，还能遍览全球各地的风景名胜和风土人情。网上的 BBS 更是一个大家聊天交流的好地方。

从商业的角度来看，Internet 是一个既能省钱又能赚钱的场所：在 Internet 上已经注册有几百万家公司，利用 Internet，足不出户就可以得到各种免费的经济信息，还可以将生意做到海外。无论是股票行情，还是房地产信息，在网上都有实时跟踪。通过网络还可以图、声、文并茂地召开订货会、新产品发布会，做广告、促销等。

Internet 是目前世界上最大的计算机网络，更确切地说是网络中的网络。经过 20 多年的发展，如今 Internet 已成为通达 150 多个国家的国际性网络，与之相连的网络约 20 000 个，而且还在以很快的速度增加，在发展规模上，目前 Internet 已经是世界上规模最大、发展最快的计算机互联网。目前每天有 4 000 台计算机入网，超过 100 万个网络，1 亿台计算机和 10 亿个用户使用 Internet。Internet 是成千上万信息资源的总称，这些资源在线分布在世界各地的计算机上。Internet 是一个社会大家庭，家庭成员可以方便地交换信息，共享资源，Internet 上开发了许多应用系统，供网上的用户使用。

Internet 将我们带入了一个完全信息化的时代，正在改变着人们的生活和工作方式。由于其范围广、用户多，目前已成为仅次于全球电话网的第二大通信手段，可以说是 21 世纪信息高速公路的雏形。连入 Internet 的用户现在每天上班首先是打开电子邮箱看看是否有自己的

E-mail，这已成为一种日常工作习惯。Internet 在人们的工作和生活方式中开始形成一种独特的网络文化氛围。

通过 Internet，学术和科研人员除了常规的 E-mail 通信外，可以进行各种各样的日常工作：讨论问题、发表见解、传送文件、查阅资料、开展远程教育等；在商务界，我们现在可以进行网络购物、逛电子市场，在网络上开展广告、采购、订货、交易、展览等各种经济活动。在个人生活和娱乐休闲方面，已经能参观网上展览馆，听音乐、看影视、聊天，有声有色；甚至阅览网上电子报刊，真正是"不出门知天下事"。

7.1.1　Internet 的起源

Internet 最初起源于美国国防部高级研究计划局（ARPA）在 1969 年建立的一个实验性网络 ARPANet。该网络将美国许多大学和研究机构中从事国防研究项目的计算机连接在一起，是一个广域网。1974 年，ARPANet 研究并开发了一种新的网络协议，即 TCP/IP 协议（Transmission Control Protocol/Internet Protocol，传输控制协议/互联协议），使得连接到网络上的所有计算机能够相互交流信息。互联网最初设计是为了能提供一个通信网络，即使一些地点被核武器摧毁也能正常工作。如果大部分的直接通道不通，路由器就会指引信息经由中间路由器在网络中传播。

最初的网络是给计算机专家、工程师和科学家用的。当时一点也不友好。那时还没有家庭和办公计算机，并且任何一个用它的人，无论是计算机专家、工程师还是科学家都不得不学习非常复杂的系统。以太网——大多数局域网的协议，出现在 1974 年，它是哈佛大学学生 Bob Metcalfe（鲍勃·麦特卡夫）在"信息包广播网"上的论文的副产品。这篇论文最初因为分析得不够而被学校驳回。后来他又加进一些因素，才被接受。

由于 TCP/IP 体系结构的发展，互联网在 20 世纪 70 年代迅速发展起来，这个体系结构最初是由 Bob Kahn（鲍勃·卡恩）在 BBN 提出来的，然后由斯坦福大学的 Kahn（卡恩）和 Vint Cerf（温特·瑟夫）和整个 70 年代的其他人进一步发展完善。20 世纪 80 年代，Defense Department（美国国防部）采用了这个结构，到 1983 年，整个世界普遍采用了这个体系结构。

1978 年，UUCP（UNIX 和 UNIX 复制协议）在贝尔实验室被提出来。1979 年，在 UUCP 的基础上，新闻组网络系统发展起来。新闻组（集中某一主题的讨论组）紧跟着发展起来，它为在全世界范围内交换信息提供了一个新的方法。然而，新闻组并不认为是互联网的一部分，因为它并不共享 TCP/IP 协议，它连接着遍布世界的 UNIX 系统，并且很多互联网站点都充分地利用新闻组。新闻组是网络世界发展中非常重大的一部分。

同样地，BITNET（一种连接世界教育单位的计算机网络）连接到世界教育组织的 IBM 的大型机上，同时，1981 年开始提供邮件服务。Listserv 软件和后来的其他软件被开发出来用于服务这个网络。网关被开发出来用于 BITNET 和互联网的连接，同时提供电子邮件传递和邮件讨论列表。这些 Listserv 和其他的邮件讨论列表形成了互联网发展中的又一个重要部分。

当 E-mail（电子邮件）、FTP（文件下载）和 Telnet（远程登录）的命令都规定为标准化时，学习和使用网络对于非工程技术人员变得非常容易。虽然没有今天这么容易，但对于在大学和特殊领域的人们确实极大地推广了互联网的应用。其他的部门，包括计算机、物理和工程技术部门，也发现了利用互联网的方法，即与世界各地的大学通信、共享文件和资源。图书馆也向前走了一步，使它们的检索目录面向全世界。

7.1.2 Internet 的发展与优点

1986 年建立的美国国家科学基金会网络 NSFNet 是 Internet 的一个里程碑，它将美国的五个超级计算机中心连接起来，该网络使用 TCP/IP 协议与 Internet 连接。NSFNet 建成后，Internet 得到了快速的发展。到 1988 年，NSFNet 已经接替原有的 ARPANet 成为 Internet 的主干网。1990 年，ARPANet 正式宣布停止运行。

1. Internet 的商业化

Internet 的第二次大发展得益于 Internet 的商业化。1992 年，专门为 NSFNet 建立高速通信线路的公司 ANS（Advanced Networks and Services）建立了一个传输速率为 NSFNet 30 倍的商业化的 Internet 骨干通道——ANSNet。Internet 主干网由 ANSNet 代替 NSFNet 是 Internet 商业化的关键一步。以后出现了许多专门为个人或单位接入 Internet 提供产品和服务的公司——ISP（Internet Service Provider，Internet 服务提供商）。1995 年 4 月，NSFNet 正式关闭。

2. Internet 的公众化

近几年来，随着 Internet 的不断发展，Internet 已经发展到各个国家的各个行业，在发达国家，到 2001 年年底，其 Internet 用户普及率已经超过 90%。Internet 为个人生活与商业活动提供了更为广阔的空间和环境。网络广告、电子商务、电子政务、电子办公已经成为大家所熟悉的名词术语。Internet 的公众化主要体现在以下几个方面。

（1）Internet 用户的普及：到 2001 年年底，全球已经超过 2.5 亿名用户。

（2）Internet 应用范围广泛：从国防军事、教育科研到金融贸易，从远程教育到远程医疗，从政府办公到日常事务，到处都与 Internet 紧密相连。

Internet 在中国的发展可分为两个阶段。

（1）第一阶段：1987—1993 年，主要是理论研究与电子邮件服务阶段。

1990 年 4 月，我国启动中关村地区教育与科研示范网（NCFC），该网络于 1992 年建成，实现了中国科学院与北京大学、清华大学三个单位的互联。

（2）第二阶段：1994 年至今，建立国内的计算机网络并实现了与 Internet 的全功能连接。

1994 年 4 月，NCFC 工程通过美国 Sprint 公司连入 Internet 的 64kbps 国际专线开通，实现了与 Internet 的全功能连接。

1994 年 10 月，CERNet 网络工程启动。1995 年 12 月完成建设任务。技术上，CERNet 建成包括全国主干网、地区网和校园网在内的三级层次结构的网络，网络中心位于清华大学，分别在北京、上海、南京、广州、西安、成都、武汉和沈阳 8 个城市设立地区网络中心。目前，CERNet 已连接 800 多所大学和中学，上网人数达数百万之多。

除 CERNet 网络外，邮电部建立了中国公用计算机互联网 ChinaNet。国家科委等部门建立了中国科技网，中国银行等部门建立了中国金桥网，并于 1997 年实现了四网互联互通。

3. Internet 的优点

Internet 的迅速发展与它的优点密切相关。

（1）入网方式灵活多样。

（2）采用客户——服务程序方式，增加了信息服务的灵活性。

（3）Internet 把网络技术、多媒体技术和超文本技术融为一体。

（4）收费低廉。

（5）有丰富的信息资源，且大多免费。

（6）信息服务功能丰富，用户接口友好。

7.1.3 万维网

有了 TCP/IP 协议和 IP 地址的概念，我们就能很好理解 Internet 的工作原理了：当一个用户想给其他用户发送一个文件时，TCP 先把该文件分成一个个小数据包，并加上一些特定的信息（可以看成装箱单），以便接收方的机器确认传输是正确无误的，然后 IP 再在数据包上标上地址信息，形成可在 Internet 上传输的 TCP/IP 数据包。

WWW 是 World Wide Web 的缩写，又称为万维网，通常简写为 3W，有时简称 Web，它是以文字、图形、声音、动态图像等超文本的表达方式，结合超链接的概念，使用户可以轻松获得 Internet 上各种各样的资源。WWW 的主要目的是建立一个统一管理各种资源、文件及多媒体的系统，希望使用者只要通过简单易懂的使用方法，便能够迅速地取得不同的资源。

万维网的出现大大提高了人们从 Internet 上查找信息的能力。今天，越来越多的人在万维网上查询信息，万维网已经成为 Internet 中最重要的服务。可以说，正是由于它的出现，才使 Internet 信息服务得以迅速普及到全球每一个角落。

查看万维网中的信息有一个专有名词，名为"浏览"。浏览万维网必须安装相应的软件：浏览器（Browser）软件。常见的浏览器软件有微软公司的 Internet Explorer（探路者，通常简称 IE）、网景公司的 Netscape Communicator（领航员）等。各种浏览器软件的操作方法大同小异。

与其他 Internet 应用程序一样，WWW 系统也使用客户机/服务器模式。WWW 系统中的客户机就是浏览器。下面我们以 WWW 为例，概述一下 Internet 的工作过程。

当用户在浏览器（如 IE）中输入一个 URL 时，浏览器程序就会把用户的要求转换成一系列信息查询请求，并通过 Internet 发送给提供信息服务的服务器。而服务器则执行一个服务器程序与客户机进行通信。WWW 的客户机程序与服务器程序之间必须通过超文本传输协议（http）进行通信。

当我们输入一个 WWW 地址（如 http://www.sina.com.cn）并按 Enter 键后，在 IE 窗口下方的信息条中会依次显示出如下信息。

（1）"正在查找站点：www.sina.com.cn"。此时，WWW 客户机正在通过 DNS 把该域名转换为 IP 地址。

（2）"正在连接 220.99.23.239"。此时，已经把域名转换为 IP 地址。

（3）"Web 地址已经找到，请等待回应"。此时，WWW 客户机正在请求与该主机进行连接。

（4）"正在打开网页 http://www.sina.con.cn/"，此时，WWW 客户机已经与该服务器建立起连接，并且开始传送网页的文件。在传送文件时，会被自动分成许多分组，经过多个路由器的转发到达我们的计算机，再由我们的计算机自动把这些分组合并成一个个完整的文件，最后再由浏览器识别并显示在屏幕上。

7.1.4 电子邮件

电子邮件（E-mail，也被大家昵称为"伊妹儿"）是 Internet 应用最广的服务：通过网络的电子邮件系统，你可以用非常低廉的价格（不管发送到哪里，都只需负担电话费和网费），以非常快速的方式（几秒钟之内可以发送到世界上任何你指定的目的地），与世界上任何一个角落的网络用户联系，这些电子邮件可以是文字、图像、声音等各种方式。同时，你可以得到大量免费的新闻、专题邮件，并实现轻松的信息搜索。这是任何传统的方式也无法相比的。正是由于电子邮件的使用简易、投递迅速、收费低廉、易于保存、全球畅通无阻，使得电子邮件被广泛地应用，它使人们的交流方式得到了极大改变。

电子邮件最初是作为两个人之间进行通信的一种机制来设计的，但目前的电子邮件已扩展到可以与一组用户或与一个计算机程序进行通信。由于计算机能够自动响应电子邮件，任何一台连接到 Internet 的计算机都能够通过 E-mail 访问 Internet 服务，并且，一般的 E-mail 软件设计时就考虑到如何访问 Internet 的服务，使得电子邮件成为 Internet 上使用最为广泛的服务之一。事实上，电子邮件是 Internet 最为基本的功能之一，在浏览器技术产生之前，Internet 网上用户之间的交流大多是通过 E-mail 方式进行的。

尽管电子邮件是 Internet 的最常见的服务，但不使用 Internet 也能收发电子邮件。早期通过计算机网络进行工作的研究人员，在工作中意识到通过网络可以提供一种将电话通信与邮政信件相结合的通信手段，最终产生了这种全新的通信方式，即电子邮件。世界上许多公司和机构每天都要使用电子邮件，但他们可能只是利用局域网与其他计算机连接，并通过这些网络传输电子邮件。当然在局域网环境中可以收发电子信件的只有那些与局域网连接的用户，而一旦局域网与 Internet 连接，则该局域网上的每个用户就可以跨越时空，与遍布全球各地的 Internet 用户进行电子邮件的收发。

每一个申请 Internet 账号的用户都会有一个电子邮件地址。它是一个很类似于用户家门牌号码的邮箱地址，或者更准确地说，相当于你在邮局租用了一个信箱。因为传统的信件是由邮递员送到你的家门口，而电子邮件则需要自己去查看信箱，只是你不用跨出家门一步。电子邮件地址的典型格式是 abc@xyz，这里，@之前是你自己选择代表你的字符组合或代码，@之后是为你提供电子邮件服务的服务商名称，如 user@cnhubei.com。

7.1.5　文件传输

文件传送服务又称为 FTP（File Transfer Protocol）服务，它使用 FTP 协议。FTP 是最早使用的文件传输工具之一，是支持文件传输的各种规程所组成的集合。FTP 的主要作用是让用户连接一个远程的计算机，查看远程计算机上有哪些文件，然后把文件从远程计算机上复制到本地用户的计算机上，或把本地的文件传输到远程计算机上。

当启动 FTP 从远程计算机复制文件时，事实上启动了两个程序：一个是本地计算机上的 FTP 客户端程序，它向 FTP 服务器指出复制文件的请求；另一个是启动在远程计算机上的 FTP 服务程序，它响应请求并把指定的文件传送到本地计算机上。

在 Internet 上有许多 FTP 服务器。在这些 FTP 服务器中，一般都有大量的免费软件或共享软件可供下载，有些服务器还允许用户上传文件，通常称为 FTP 软件。通过 FTP 软件可连到 FTP 服务器上，并执行上传和下载文件的任务。常用 FTP 软件有 CuteFTP、WS_FTP、FTPX、LeapFTP 等，这些 FTP 软件的使用方法基本相同。

文件传输服务器允许 Internet 上的客户将一台计算机的文件传送到另一台计算机上，它可以传送所有类型的文件：文本文件、二进制可执行文件、图像文件、声音文件、数据压缩文件等。

FTP 比任何其他方式（如电子邮件）交换数据都要快得多。

7.1.6 即时消息软件 MSN

MSN 即 Microsoft Network，广义上是微软的网站服务，MS 就是微软，N 指网络，里面包含很多内容，如 MSN 浏览器（Microsoft Internet Explorer、Microsoft Windows Media Player）及 MSN Messenger Service，狭义上是指 MSN 即时通信工具。

MSN Messenger 是微软公司推出的即时消息软件，凭借该软件自身的优秀的性能，目前在国内已经拥有了大量的用户群。使用 MSN Messenger 可以与他人进行文字聊天、语音对话、视频会议等即时交流，还可以通过此软件来查看联系人是否联机。MSN Messenger 界面简洁，易于使用，是与亲人、朋友、工作伙伴保持紧密联系的绝佳选择。使用一个你已有的 E-mail 地址，即可注册获得免费的 MSN Messenger 的登录账号。

说到底，MSN 就相当于中国的 QQ。MSN 的优点在于它可以支持多语言，不会出现乱码，比较适合一些外企或者需要与非英语国家交流的单位或个人使用。MSN 的缺点就是文件传输速度慢，如果网络不好还会出现你已经发送文件，但对方却没有提示接收文件，所以发送文件时最好发个信息向对方确认一下。

7.2 Web 技术

7.2.1 Web 的概念

Web 的全称为 World Wide Web，简称 WWW，译名万维网或全球信息网。

Web 技术一般指在网络上利用各种技术，实现和完成各种服务功能与客户浏览的开发技术。

7.2.2 Web 的起源及三要素

1. Web 的起源

最早的网络构想可以追溯到遥远的 1980 年由蒂姆·伯纳斯—李构建的 ENQUIRE 项目。这是一个类似维基百科的超文本在线编辑数据库。1989 年 3 月，伯纳斯—李撰写了《关于信息化管理的建议》一文，文中提及 ENQUIRE 并且描述了一个更加精巧的管理模型。1990 年 11 月 12 日，他和罗伯特·卡里奥（Robert Cailliau）合作提出了一个正式的关于万维网的建议。1990 年 11 月 13 日，他在一台 Next 工作站上写了第一个网页以实现他文中的想法。

在那年的圣诞假期，伯纳斯—李制作了一个网络工作所必需的所有工具：第一个万维网浏览器（同时也是编辑器）和第一个网页服务器。

1991 年 8 月 6 日，他在 alt.hypertext 新闻组上贴了万维网项目简介的文章。这一天也标志着 Internet 上万维网公共服务的首次亮相。

万维网中至关重要的概念超文本起源于 1960 年代的几个项目。蒂姆·伯纳斯—李的另一个才华横溢的突破是将超文本嫁接到 Internet 上。在他的《编织网络》书中，他解释说，他曾一再向这两种技术的使用者们建议它们的结合是可行的，但是却没有任何人响应他的建议，他最后只好自己解决了这个计划。他发明了一个全球网络资源唯一认证的系统：统一资源标识符。

1993 年 4 月 30 日，欧洲核子研究组织宣布万维网对任何人免费开放，并不收取任何费用。两个月之后，Gopher 宣布不再免费，造成大量用户从 Gopher 转向万维网。

万维网联盟（World Wide Web Consortium，W3C），又称为 W3C 理事会，于 1994 年 10 月在麻省理工学院计算机科学实验室成立。建立者是万维网的发明者蒂姆·伯纳斯一李。

2. Web 的三要素

在 Web 环球信息网中遨游应具备以下三个要素。

统一资源定位（URL）：资源在何处。

超文本传输协议（HTTP）：用什么方法访问资源。

超文本标记语言（HTML）：信息资源表达方式和资源访问手段。

7.2.3　Web 的主要功能和特点

WWW 提供了一个图形化的界面，用以浏览网上资源。是一个在 Internet 上运行的全球性的分布式信息发布系统。该系统通过 Internet 向用户提供基于超媒体的数据信息服务。它把各种类型的信息（文本、图像、声音和影视）有机地集成起来，供用户查阅。也可以把 Web 看作可供世界上各种组织、科研机构、大专院校、公司厂商甚至个人共享的知识集合。国内外许多大公司都推出了自己的基于 Web 的电子商务平台。

1. 图形化

Web 非常流行的一个很重要的原因就在于它可以在一页上同时显示色彩丰富的图形和文本的性能。在 Web 之前 Internet 上的信息只有文本形式。Web 可以提供将图形、音频、视频信息集合于一体的特性。同时，Web 是非常易于导航的，只需要从一个连接跳到另一个连接，就可以在各页各站点之间进行浏览了。

2. Web 与平台无关

无论系统平台是 Windows 平台、UNIX 平台、Macintosh 还是别的什么平台，都可以通过 Internet 访问 WWW。因为对 WWW 的访问是通过一种称为浏览器（Browser）的软件实现的。如 Netscape 的 Navigator、NCSA 的 Mosaic、Microsoft 的 Explorer 等。

3. Web 是分布式的

大量的图形、音频和视频信息会占用相当大的磁盘空间，我们甚至无法预知信息的多少。对于 Web 没有必要把所有信息都放在一起，信息可以放在不同的站点上。只需要在浏览器中指明这个站点就可以了，使在物理上并不一定在一个站点的信息在逻辑上一体化，从用户来看这些信息是一体的。

4. Web 是动态的

由于各 Web 站点的信息包含站点本身的信息，信息的提供者可以经常对站上的信息进行更新。

5. Web 是交互的

Web 的交互性首先表现在它的超链接上，用户的浏览顺序和所到站点完全由自己决定。

7.2.4　Web 的工作机制

Web 表现为三种形式，即超文本（HyperText）、超媒体（HyperMedia）、超文本传输协议

（HTTP）等。

当想进入万维网上的一个网页，或者其他网络资源时，首先在浏览器上输入想访问网页的统一资源定位符（Uniform Resource Locator），或者通过超链接方式链接到那个网页或网络资源。然后用域名系统进行解析，根据解析结果决定进入哪一个 IP 地址（IP Address）。向在那个 IP 地址工作的服务器发送一个 HTTP 请求。在通常情况下，HTML 文本、图片和构成该网页的一切其他文件很快会被逐一请求并发送回用户。

网络浏览器把 HTML、CSS 和其他接收到的文件所描述的内容，加上图像、链接和其他必需的资源，显示给用户，即构成我们看到的网页。

大多数的网页自身包含有超链接指向其他相关网页，可能还有下载、源文献、定义和其他网络资源。像这样通过超链接，把有用的相关资源组织在一起的集合，就形成了一个信息的"网"。这个网在 Internet 上为方便使用，就构成了最早在 20 世纪 90 年代初蒂姆·伯纳斯—李所说的万维网，如图 7-1 所示。

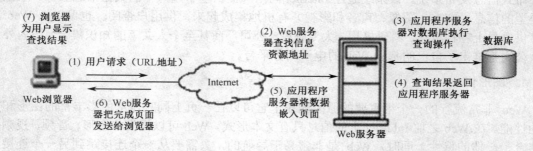

图 7-1　Web 的工作机制

7.2.5　Web 开发技术

Web 是一种典型的分布式应用结构。Web 应用中的每一次信息交换都要涉及客户端和服务端。因此，Web 开发技术大体上也可以被分为客户端技术和服务端技术两大类。

1. Web 客户端技术

Web 客户端的主要任务是展现信息内容。Web 客户端设计技术主要包括 HTML 语言、Java Applets、脚本程序、CSS、DHTML、插件技术，以及 VRML 技术。

（1）HTML 语言。HTML 是 Hypertext Markup Language（超文本标记语言）的缩写，它是构成 Web 页面的主要工具。

（2）Java Applets，即 Java 小应用程序。使用 Java 语言创建小应用程序，浏览器可以将 Java Applets 从服务器下载到浏览器，在浏览器所在的机器上运行。Java Applets 可提供动画、音频和音乐等多媒体服务。

（3）脚本程序。即嵌入在 HTML 文档中的程序。使用脚本程序可以创建动态页面，大大提高交互性。用于编写脚本程序的语言主要有 JavaScript 和 VBScript。JavaScript 由 Netscape 公司开发，具有易于使用、变量类型灵活和无须编译等特点。VBScript 由 Microsoft 公司开发，与 JavaScript 一样，可用于设计交互的 Web 页面。

（4）CSS（Cascading Style Sheets），即级联样式表。通过在 HTML 文档中设立样式表，可以统一控制 HTML 中各标志显示属性。

（5）DHTML（Dynamic HTML），即动态 HTML。1997 年，Microsoft 发布了 IE4.0，并将动态 HTML 标记、CSS 和动态对象（Dynamic Object Model）发展成为一套完整、实用、高效的客户端开发技术体系，Microsoft 称为 DHTML。

（6）插件技术。这一技术大大丰富了浏览器的多媒体信息展示功能，常见的插件包括 QuickTime、Realplayer、Media Player 和 Flash 等。为了在 HTML 页面中实现音频、视频等更为复杂的多媒体应用，1996 年的 Netscape2.0 成功地引入了对 QuickTime 插件的支持。同年，在 Windows 平台上，Microsoft 将 COM 和 ActiveX 技术应用于 IE 浏览器中，其推出的 IE3.0 正式支持在 HTML 页面中插入 ActiveX 控件，这为其他厂商扩展 Web 客户端的信息展现方式提供了方便的途径。1999 年，Realplayer 插件先后在 Netscape 和 IE 浏览器中取得了成功，与此同时，Microsoft 自己的媒体播放插件 Media Player 也被预装到了各种 Windows 版本之中。同样具有重要意义的还有 Flash 插件的问世：20 世纪 90 年代初期，Jonathan Gay 在 FutureWave 公司开发了一种名为 Future Splash Animator 的二维矢量动画展示工具，1996 年，Macromedia 公司收购了 FutureWave，并将 Jonathan Gayde 的发明改名为我们熟悉的 Flash。从此，Flash 动画成了 Web 开发者表现自我、展示个性的最佳方式。

（7）VRML 技术。Web 已经由静态步入动态，并正在逐渐由二维走向三维，将用户带入五彩缤纷的虚拟现实世界。VRML 是目前创建三维对象最重要的工具，它是一种基于文本的语言，并可运行于任何平台。

2. Web 服务端技术

与 Web 客户端技术从静态向动态的演进过程类似，Web 服务端的开发技术也是由静态向动态逐渐发展、完善起来的。Web 服务器技术主要包括服务器、CGI、PHP、ASP、ASP.NET、Servlet 和 JSP 技术。

（1）服务器技术。主要指有关 Web 服务器构建的基本技术，包括服务器策略与结构设计、服务器软硬件的选择及其他有关服务器构建的问题。

（2）CGI（Common Gateway Interface）技术，即公共网关接口技术。最早的 Web 服务器简单地响应浏览器发来的 HTTP 请求，并将存储在服务器上的 HTML 文件返回给浏览器。CGI 是第一种使服务器能根据运行时的具体情况，动态生成 HTML 页面的技术。

（3）PHP（Personal Home Page Tools）技术。1994 年，Rasmus Lerdorf 发明了专用于 Web 服务端编程的 PHP 语言。与以往的 CGI 程序不同，PHP 语言将 HTML 代码和 PHP 指令合成为完整的服务端动态页面，Web 应用的开发者可以用一种更加简便、快捷的方式实现动态 Web 功能。

（4）ASP（Active Server Pages）技术，即活动服务器页面技术。ASP 使用的脚本语言是 VBScript 和 JavaScript。借助 Microsoft Visual Studio 等开发工具在市场上的成功，ASP 迅速成为 Windows 系统下 Web 服务端的主流开发技术。

（5）ASP.Net 技术。由于它使用 C#语言代替 ASP 技术的 JavaScript 脚本语言，用编译代替了逐句解释，提高了运行效率，ASP.Net 是建立.Net Framework 的公共语言运行库上的编程框架，可用于在服务器上生成功能强大的 Web 应用程序，代替以前在 Web 网页中加入 ASP 脚本代码，使界面设计与程序设计以不同的文件分离，复用性和维护性得到提高，已经成为面向下一代企业级网络计算的 Web 平台，是对传统 ASP 技术的重大升级和更新。

7.3 基于工作过程的实训任务

任务一 搜索引擎的使用

一、实训目的

掌握搜索引擎的工作原理和多种搜索引擎的基本使用方法。

二、实训内容

（1）使用关键字实现基本搜索。

（2）使用多个关键字进行搜索。

（3）使用"–"方法进行减除无关资料的搜索。

（4）使用"|"方法进行并行搜索。

（5）在百度搜索引擎中使用"相关检索"。

（6）掌握"百度快照"的使用。

三、实训方法

1. 搜索引擎简介

搜索引擎其实也是一个网站，只不过该网站专门为你提供信息"检索"服务，它使用特有的程序（蜘蛛程序）把 Internet 上的所有信息归类以帮助人们在浩如烟海的信息海洋中搜寻到自己所需要的信息。

搜索引擎的工作原理可以分为以下几项。

（1）搜索信息：搜索引擎的信息搜集基本都是自动的。搜索引擎利用称为网络蜘蛛的自动搜索机器人程序来链接上每一个网页上的超链接。机器人程序根据网页链接到其他超链接，就像日常生活中所说的"一传十，十传百，……"一样，从少数几个网页开始，链接到数据库上所有网页的超链接。

（2）整理信息：搜索引擎整理信息的过程称为"建立索引"。搜索引擎不仅要保存搜索的信息，还要将它们按照一定的规则进行编排。

（3）接受查询：用户向搜索引擎发出查询，搜索引擎接受查询并向用户返回资料。目前，搜索引擎返回主要是以网页链接的形式提供的，通过这些链接，用户便能到达含有自己所需资料的网页。

搜索引擎按其工作方式主要可分为三种，分别是全文搜索引擎（Full Text Search Engine）、目录索引类搜索引擎（Search Index/Directory）和元搜索引擎（Meta Search Engine）。搜索引擎的功能主要是查定义、查消息、查文献、查链接、查帖子、查图片、查软件、查引文。

现在比较著名的搜索引擎有 Google 和百度，以下是一些比较著名的搜索引擎网站。

（1）Google 搜索引擎 （http://www.google.cn）是目前最优秀的支持多语种的搜索引擎之一，约搜索 3083324652 张网页。提供网站、图像、新闻组等多种资源的索引。

（2）百度（baidu）中文搜索引擎（http://www.baidu.com）是全球最大中文搜索引擎。提供网页快照、网页预览/预览全部网页、相关搜索词、错别字纠正提示、新闻搜索、Flash 搜索、信息快递搜索、百度搜霸、搜索援助中心，查询包括中文简体、繁体、英语等 35 个国家和地区的语言资源。

（3）北大天网中英文搜索引擎（http://e.pku.edu.cn）由北京大学开发，有简体中文、繁体中文和英文三个版本。提供全文检索、新闻组检索、FTP 检索（北京大学、中科院等 FTP 站点）。目前大约收集了 100 万个 WWW 页面（国内）和 14 万篇 Newsgroup（新闻组）文章。支持简体中文、繁体中文、英文关键词搜索，不支持数字关键词和 URL 名检索。

（4）新浪搜索引擎（http://search.sina.com.cn）是互联网上规模最大的中文搜索引擎之一。设大类目录 18 个，子目录 1 万多个，收录网站 20 余万个。提供网站、中文网页、英文网页、新闻、汉英辞典、软件、沪深行情、游戏等多种资源的查询。

（5）雅虎中国搜索引擎（http://cn.yahoo.com/）是世界上最著名的目录搜索引擎。雅虎中国于 1999 年 9 月正式开通，是雅虎在全球的第 20 个网站。Yahoo 目录是一个 Web 资源的导航指南，包括 14 个主题大类的内容。

（6）搜狐搜索引擎（http://www.sohu.com/）是搜狐于 1998 年推出的中国首家大型分类查询搜索引擎，到现在已经发展成为中国影响力最大的分类搜索引擎。每日页面浏览量超过 800 万次，可以查找网站、网页、新闻、网址、软件、黄页等信息。

（7）网易搜索引擎（http://search.163.com/）网易新一代开放式目录管理系统（ODP）。拥有近万名义务目录管理员。为广大网民创建了一个拥有超过一万个类目，超过 25 万条活跃站点信息，日增加新站点信息 500～1 000 条，日访问量超过 500 万次的专业权威的目录查询体系。

（8）3721 网络实名/智能搜索（http://www.3721.com）是 3721 公司提供的中文上网服务——721 "网络实名"，使用户无须记忆复杂的网址，直接输入中文名称，即可直达网站。3721 智能搜索系统不仅含有精确的网络实名搜索结果，同时集成了多家搜索引擎的搜索结果。

2．操作步骤

搜索引擎的最大用途就是搜索，而说到搜索就不能不提到 Keyword（关键字），每一个搜索引擎的制作过程都离不开 Keyword，无论是给一个主类别做分目录，还是管理个人站点，都需要这些关键字，目录下包括的关键字越多、越精确，搜索也就越方便、越准确。这就是有的搜索引擎好用，有的不好用的原因。所以在进行搜索之前，找对、找准 Keyword 至关重要。

实验 1　基本搜索

百度搜索引擎简单方便，仅需输入查询内容并按一下 Enter 键，即可得到相关资料，或者输入查询内容后，用鼠标单击"百度搜索"按钮，也可得到相关资料，

例如，可以输入"武汉职业技术学院"，查询相应的信息，如图 7-2 和图 7-3 所示。

图 7-2　简单搜索　　　　　　　　　　图 7-3　简单搜索的结果

百度搜索引擎严谨认真，要求"一字不差"。

例如，分别搜索"湖北"和"湖北省"，会得到不同的结果，如图 7-4 和图 7-5 所示。

图 7-4　搜索"湖北"的结果　　　　图 7-5　搜索"湖北省"的结果

实验 2　输入多个词语搜索

输入多个词语搜索（不同字词之间用一个空格隔开），可以获得更精确的搜索结果。

例如，想了解千岛湖旅游的相关信息，在搜索框中输入如下信息，如图 7-6 所示。

获得的搜索效果会比输入"千岛湖的旅游"得到的结果更好。在百度查询时不需要使用符号"AND"或"+"，百度会在多个以空格隔开的词语之间自动添加"+"。百度提供符合全部查询条件的资料，并把最相关的网页排在前列。

实验 3　减除无关资料

有时，排除含有某些词语的资料有利于缩小查询范围。百度支持"－"功能，用于有目的地删除某些无关网页，但减号之前必须留一空格。例如，要搜寻关于"最新电影"，但不含"周润发"的资料，如图 7-7 所示。

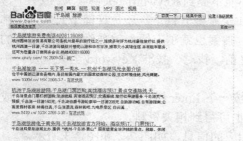

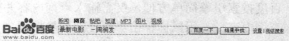

图 7-6　搜索"千岛湖旅游"的结果　　　图 7-7　搜索"最新电影 -周润发"

实验 4　并行搜索

使用"A|B"来搜索"或者包含词语 A，或者包含词语 B"的网页。

例如，要查询"武汉"或"长沙"相关资料，无须分两次查询，只要输入"武汉|长沙"搜索即可。百度会提供与"|"前后任何字词相关的资料，并把最相关的网页排在前列，如图 7-8 和图 7-9 所示。

图 7-8　搜索"武汉|长沙"　　　　图 7-9　搜索"武汉|长沙"的结果

实验 5　相关检索

如果无法确定输入什么词语才能找到满意的资料，可以试用百度相关检索。可以先输入一个简单词语搜索，然后，百度搜索引擎会为你提供"其他用户搜索过的相关搜索词语"做参考。单击其中一个相关搜索词，都能得到那个相关搜索词的搜索结果，如图 7-10 所示。

实验 6　百度快照

百度搜索引擎已先预览各网站，拍下网页的快照，为用户储存大量的应急网页，如图 7-11 所示。单击每条搜索结果后的"百度快照"，可查看该网页的快照内容。百度快照不仅下载速度极快，而且搜索用的词语均已用不同颜色在网页中标明。原网页随时可能更新，与百度快照内容不同，请注意查看新版。百度和网页作者无关，不对网页的内容负责，如图 7-12 所示。

图 7-10　试用百度相关检索　　　　图 7-11　百度快照　　　图 7-12　武汉大学研究生院的百度快照

四、实训总结

（1）使用搜索引擎最重要的是掌握关键字的使用。

（2）可以在搜索引擎中使用特殊的连接字符，如"|"，"一"等。

（3）注意：收集不同的搜索引擎的使用特点，如百度公司的"百度快照"等。

任务二　CuteFTP 的使用

CuteFTP 是一个非常优秀的上传、下载工具，经常上网的朋友恐怕没有几个不知道它的大名的。在目前众多的 FTP 软件中，CuteFTP 因为其使用方便、操作简单而备受网上冲浪者的青睐。在 CuteFTP 中建立了站点管理后，我们就可以添加一些常用的网站，并可以往这些网站上传和下载文件了。

一、实训目的

使用 CuteFTP 软件实现对 FTP 站点的访问。

二、实训内容

（1）练习使用 CuteFTP 软件。

（2）使用 CuteFTP 实现在 FTP 站点上传和下载文件。

三、实训方法

实验 1　新建站点

（1）运行 CuteFTP，打开"FTP 站点管理"，如图 7-13 所示。

（2）在弹出的"站点管理器"窗口中单击"新建"按钮就会弹出一个如图 7-14 所示的对

话框。填写好相应项目就可以连接了。

① 在"标签"文本框中输入 FTP 站点的名称。

② 在"主机地址"文本框中输入站点的地址。

注意：这个地址不能带有"ftp://"之类的字头，也不能带有文件夹的路径，而必须是站点本身的地址。

③ 在"用户名"和"密码"文本框中分别输入登录所需要的用户名和密码。

④ 如果登录站点不需要密码，则在"登录方式"区域中选中"匿名"单选按钮，如图 7-15 所示。

注意：FTP 地址的端口，默认值是 21。

图 7-13　FTP 站点管理　　　　图 7-14　新建 FTP 站点　　　图 7-15　新建上海理工大学 FTP 站点

实验 2　上传和下载

添加了站点之后，在"站点管理器"窗口中选择一个 FTP（注意：只能选择一个 FTP 站点），与之建立连接。连接到服务器以后，CuteFTP 的窗口被分成左右两个窗格。左边的窗格显示本地硬盘的文件列表，右边的窗格显示远程硬盘上的文件列表。文件列表的显示方式与 Windows 的资源管理器完全一样。

上传和下载都可以通过拖曳文件或者文件夹的图标来实现。将右侧窗格中的文件拖到左侧窗格中，就可以下载文件；将左侧窗格中的文件拖动到右侧窗格中，就可以上传文件，如图 7-16 所示。

图 7-16　CuteFTP 下载或上传的界面

上传和下载的最大不同之处在于：不是所有的服务器或服务器所有的文件夹下都可以上传文件，需要服务器赋予上传权限才可以，因为上传需要占用服务器的硬盘空间，而且可能会给服务器带来垃圾或者病毒等危及服务器安全的东西。

使用 CuteFTP 下载或上传文件的具体步骤与方法有以下几项。

（1）进入 CuteFTP，选择"站点管理"菜单，弹出"站点管理器"窗口。

（2）选择"站点管理器"窗口中的一个站点，单击"连接"按钮，登录到 FTP 服务器上。

（3）在程序窗口左边的窗格中选择本地硬盘的一个文件夹或者在右边窗格中选择远程硬盘的一个文件夹。

（4）然后单击工具栏中的上传或下载图标，即可达到上传和下载的目的。

（5）下载完成以后，在工具栏上单击"断开连接"按钮。

四、实训总结

（1）使用 CuteFTP 软件之前，需要先建立站点。

（2）对文件进行上传或下载操作之前需要先登录对应的 FTP 服务器。

（3）上传文件时需要有上传文件的权限才能进行操作，下载无限制。

任务三　收发电子邮件

电子邮件简单地说就是通过 Internet 来收发的信件。电子邮件的成本比邮寄普通信件低得多，而且投递无比快速，不管多远，最多只要几分钟；另外，它使用起来也很方便，无论何时何地，只要能上网，就可以通过 Internet 发电子邮件，或者打开自己的信箱阅读别人发来的邮件。

一、实训目的

申请免费邮箱并掌握邮箱的使用方法，使用 Outlook Express 收发邮件。

二、实训内容

（1）申请自己的免费邮箱并掌握邮箱的使用方法。

（2）安装使用 Outlook Express。

（3）用 Outlook Express 软件发送或接收一封电子邮件。

三、实训方法

实验 1　申请免费电子邮箱

我们以 126 信箱为例子，我们申请了 126 的免费邮箱，申请成功后，你就拥有了一个形如用户名@126.com 的电子邮箱。在本例中，我们申请的电子邮箱是 cx1776@126.com.

申请完毕后，我们登录邮箱的网址是 www.126.com，输入正确的用户名和密码，就可以登录电子邮箱了。登录前后的界面如图 7-17～图 7-19 所示。

图 7-17　电子邮箱的登录界面

图 7-18　登录 126 电子邮箱后的界面　　　　图 7-19　打开电子邮箱的收件箱

目前，用于收发电子邮件的软件有很多，为大家所熟知的有微软公司的 Outlook Express、中国人自己编写的 FoxMail、Netscape 公司的 Mailbox、Qualcomm 公司的 Eudora Pro 等。这里要介绍的是功能强大的电子邮件软件 Outlook Express，只要安装了 Windows 98 或者更新版本的 Windows 就会自动安装上 Outlook Express。下面我们以 Outlook Express 为例讲述它的用法。

实验 2　配置 Outlook——建立第一个账号

在 Windows 的桌面上现在就能找到 Outlook Express 的图标。在使用之前，我们需要先设置好收发邮件的相关信息。

（1）双击桌面上的"Outlook Express"，打开后如图 7-20 所示。在我们第一次使用 Outlook Express 时，会自动出现"连接向导"。如果不是请单击"工具"中的"账户"选项，如图 7-21 所示。

（2）在"账户"的页面单击"添加"按钮，再选择"邮件"选项，如图 7-22 所示。

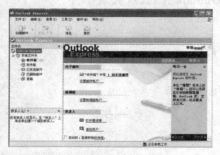 

图 7-20　打开 Outlook Express　　　　图 7-21　选择"工具"中的"账户"

（3）姓名：这一内容是给收信人看的，这里你可以填写真实的姓名，也可以另取一个自己喜欢的名字，填好后，单击"下一步"按钮，如图 7-23 所示。

图 7-22　添加邮件　　　　图 7-23　填写用户名

（4）电子邮件地址：这里就填上正在使用的电子邮件地址。在办理入网手续时，ISP 曾给你一份"入网登记表"，那上面有一个电子邮件的地址，对照它正确地填写，如果你想使用网上提供的免费 E-mail（如 163、263 等），这里就输入你申请的免费 E-mail 地址（申请免费 E-mail 时要看一下是否提供 POP3 和 SMTP 服务，如果提供要记下这两个服务器的地址，在下面的设置中将会用到）。完成后单击"下一步"按钮，如图 7-24 所示。

（5）电子邮件服务器名：这里的两项内容也需要对照"入网登记表"填写，第一个栏目是"接收邮件（POP3）服务器"，这里的名称一定要与你在上一步填写的"电子邮件地址"的相应部分匹配。（如果是用免费的 E-mail，就输入该账号的相应服务器地址。）现在看到的是我们填写的一个范例，完成后单击"下一步"按钮，如图 7-25 所示。

图 7-24　填写邮箱地址　　　　　　　图 7-25　设置电子邮件服务器

（6）在"账户名"文本框中输入你的 126 免费邮用户名（仅输入@前面的部分）。在"密码"文本框中输入你的邮箱密码，然后单击"下一步"按钮，如图 7-26 所示。

（7）单击"完成"按钮，如图 7-27 所示。

图 7-26　设置用户名和密码　　　　　　图 7-27　完成基本设置

（8）在 Internet 账户中，选择"邮件"选项卡，选中刚才设置的账号，单击"属性"按钮，如图 7-28 所示。

（9）在"属性设置"窗口中，选择"服务器"选项卡，选中"我的服务器要求身份验证"复选框，如图 7-29 所示。

（10）如果你希望在服务器上保留邮件副本，单击"高级"选项卡。选中"在服务器上保留邮件副本"复选框，此时下边设置细则的选中项由禁止（灰色）变为可选（黑色），如图 7-30 所示。

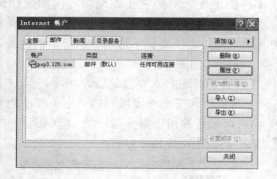

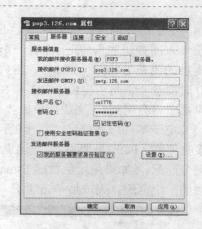

图 7-28　选择"邮件"选项卡中的属性　　　图 7-29　选中"我的服务器需要身份验证"复选框

你已经完成 Outlook Express 配置，可以收发 126 免费邮件了。

实验 3　发送邮件

下面我们就来发一封电子邮件。单击工具栏中的"创建邮件"按钮，如图 7-31 所示。屏幕上出现了一个新的窗口，这就是我们的信纸。

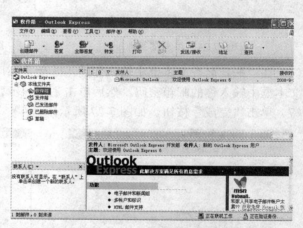

图 7-30　选中"在服务器上保留邮件副本"复选框　　　图 7-31　打开登录后的 Outlook Express 界面

我们填写"收件人"的电子邮件地址。例如，填上我朋友的地址 abc123@163.net，下面的"抄送（CC）"和"密件抄送（BCC）"两项是把一封信同时发给多个人时使用的。这两种方式也是有区别的，"抄送"人收到信件后可以看到其他收件人的 E-mail 地址，"密件抄送"人收到信后，不知道哪些人也收到了此信。

填写这封信的"主题"，这是让收信人能快速了解这封信的大意，我们最好填上。如写上"新学期快乐"，信的正文就写在下面的空白处。写好信后，再单击一下工具栏上的"发送"按钮，如图 7-32 所示。

图 7-32　发送电子邮件

你看，已经开始发信了，蓝色的进度条满 100%后，表示发送结束，如图 7-32 所示。

实验 4　接收邮件

收信的操作很简单，只需单击一下工具栏上的"发送/接收"。其实，每次我们启动 Outlook 时，Outlook 都会自动帮我们接收信件。左边的"Outlook Express"的"收件箱"旁边标出蓝色的"2"，告诉我们收到两封新邮件。单击一下"收件箱"，在右边就可以看到信箱里的信了，刚收到的信的标题都以粗体显示，表示这封信还没有阅读。

四、实训总结

（1）使用 Outlook Express 之前，要先申请自己的邮箱。
（2）使用 Outlook Express，你的邮箱必须支持 POP3 功能。
（3）使用 Outlook Express 软件之前，需要先进行相关设置。
（4）使用 Outlook Express 可以实现不登录邮箱而收发邮件。

任务四　MSN 的使用

一、实训目的

安装使用聊天软件 MSN，并掌握 MSN 的扩展功能。

二、实训内容

（1）申请 MSN 账号。
（2）安装 MSN 软件。
（3）实现 MSN 软件的基本使用，如多人聊天、发送文件等。
（4）掌握 MSN 的邮箱功能。

三、实训方法

实验 1　MSN 的安装
虽说微软在 Windows XP 中捆绑了 MSN，但是使用其他操作系统的用户也就不得不去下载 MSN。在微软的官方站点上有各种版本语言的下载。所有的安装过程只需同意协议，选中"是"单选按钮，其他一切 MSN 将自行选择安装路径。整个安装程序结束后，Windows 将自动运行 MSN，并且将 MSN 最小化，如图 7-33 所示。此时，MSN 图标上有一小叉，表示 MSN 没有正常登录。

实验 2　MSN 的申请与登录
打开"MSN 软件"窗口，如图 7-34 所示。单击"单击这里登录"，出现如图 7-34 所示的"登录"窗口。这里的登录名是不像普通的聊天软件一样的一串号码，而是一个 E-mail 地址。这个 E-mail 地址就是".Net Passport"，有了 Passport 之后，不仅可以使用 MSN，而且还可以使用 Hotmail 的免费邮箱及一系列微软提供的服务。

图 7-33　MSN 图标　　　　图 7-34　MSN 的申请与登录

如果你有一个 Passport 账号，此处不必重复申请，填入你的 Passport 账号及密码即可登录。如果没有，请按如下操作。

第一步，单击"登录"窗口中的"在这里获得"链接，系统自动打开浏览器。

第二步，在打开的新网页中，填入各项信息。

第三步，单击"同意"按钮，提交表单。

这时候，所有的申请工作完成。登录的用户名就是在注册表单里使用的 E-mail 地址，如图 7-35 所示。

实验 3　MSN 的基本使用

（1）添加好友

第一次使用 MSN 是没有任何好友的，如图 7-36 所示。因此，我们先从加入一个好友开始。MSN 加入好友的准则是必须知道好友的 Passport 或者知道 Passport 中的姓名，否则，是无法找到好友的。不像在一般的聊天工具中有"在线用户查找"功能，所以不怕在 MSN 中被陌生人骚扰。

图 7-35　输入登录名和密码　　　　　　图 7-36　登录 MSN

单击操作栏中的"添加联系"栏，或者单击"工具"→"添加联系人"选项，出现如图 7-37 所示的"添加联系人"窗口。

在已知对方邮件地址的情况下，选择第一项，单击"下一步"按钮。在新出现的窗口中，输入对方的 E-mail 地址，如 cx1776@126.com，如图 7-38 所示。如果有这个 E-mail 地址的存在，将会出现添加成功窗口，如图 7-39 所示。单击"完成"按钮，就可以完成整个添加过程。如果还想添加另外的用户，需要再单击"下一步"按钮。

图 7-37　添加联系人　　　　　　图 7-38　输入联系人的邮件地址

注意：如果所添加的 E-mail 地址并不是 Passport，如 33462284@qq.com，MSN 会自动提出发给这个 E-mail 一封邮件，如图 7-40 所示。单击"下一步"按钮即表明同意给

33462284@qq.com 这个信箱发一封邮件。这时会出现如图 7-41 所示的画面，在该对话框中输入想要交谈的内容后，单击"下一步"按钮，邮件将会自动发送完成。

接着我们再介绍如果未知对方的具体的 Passport，只需要知道对方好友的姓名，就可以进行搜索。在"添加联系人"对话框中，选择第二项"搜索联系人"，出现如图 7-42 所示的画面。输入相应的关键词，即可搜索得到。不过 MSN 的要求比较高，必须让姓与名全部填写正确。当然你也会收到别人加你为好友的邀请。

图 7-39　添加好友成功　　　　　图 7-40　添加好友失败

图 7-41　自动提出发给这个 E-mail 一封邮件　　　图 7-42　通过姓名添加好友

（2）一般使用

有了第一个好友，我们便可以开始进行一些普通的交谈，如图 7-43 所示。MSN 默认每个好友登录会在右下角处给出提示。在如图 7-44 所示的聊天界面中，我们就可以输入文字，然后单击"发送"按钮。这里的快捷键不再是 Ctrl+Enter，而是快捷键 Alt+S。这里发送的文字可真的是"白纸黑字"，我们还应该为我们的文字美化一下。单击聊天界面中的"字体"按钮，就可以进行设置。此外，MSN 还提供了很多有个性的表情符号，可以插入在文字中，如图 7-45 所示。

 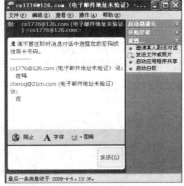 

图 7-43　好友在线　　　　　图 7-44　和好友聊天　　　　　图 7-45　表情符号

只要用过聊天工具的人都会聊天，这里不再加以说明。接着介绍 MSN 中提供的其他服务。MSN 同样也支持语音聊天，在聊天窗口单击"开始交谈"后，出现"语音聊天的配置"窗口，按照操作进行配置即可。语音聊天需要得到对方的许可，MSN 会发出请求给对方，如图 7-46 所示。接收方的消息如图 7-47 所示。接收方单击接受，就可以开始语音聊天。

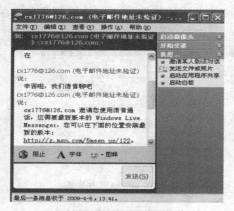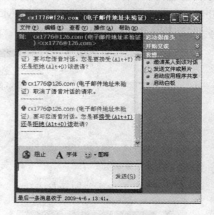

图 7-46　提出视频通话　　　　　　　图 7-47　对方接受

MSN 还具有一个非常有趣的功能，就是可以邀请多个好友一起聊天。实现方法：在聊天界面中单击"邀请某人到该对话框"按钮。图中罗列了在线的用户（这里不包括已经添加了的），选择用户后，单击"确定"按钮即可。在"聊天"对话框中，各个好友输入的消息均可被接收到。这是不是有一点像 Netmeeting 的功能？很可惜的是这个功能并不支持语音聊天。

此外，MSN 也支持发送文件的功能。用法与语音聊天相似，都需要对方的验证。在这里不加以具体介绍。

（3）MSN 的邮件功能

在 MSN 中结合了相当多的邮件功能，例如，当注册 Passport 所使用的 E-mail 地址收到 E-mail 时，MSN 将给出信息提示有新的 E-mail。此外，在 MSN 的主界面中也会显示 Hotmail 中未读邮件的数量。

如果好友不在线，双击好友的名字可以通过 Hotmail 给好友发邮件，用户还可以将自己添加到好友的列表中。

四、实训总结

（1）申请 MSN 账号所需要的"Passport"一般为微软提供的邮箱地址，如 Hotmail 邮箱。
（2）你的 MSN 登录名为你申请 MSN 账号时填写的邮箱地址。
（3）添加 MSN 好友时，必须知道好友的 Passport 或好友的姓名。
（4）MSN 软件集成多种功能，如语音聊天、视频聊天、发送文件、邮箱功能等。
（5）支持多语言，不会出现乱码，比较适合国际交流。

7.4　本章小结

1. 搜索引擎

搜索引擎其实也是一个网站，只不过该网站专门为你提供信息"检索"服务，它使用特有的程序（蜘蛛程序）把 Internet 上的所有信息归类，以帮助人们在浩如烟海的信息海洋中搜寻到自己所需要的信息。

搜索引擎的工作原理可以分为以下几项。

（1）搜索信息：搜索引擎的信息搜集基本都是自动的。搜索引擎利用称为网络蜘蛛的自动搜索机器人程序来链接上每一个网页上的超链接。机器人程序根据网页链接到其他超链接，就像日常生活中所说的"一传十，十传百，……"一样，从少数几个网页开始，链接到数据库上所有网页的链接。

（2）整理信息：搜索引擎整理信息的过程称为"建立索引"。搜索引擎不仅要保存搜索的信息，还要将它们按照一定的规则进行编排。

（3）接受查询：用户向搜索引擎发出查询，搜索引擎接受查询并向用户返回资料。目前，搜索引擎返回主要是以网页链接的形式提供的，通过这些链接，用户便能到达含有自己所需资料的网页。

搜索引擎按其工作方式主要可分为三种，分别是全文搜索引擎（Full Text Search Engine）、目录索引类搜索引擎（Search Index/Directory）和元搜索引擎（Meta Search Engine）。搜索引擎的功能主要是查定义、查消息、查文献、查链接、查帖子、查图片、查软件、查引文。

2. CuteFTP 的使用

数据在网络上进行传输，需要发送方和接收方之间达成一定的"协议"，有了这个协议，才能够进行对话。如果没有协议，那么，彼此之间都不能明白对方要表达的意思，正如一个不懂中文的英国人与一个不懂英文的中国人各自用自己的母语进行交谈一样，文件传输也就失去意义。文件传输协议（File Transfer Protocal，FTP）就是一种网络协议。目前 FTP 已经应用在 UNIX Workstation 和大型机上，主要作用是在远程计算机之间进行文件传输。CuteFTP 是一个基于文件传输协议的软件。它具有相当友好的界面，即使我们并不完全了解协议本身，也能够使用文件传输协议进行文件的下载和上传。目前，CuteFTP 已经成为文件传输工具中一个重要的软件了。

CuteFTP 的功能相当强大，主要有以下一些功能：

（1）站点对站点的文件传输（FXP）。

（2）定制操作日程。

（3）远程文件修改。

（4）自动拨号功能。

（5）自动搜索文件。

（6）连接向导。

（7）连续传输，直到完成文件传输。

（8）shell 集成。

（9）及时给出出错信息。

（10）恢复传输队列。

（11）附加防火墙支持。

（12）可以删除"回收站"中的文件。

3. 收发电子邮件

随着网络的发展和各种信息媒体的诞生，人们进行信息交流的方式和途径也越来越多，但是，由于现今的各种通信费用一直居高不下，且人们的生活节奏日趋加快，费用低廉，而且方便快捷的电子邮件仍是人们最主要的信息交流方式之一。

Windows 中内置的 Outlook Express 是目前功能比较完善、使用比较方便的一个电子邮件管理软件，它在桌面上实现了全球范围的联机通信，无论是与同事和朋友交换电子邮件，还是加入新闻组进行思想与信息的交流，Outlook Express 都将成为最得力的助手。

Outlook Express 是一种电子邮件和新闻程序，可用于收发邮件、参加 Internet 新闻组。用户还可从其他邮件程序导入联系人和通讯簿，甚至不用打开电子邮箱就可检查电子邮件。最新版本的 Outlook Express 添加的功能如下：

（1）多用户标识和签名。

（2）对 Hotmail 账号的支持。

（3）脱机支持和邮件同步。

（4）联系人窗格和增强的邮件规则。

（5）安全邮件和集成的电话拨号程序。

（6）IMAP 草稿和已发送邮件。

（7）高级 Internet 目录搜索和对话策略。

4. MSN 的使用

利用 MSN Messenger，你可以通过文本、语音、移动电话甚至视频实时地与你的朋友、家人或同事联机聊天；可以通过传情动漫和动态显示图片表现你自己，或共享照片、文件、搜索及更多内容；还可以通过移动设备与你的联系人聊天。

如果你已经拥有 Hotmail 或 MSN 的电子邮件账户就可以直接打开 MSN，单击"登录"按钮，输入你的电子邮件地址和密码进行登录了。如果你没有这类账户，请到 http://www.hotmail.com/ 申请一个 Hotmail 电子邮件账户。

在 Messenger 主窗口中，单击"我想"下的"添加联系人"，或者单击"联系人"菜单，然后单击"添加联系人"。选择"通过输入电子邮件地址或登录名"创建一个新的联系人，单击"下一步"按钮后输入对方的完整邮箱地址，单击"确定"按钮后再单击"完成"按钮，就成功地输入一个联系人了，这个联系人上网登录 MSN 后，会收到你将他加入的信息，如果他选择同意的话，他在线后你就可以看到他，他也可以看到你。重复上述操作，就可以输入多个联系人了。

习题与思考题

1. 选择题

（1）以下（   ）不是 E-mail 系统的组成部分。

A．E-mail 客户软件　　B．通信协议　　　　C．防火墙　　　　D．E-mail 服务器

（2）（   ）是一种基于超链接（Hyperlink）的超文本（Hypertext）系统，是最为流行的信息检索服务程序。

A．BBS　　　　　　B．WWW 网　　　C．FTP　　　　D．SMTP

（3）（   ）不是 WWW 浏览器。

A．Mosaic　　　　　　　　　　B．Netscape navigator

C．Internet explorer　　　　　　D．Gopher

（4）MSN 起什么作用？（   ）。

A．它是一个新闻组　　　　　　　　　　B．它是一个聊天服务

C．它是一个远程登录工具　　　　　　　D．它是一个文件传输服务

（5）FTP 的基本功能为（　　　）。

A．沟通功能　　　　　　　　　　　　　B．匿名 FTP 服务

C．具有安全性　　　　　　　　　　　　D．批量文件传输

2. 填空题

（1）搜索引擎其实也是一个网站，只不过该网站专门为你提供_____信息服务，它使用_____程序把 Internet 上的所有信息归类，以帮助人们在浩如烟海的信息海洋中搜寻到自己所需要的信息。

（2）搜索引擎按其工作方式主要可分为三种，分别是_____、_____和_____。搜索引擎的功能主要是查定义、查消息、查文献、查链接、查帖子、查图片、查软件、查引文。

（3）E-mail 系统由_____、E-mail 服务器和_____三部分组成。

（4）_____代表接收邮件协议，用于接收电子邮件；_____代表简单邮件传输协议，用于发送电子邮件。

3. 简答题

（1）最流行的搜索引擎有哪些？

（2）简述 baidu 搜索有哪些方式。

（3）CuteFTP 如何进行下载？

（4）简述 Outlook Express 中要遵守的协议。

（5）简述 MSN 的基本功能。

第 8 章

网络安全防护

　　跨入 21 世纪，人类社会步入了信息时代。计算机网络改变了人们工作、生活的方式，但同时其安全问题也日渐突出，已威胁到国家的政治、经济、军事、文化及意识形态等领域。因此采取强有力的网络安全技术措施，对于保障计算机网络的安全性十分重要。计算机网络安全技术涉及物理环境、硬件、软件、数据、传输、体系结构等各个方面，包括计算机安全、通信安全、操作安全、访问控制、实体安全、电磁安全、系统平台与网络站点的安全及安全管理和法律制裁等诸多内容。本章从网络安全的概念出发，阐述了网络攻击的步骤、原理和方法及加密认证过程；从应用的角度，分析了防火墙的体系结构及配置防火墙的基本原则；从操作层面，介绍了一些网络安全防护的方法。

8.1　网络安全概述

8.1.1　网络安全的基本概念

　　网络安全是指网络系统的硬、软件及其系统中的数据受到保护，不受偶然的或者恶意的破坏、更改、泄露，系统连续可靠正常地运行，网络服务不中断。

　　网络安全从其本质上讲就是网络上的信息安全。从广义来说，凡是涉及网络信息的保密性、完整性、可用性、真实性和可控性的相关技术和理论都是网络安全的研究领域。

1. 网络安全的重要性

　　在信息社会中，信息具有与能源同等的价值，在某些时候甚至具有更高的价值。具有价值的信息必然存在安全性的问题，对于企业更是如此。例如，在竞争激烈的市场经济条件下，每个企业对于原料配额、生产技术、经营决策等信息，在特定的地点和业务范围内都具有保密的要求，一旦这些机密被泄露，不仅会给企业，甚至也会给国家造成严重的经济损失。网络安全要从以下几个方面考虑。

　　（1）网络系统的安全

　　① 网络操作系统的安全性：目前常用的操作系统 Windows XP/2000 等，均存在网络安全漏洞。

　　② 来自外部的安全威胁。

　　③ 来自内部的安全威胁。

　　④ 通信协议软件本身缺乏安全性。

⑤ 病毒感染。

⑥ 应用服务的安全性。

（2）局域网安全

局域网采用广播方式，在同一个广播域中可以侦听到在该局域网上传输的所有信息包，这也是不安全的因素。

（3）Internet 互联安全

非授权访问、冒充合法用户、破坏数据完整性、干扰系统正常运行、利用网络传播病毒等，都对网络安全构成威胁。

（4）数据安全

① 本地数据安全：本地数据被人删除、篡改，外人非法进入系统。

② 网络数据安全：数据在传输过程中被人窃听、篡改。如数据在通信线路上传输时被人搭线窃取，数据在中继节点机上被人篡改、伪造、删除等。

2. 网络攻击

在网络这个不断更新换代的世界里，网络中的安全漏洞无处不在。即使旧的安全漏洞补上了，新的安全漏洞又将不断涌现。网络攻击正是利用这些存在的漏洞和安全缺陷对系统和资源进行攻击。

目前的网络攻击模式呈现多方位多手段化，让人防不胜防。概括来说分为四大类：服务拒绝攻击、利用型攻击、信息收集型攻击、假消息攻击。

（1）服务拒绝攻击

服务拒绝攻击是企图通过使服务器崩溃或把它压垮来阻止提供服务，服务拒绝攻击是最容易实施的攻击行为，主要包括以下几项：

① 死亡之 Ping（Ping of Death）。由于在早期的阶段，路由器对包的最大尺寸都有限制，许多操作系统对 TCP/IP 栈的实现在 ICMP 包上规定都是 64KB，并且在对包的标题头进行读取之后，要根据该标题头里包含的信息来为有效载荷生成缓冲区，当产生畸形的、声称自己的尺寸超过 ICMP 上限的包也就是加载的尺寸超过 64KB 上限时，就会出现内存分配错误，导致 TCP/IP 栈崩溃，致使接收方宕机。

现在所有的标准，TCP/IP 实现都能对付超大尺寸的包，并且大多数防火墙能够自动过滤这些攻击，此外，对防火墙进行配置，阻断 ICMP 及任何未知协议，都可防止此类攻击。

② UDP 洪水（UDP Flood）。各种各样的假冒攻击利用简单的 TCP/IP 服务，如用 Chargen 和 Echo 来传送毫无用处的占满带宽的数据。通过伪造与某一主机的 Chargen 服务之间的一次 UDP 连接，回复地址指向开着 Echo 服务的一台主机，这样就生成在两台主机之间的无用数据流，如果数据流足够多就会导致带宽的服务攻击。

一般关掉不必要的 TCP/IP 服务，或者对防火墙进行配置阻断来自 Internet 的这些服务的 UDP 请求。

③ 电子邮件炸弹。电子邮件炸弹是最古老的匿名攻击之一，通过设置一台机器不断大量地向同一地址发送电子邮件，攻击者能够耗尽接收者网络的带宽。

一般对邮件地址进行配置，自动删除来自同一主机中过量或重复的消息。

④ Smurf 攻击。一个简单的 Smurf 攻击通过使用将回复地址设置成受害网络的广播地址的 ICMP 应答请求数据包，来淹没受害主机的方式进行，最终导致该网络的所有主机都对此 ICMP 应答请求做出答复，导致网络阻塞，比 Ping of Death 洪水的流量高出一个或两个数量级。更加复杂的 Smurf 将源地址改为第三方的受害者，最终导致第三方崩溃。

为了防止黑客利用用户的网络攻击他人，一般应关闭外部路由器或防火墙的广播地址特性，并在防火墙上设置规则，丢弃 ICMP 包。

（2）利用型攻击

利用型攻击是一类试图直接对机器进行控制的攻击，最常见的有如下三种。

① 口令猜测。一旦黑客识别了一台主机而且发现了基于 NetBIOS、Telnet 或 NFS 这样的服务可利用的用户账号，成功的口令猜测能提供对机器的控制。

所以要选用难以猜测的口令，如词和标点符号的组合。确保像 NFS、NetBIOS 和 Telnet 这样可利用的服务不暴露在公共范围内。如果该服务支持锁定策略，就进行锁定。

② 特洛伊木马。特洛伊木马是一种或是直接由一个黑客，或是通过一个不令人起疑的用户秘密安装到目标系统的程序。一旦安装成功并取得管理员权限，安装此程序的人就可以直接远程控制目标系统。

采用的最有效的一种方法称为后门程序，恶意程序包括 NetBus、BackOrifice 和 BO2k，用于控制系统的良性程序有 netcat、VNC、pcAnywhere 等。理想的后门程序应透明运行。

通过避免下载可疑程序并拒绝执行，运用网络扫描软件定期监视内部主机上的 TCP 服务可进行防御。

③ 缓冲区溢出。由于在很多的服务程序中大意的程序员使用类似 strcpy()、strcat()不进行有效位检查的函数，最终可能导致恶意用户编写一小段程序来进一步打开安全豁口，然后将该代码缀在缓冲区的有效载荷末尾，这样当发生缓冲区溢出时，返回指针指向恶意代码，这样系统的控制权就会被夺取。

可利用像 SafeLib、tripwire 这样的程序保护系统，或者浏览最新的安全公告不断更新操作系统的方法进行防御。

（3）信息收集型攻击

信息收集型攻击并不对目标本身造成危害，这类攻击一般被用来为进一步入侵提供有用的信息。主要包括下面几种方式：

① 地址扫描。在使用 ping 这样的程序探测目标地址时，容易产生信息收集型攻击。通常在防火墙上过滤掉 ICMP 应答消息即可进行防御。

② 端口扫描。通常使用一些软件，像大范围的主机连接一系列的 TCP 端口，扫描软件报告它成功地建立了连接的主机所开的端口时较易产生信息收集型攻击。

一般许多防火墙能检测到是否被扫描，并自动阻断扫描企图。

③ 体系结构探测。黑客使用具有已知响应类型的数据库的自动工具，对来自目标主机的、对坏数据包传送所做出的响应进行检查。由于每种操作系统都有其独特的响应方法，通过将此独特的响应与数据库中的已知响应进行对比，黑客经常能够确定出目标主机所运行的操作系统。

通过去掉或修改各种 Banner，包括操作系统和各种应用服务，阻断用于识别的端口扰乱对方的攻击计划进行防御。

④ DNS 域转换。DNS 协议不对转换或信息性的更新进行身份认证，这使得该协议被一些不同的方式加以利用。如果用户维护着一台公共的 DNS 服务器，黑客只需实施一次域转换操作就能得到用户所有主机的名称及内部 IP 地址。

一般在防火墙处过滤掉域转换请求。

（4）假消息攻击

用于攻击目标配置不正确的消息，主要包括 DNS 高速缓存污染、伪造电子邮件。

① DNS 高速缓存污染。由于 DNS 服务器与其他名称服务器交换信息时并不进行身份验证，这就使得黑客可以将不正确的信息掺进来并把用户引向黑客自己的主机。

通常在防火墙上过滤入站的 DNS 更新，外部 DNS 服务器不应更改用户的内部服务器对内部机器的认识。

② 伪造电子邮件。由于 SMTP 并不对邮件发送者的身份进行鉴定，因此，黑客可以对用户的内部客户伪造电子邮件，声称是来自某个客户认识并相信的人，附带上可安装的特洛伊木马程序，或者是一个引向恶意网站的连接。

一般使用 PGP 等安全工具并安装电子邮件证书进行防御。

8.1.2 数据加密和数字签名

计算机网络的安全主要涉及传输数据和存储数据的安全问题。它包含两个主要内容：一是数据保密性，即防止非法获取数据；二是数据完整性，即防止非法地编辑数据。解决这个问题的基础是现代密码学。

对于网络中传输的数据，通常有两种攻击形式，如图 8-1 所示。一种是被动窃听，这是数据保密性的问题，通常是指非法搭线窃听，截取通信内容进行密码分析。另一种是主动窃听，对应着数据完整性的问题，通常是指非法修改传输的报文，例如，插入一条非法的报文，重发原先的报文，删除一条报文，修改一条报文等。

图 8-1 网络通信安全的问题

对于存储的数据，在保密性方面通常采用 5 种不同的控制方法，即密码控制、访问控制、漏洞扫描、入侵监测和防火墙等。此外，还包括备份与数据恢复等手段。这里主要介绍数据传输过程中的数据加密和数字签名技术。

1. 数据加密

用户在网络上相互通信，其主要危险是被非法窃听。例如，采用搭线窃听，对线路上传输的信息进行截获；采用电磁窃听，对用无线电传输的信息进行截获等。因此，对网络传输的报文进行数据加密，是一种很有效的反窃听手段。通常采用某种算法对原文进行加密，然后将密码电文进行传输，即使被截获，一般也难以及时破译。

密码技术不仅具有信息加密的功能，而且具有数字签名、身份验证、秘密分存、系统安全等功能。所以，使用密码技术不仅可以保证信息的机密性，而且还可以保证信息的完整性和正确性，防止信息被修改、伪造或假冒。

密码学的基本思想是伪装信息，使得未授权的人无法理解它的含义。伪装就是将计算机中的信息进行一组可逆的数字变换过程。有以下几个相关的概念必须理解。

（1）加密（Encryption，记为 E）。将计算机中的信息进行一组可逆的数学变换过程。用于加密的这一组数学变换，称为加密算法。

（2）明文（Plaintext，记为 P）。信息的原始形式，也是加密前的原始信息。

（3）密文（Ciphertext，记为 C）。明文经过了加密后就变成了密文。

（4）解密（Decryption，记为 D）。授权的接收者接收到密文之后，进行与加密相逆的变换去掉密文的伪装，恢复明文的过程，称为解密。用于解密的一组数学变换，称为解密算法。

可见，加密和解密是两个相反的数学变换过程，它们都是用一定的算法实现的。为了有效地控制这种数学变换，需要一组参与变换的参数，这种在变换过程中通信双方都掌握的专门的信息，就称为密钥（Key）。加密过程是在加密密钥（记为 K_e）的参与下进行的，同样，解密过程是在解密密钥（记为 K_d）的参与下完成的。数据加密和解密的模型如图 8-2 所示。在图中，将明文加密为密文的加密过程可以表示为 C=E（P，K_e），将密文解密为明文的解密过程可以表示为 P=D（C，K_d）。

计算机密码学的发展，可以分为两个阶段。第一阶段称为传统方法的密码学阶段。此时，计算密码工作者继续沿用传统密码学的基本观念，即解密是加密的逆过程，两者所用的密钥是可以互相推导的，因此，无论是加密密钥还是解密密钥都必须严格保密，这种方案用于集中式系统是行之有效的。第二阶段，向两个方向发展：一个方向是传统的私钥密码体制（DES），另一个方向是密钥密码体制（RSA）。

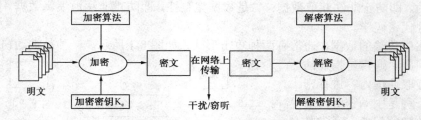

图 8-2　数据加密和解密的模型示意图

（1）传统加密算法

在传统的加密算法中，加密密钥与解密密钥是相同的或者可以由其中一个推知另一个，称为对称密钥算法。这样的密钥必须秘密保管，只能为授权用户所知，授权用户既可以用该密钥加密信息，也可以用该密钥解密信息。

传统的加密方法，其密钥是由简单的字符串组成的，可以经常改变。因此，这种加密模型是稳定的，它的优点就在于可以秘密而又方便地变换密钥，从而达到保密的目的，传统的加密方法可以分为两大类：替代密码和换位密码。

替代密码是用一组密文字母代替一组明文字母，但保持明文字母的位置不变。在替代法加密体制中，使用了密钥字母表。它可以由一个明文字母表构成，也可以由多个明文字母表构成。由一个字母表构成的替代密码，称为单表密码，其替代过程就是在明文和密码字符之间进行一对一的映射。如果是由多个字母表构成的替代密码，称为多表密码，其替代过程与前者不同之处在于明文的同一字符可在密码文中表现为多种字符。因此，在明码文与密码文的字符之间的映射是一对多的。具体如下所示。

明文：canyoubelieveher

密钥：

3	4	2	1	8	7	6	5
c	a	n	y	o	u	b	e
9	10	11	12	20	19	18	17
L	i	e	v	e	h	e	r

密文：34218765910111220191817

换位密码根据一定的规则重新安排明文字母，使之成为密文。换位密码是采用移位法进行加密的。它把明文中的字母重新排列，字母不变，但位置变了。换位密码是重新安排字母的次序，而不是隐藏它们。最简单的例子是把明文中的字母的顺序倒过来写，然后以固定长度的字母组发送或记录，具体如下所示。

明文：computer systems

密文：smetsys retupmoc

（2）私钥密码体制

DES 是对称加密算法中最具代表性的一种，又称为对称密码或私钥密码。

DES 是一种典型的按分组方式工作的密码，是两种基本的加密方法——替代和换位细致而复杂的结合。它通过反复应用这两项技术来提高其强度，经过总共 16 轮的替代和换位的变换后，使得密码分析者无法获得该算法一般特性以外更多的信息。DES 密码系统的原理框架图如图 8-3 所示。

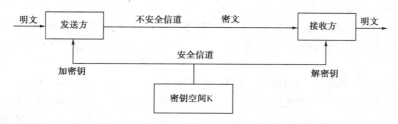

图 8-3 私钥密码原理图

DES 由于加密和解密时所用的密钥是相同的或者是相似的，因此，可以由加密密钥推导得出解密密钥，反之亦然，密钥必须保密，故采用另外一个安全信道来发送密钥，但是这个信道也有受到攻击的可能性。

私钥密码的优点是安全性高，加密解密速度快。缺点是随着网络规模的扩大，密钥的管理成为难点；无法解决消息确认问题；缺乏自动检测密钥泄露的能力。

（3）公钥密码体制

公开密钥加密技术的出现是密码学方面的一个巨大进步，它需要使用一对密钥来分别完成加密和解密操作。这对密钥中的一个公开发布，称为公开密钥（Public-Key），另一个由用户自己安全保存，称为私有密钥（Private-Key）。信息发送者首先用公开密钥去加密信息，而信息接收者则用相应的私有密钥去解密。通过数学的手段保证加密过程是一个不可逆过程，即用公钥加密的信息只能用与该公钥配对的私有密钥才能解密。常用的算法有 RSA、ElGama1 等。

用公开密钥 PUK 加密可表示为 EPUK（m）=c。

公开密钥和私有密钥是不同的，用相应的私有密钥PRK 解密可表示为 DPRK（c）=m。

在通信过程中，使用公钥技术进行信息加密和解密的流程，如图 8-4 所示。

虽然公钥体制从根本上取消了对称密码算法中的密钥分配问题，但并没有提供一个完整的解决方案，仍然有很多的缺点。如果用户同时向三个人发送同样的信息时，使用公钥体制，就必须进行三次加密

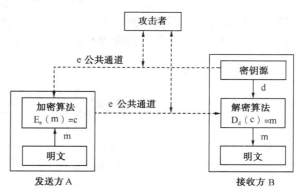

图 8-4 使用公钥加密技术的通信双方示意图

处理；公钥算法相对对称算法来讲，其计算速度非常慢；另外，公钥算法也要求一种使公钥能广为发布的方法和体制，如认证机构 CA 或公钥基础设施 PKI 系统等。

2. 数字签名

日常生活中，通过对某文档进行手写签名来保证文档的真实有效性，可以对签字方进行约束，并把文档与签名同时发送作为日后查证的依据。在网络环境中，可以用数字签名来模拟手写签名，从而为电子商务提供不可否认的服务。

把 Hash 函数和公钥算法结合起来，可以在提供数据完整性的同时来保证数据的真实性。完整性保证传输的数据没有被修改，而真实性则保证是由确定的合法者产生的 Hash，而不是由其他人假冒。而把这两种机制结合起来就可以产生数字签名（Digital Signature）。

Hash 函数简单地说，就是一种将任意长度的消息压缩到某一固定长度的消息摘要的函数。将报文按双方约定的 Hash 算法计算得到一个固定位数的报文摘要值。只要改动报文的任何一位，重新计算出的报文摘要就会与原先值不符，这样就保证了报文的不可更改性。然后把该报文的摘要值用发送者的私人密钥加密，并将该密文与原报文一起发送给接收者，所产生的报文即为数字签名。

接收方收到数字签名后，用同样的 Hash 算法对报文计算摘要值，然后与用发送者的公开密钥进行解密解开的报文摘要值相比较。如相等则说明报文确实来自发送者，因为只有用发送者的签名私钥加密的信息才能用发送者的公钥解开，从而保证了数据的真实性。

数字签名相对于手写签名在安全性方面具有如下好处：数字签名不仅与签名者的私有密钥有关，而且与报文的内容有关，因此，不能将签名者对一份报文的签名复制到另一份报文上，同时也能防止修改报文的内容。

从一个消息中创建一个数字签名包括两个步骤：一是创建一个消息的散列值（又称为消息摘要），二是签名，即利用签名者的私钥对该散列值进行加密，如图 8-5 所示。

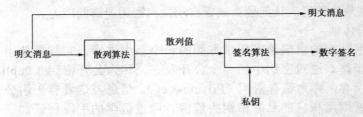

图 8-5　数字签名过程

为了验证一个数字签名，必须同时获得原始消息和数字签名。首先，利用与签名相同的方法计算消息的散列值，然后利用签名者公钥解密签名获取原散列值，如果两个散列值相同，则可以验证发送者的数字签名，整个过程如图 8-6 所示。

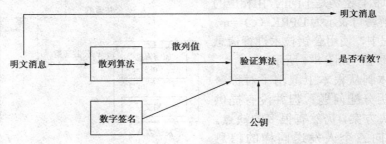

图 8-6　签名验证过程

8.2 网络安全技术

随着网络在社会各方面的延伸，进入网络的手段也越来越多，网络安全的内涵也就发生了根本的变化，它不仅从一般性的防卫变成了一种非常普通的防范，而且还从一种专门的领域变成了无处不在的空间。

8.2.1 防火墙

在各种网络安全工具中，成熟最早、用得最多的应属防火墙产品了。防火墙是一种综合性的科学技术，涉及网络通信、数据加密、安全决策、信息安全、硬件研制、软件开发等方面。

1. 防火墙的基本概念

防火墙是指设置在不同网络或网络安全域之间的一系列部件的组合。它是不同网络或网络安全域之间信息的唯一出入口，能根据企业的安全策略控制（允许、拒绝、监测）出入网络的信息流，且本身具有较强的抗攻击能力。它是提供信息安全服务、实现网络和信息安全的基础设施。

在逻辑上，防火墙是一个分离器、一个限制器，也是一个分析器。它有效地监控了内部网和 Internet 之间的任何活动，保障了内部网络的安全。

2. 防火墙的体系结构

按体系结构可以把防火墙分为包过滤型防火墙、屏蔽主机防火墙、屏蔽子网防火墙和一些防火墙结构的变体等几种类型。

（1）包过滤型防火墙

包过滤型防火墙往往可以用一台屏蔽路由器来实现，对所接收的每个数据包做允许或拒绝的决定，即存储或转发。路由器审查每个数据包以便确定其是否与某一条包过滤规则匹配，过滤规则基于可以提供给 IP 转发过程的包头信息。包头信息中包括 IP 源地址、IP 目标地址、内装协议（ICP，UDP，ICMP 或 IP Tunnel）、TCP/UDP 目标端口、ICMP 消息类型和 TCP 包头中的 ACK 位。包的输入接口和输出接口如果匹配，并且规则允许该数据包通过，那么该数据包就会按照路由表中的信息被转发。如果匹配但规则拒绝该数据包，那么该数据包就会被丢弃。如果没有匹配规则，用户配置的默认参数就会决定是转发还是丢弃数据包。

（2）屏蔽主机防火墙

这种防火墙强迫所有的外部主机与一个堡垒主机相连接，而不让它们直接与内部主机相连。为了实现这个目的，专门设置了一个过滤路由器，通过它把所有外部到内部的连接都路由到了堡垒主机上。图 8-7 所示为屏蔽主机防火墙的结构。

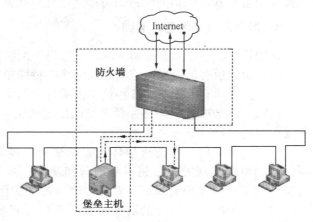

图 8-7　屏蔽主机防火墙的结构

在这种体系结构中，堡垒主机位于内部网络，屏蔽路由器连接 Internet 和内部网，它是防火墙的第一道防线。屏蔽路由器需要进行适当的配置，使所有的外部连接被路由到堡垒主机上。并不是所有服务的入站连接都会被路由到堡垒主机上，屏蔽路由器可以根据安全策略允许或禁止某种服务的入站连接（外部到内部的主动连接）。

对于出站连接（内部网络到外部不可信网络的主动连接），可以采用不同的策略。对于一些服务，如 Telnet，可以允许它直接通过屏蔽路由器连接到外部网而不通过堡垒主机，其他服务，如 WWW 和 SMTP 等，必须经过堡垒主机才能连接到 Internet，并在堡垒主机上运行该服务的代理服务器。怎样安排这些服务取决于安全策略。

因为这种体系结构有堡垒主机被绕过的可能，而堡垒主机与其他内部主机之间没有任何保护网络安全的东西存在，所以人们开始趋向另一种体系结构——屏蔽子网。

（3）屏蔽子网防火墙

屏蔽子网在本质上和屏蔽主机是一样的，但是增加了一层保护体系——周边网络，堡垒主机位于周边网络上，周边网络和内部网络被内部屏蔽路由器分开，其结构示意图如图 8-8 所示。

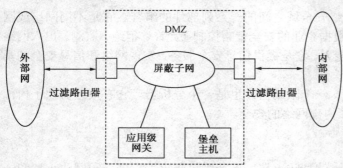

图 8-8　屏蔽子网体系结构

周边网络又称为"停火区"或者"非军事区"（DMZ），网络管理员将堡垒主机、信息服务器、Modem 组及其他公用服务器放在 DMZ 网络中。DMZ 网络很小，处于 Internet 和内部网络之间。在一般情况下，将 DMZ 配置成使用 Internet 和内部网络系统能够访问 DMZ 网络上数目有限的系统，而通过 DMZ 网络直接进行信息传输是严格禁止的。

在周边网络上，可以放置一些信息服务器，如 WWW 和 FTP 服务器，以便于公众的访问。但这些服务器可能会受到攻击，而内部网络还是被保护着的。现在大部分的局域网采用以太网，以太网的特点就是广播，这样一台位于网络上的机器可以监听网上所有的通信。实现这个目的是极为简单的，一般情况下，网络接口只接收发向自己的数据包。如果网络接口被置成混合模式，则该网络接口可以接收任何数据包，其他网络如令牌环和 FDDI 也是如此。

3．配置防火墙的基本原则

在默认情况下，所有的防火墙都是按以下两种情况配置的。

（1）拒绝所有的流量，这需要在网络中特殊指定能够进出的流量类型。

（2）允许所有的流量，这种情况需要特殊指定要拒绝的流量的类型。

在防火墙的配置中，首先要遵循的原则就是安全实用，从这个角度考虑，在防火墙的配置过程中需坚持以下三个基本原则。

（1）简单实用：对防火墙环境设计来讲，越简单越好。其实这也是任何事物的基本原则。越简单的实现方式，越容易理解和使用。而且是设计越简单，越不容易出错，防火墙的安全功能越容易得到保证，管理也越可靠和简便。

（2）全面深入：单一的防御措施是难以保障系统的安全的，只有采用全面的、多层次的深层防御战略体系才能实现系统的真正安全。在防火墙配置中，我们不要停留在几个表面的防火墙语句上，而应系统地看待整个网络的安全防护体系，尽量使各方面的配置相互加强，从深层次上防护整个系统。具体可体现在两个方面：一方面体现在防火墙系统的部署上，多层次的防火墙部署体系，即采用集互联网边界防火墙、部门边界防火墙和主机防火墙于一体的层次防御；另一方面将入侵检测、网络加密、病毒查杀等多种安全措施结合在一起的多层安全体系。

（3）内外兼顾：防火墙的一个特点是防外不防内，其实在现实的网络环境中，80%以上的威胁都来自内部，所以要树立防内的观念，对内部威胁可以采取其他安全措施，例如，入侵检测、主机防护、漏洞扫描、病毒查杀。这方面体现在防火墙配置方面就是要引入全面防护的观念，最好能部署与上述内部防护手段一起联动的机制。目前来说，要做到这一点比较困难。

4. 防火墙产品介绍

我们将主要介绍几款目前市场上常见的防火墙产品。这些产品都具有其独特的技术特点，因而能够在业界占有一席之地。当然，随着国内防火墙厂商的成熟，在防火墙的低端应用上，国内防火墙依靠其明显的售后服务优势已经可以与国外防火墙一争短长。但在防火墙的高端应用上，国外防火墙仍然占有主导地位。

（1）Firewall-1 防火墙

美国 CheckPoint 是一家专业从事网络安全产品开发的公司，是软件防火墙领域中的佼佼者，其开发的软件防火墙产品 CheckPoint Firewall-1 在全球软件防火墙产品中排名第一。Firewall-1 是一个综合的、模块化的安全产品，基于策略的解决方案，能够让管理员指定网络访问按部署的时间段进行控制，Firewall-1 能够将处理任务分散到一组工作站上，从而减轻相应防火墙服务器、工作站的负担。CheckPoint Firewall-1 防火墙的操作在操作系统的核心层进行，而不是在应用程序上，让防火墙系统达到最高的性能、最佳的扩展与升级，Firewall-1 支持基于 Web 的多媒体和 UDP 应用程序，采用多重验证模板和方法。

而 Checkpoint 由于架构不依赖硬件，因此，理论上功能是可以无限扩充的，它能给客户更多的控制和定制功能。同时，CheckPoint Firewall-1 是一个跨平台的防火墙系统，目前支持 Windows 98/NT/2000/XP/2000、Sun OS、Sun Solaris、IBM AIX、HP-UN、FreeBSD 及各类 Linux 系统。就目前来讲，Firewall-1 是全球认可的软件防火墙产品，当然，价格偏高也是 CheckPoint 公司的一个不足之处。

（2）Microsoft ISA Server 软件防火墙

Microsoft ISA Server 企业级防火墙是全球最大的软件公司——微软公司最新发布的防火墙产品。最新的产品是正在测试的 ISA Server 2008。作为 Microsoft Windows Server System 的成员之一，ISA Server 2008 企业级防火墙是一个安全、易于使用且经济高效的解决方案，可帮助 IT 专业人员抵御不断涌现的新安全威胁。ISA Server 2008 是一个应用层防火墙，旨在改善用户的网络安全。实现了对应用层攻击的防护，数据过来后，ISA Server 2008 企业级防火墙会将应用层内容打开，同时对包头部分及应用层内容进行检测，如果发现与已知攻击代码相符，立刻将该数据流作为不合法数据流进行阻止，严禁攻击数据流发送到服务器。从而能够比较有效地防护这种伪装起来的攻击。使得 ISA Server 2008 实现高级防护，最大限度地保护应用程序。

不足之处：Microsoft ISA Server 企业级防火墙是在应用层对网络包进行检查，在安装过防火墙之后，会对网络传输速度有所影响，造成一种网络资源的消耗，更是一种信息流通的阻碍。Microsoft ISA Server 企业级防火墙目前只支持 Windows 操作系统，部署采用 Server/Client 模式安装相应的防火墙软件。

（3）Cisco PIX 系列防火墙

Cisco PIX 是最具代表性的硬件防火墙。由于它采用了自由的实时嵌入式操作系统，因此，减少了黑客利用操作系统 Bug 攻击的可能性。就性能而言，Cisco PIX 是同类硬件防火墙产品中最好的，对 100BaseT 可达线速。因此，对于数据流量要求高的场合，如大型的 ISP，应该是首选。但是，其优势在软件防火墙面前便呈现出来了。其缺点主要有三个：一是价格昂贵，二是升级困难，三是管理复杂。

与 Microsoft ISA Server 防火墙管理模块类似，Cisco 公司也提供了集中式的防火墙管理工具 Cisco Security Policy Manager，PIX 可以阻止可能造成危害的 SMTP 命令，但是在 FTP 方面它不能像大多数产品那样控制上传和下载操作。在日志管理、事件管理等方面远比不上 ISA Server 防火墙管理模块那么强劲易用，在对第三方厂商产品的支持这方面尤其显得不足。

（4）Cyberwall PLUS 防火墙

Network-1 公司是分布式网络入侵防护产品方面的先驱，其安全产品 Cyberwall PLUS 为电子商务的安全开展提供了保障。其中，主机驻留式防火墙 Cyberwall PLUS-SV 是全球第一个支持 Windows NT/2000/XP 的嵌入式防火墙。它所提供的网络入侵防护功能保护了重要的信息服务器免受内部人员所进行的访问破坏。

Cyberwall PLUS 防火墙分为两个版本：Cyberwall PLUS-SV 和 Cyberwall PLUS-WS。前者是服务器版本，对服务器的安全提供了新一代的先进保护机制。而后者是工作站版本，采用了企业级的防护技术来为台式机、笔记本电脑和工作站提供完备的安全保证。

Network-1 致力于基于主机的安全保护领域，能够提供主机级的存取控制，因而相当于企业网络边缘的边界防火墙。Cyberwall PLUS 防火墙的过滤引擎使用简单的程序运行结构，使得数据包的状态分析变得更有效率，从而快速判断主机的数据包是否允许通过或需要加以拒绝。状态检测使用协议强迫校正的方式，而不是列举所有已知的有害偏差的行为与事件，来处理相关协议的弱点。这种将处理焦点关注在弱点的方式，使 Cyberwall PLUS 防火墙能够保护主机系统免于受到新型攻击的威胁，因而用户无须经常性地更新攻击特征库。

8.2.2　防黑客

1. 常见黑客技术

通过对黑客入侵手法的分析，可以知晓如何防止自己被"黑"并解决被入侵的问题。下面将常见的黑客攻击手段进行简单介绍，以做到知己知彼，有效达到"防黑"的目的。

（1）驱动攻击

当有些表面看来无害的数据被邮寄或复制到 Internet 主机上并被执行发起攻击时，就会发生数据驱动攻击。例如，一种数据驱动的攻击可以造成一台主机修改与安全相关的文件，从而使入侵者下一次更容易入侵该系统。

（2）系统漏洞攻击

UNIX 系统是公认的最安全、最稳定的操作系统之一，不过它也像其他软件一样有漏洞，一样会受到攻击。UNIX 操作系统可执行文件的目录，如/bin/who 可由所有的用户进行访问，攻击者可以从可执行文件中得到其版本号，从而知道它会具有什么样的漏洞，然后针对这些漏洞发动攻击。

（3）信息攻击法

攻击者通过发送伪造的路由信息，构造源主机和目标主机的虚假路径，从而使流向目标主机的数据包均经过攻击者的主机。这样就给攻击者提供了敏感的信息和有用的密码。

（4）信息协议的弱点攻击法

IP 源路径选项允许 IP 数据报自己选择一条通往目的主机的路径。设想攻击者试图与防火墙后面的一个不可到达主机 A 连接，它只需要在送出的请求报文中设置 IP 源路径选项，使报文有一个目的地址指向防火墙，而最终地址是主机 A。当报文到达防火墙时被允许通过，因为它指向防火墙而不是主机 A。防火墙 IP 层处理该报文的源路径域，并发送到内部网上，报文就这样到达了不可到达的主机 A。

（5）系统管理员失误攻击法

网络安全的重要因素之一就是人，无数事实表明"堡垒最容易从内部攻破"。因而人为的失误，如 WWW 服务器系统的配置差错、普通用户使用权限扩大等，都会给黑客造成可乘之机，黑客常利用系统管理员的失误，使攻击得以成功。

2. 防范黑客入侵的措施

（1）选用安全的口令

根据多个黑客软件的工作原理，参照口令破译的难易程度，以破解需要的时间为排序指标，用户在设置口令时应该含有大小写字母、数字，有控制符更好；不要用 admin、guest、Server、生日、电话号码之类的便于猜测的字符组作为口令；并且应保守口令秘密并经常改变口令，间隔一段时间要修改超级用户口令，另外要管好这些口令，不要把口令记录在非管理人员能接触到的地方。

（2）实施存取控制

存取控制规定何种主体对何种实体具有何种操作权力。存取控制是内部网络安全理论的重要方面，它包括人员权限、数据标识、权限控制、控制类型、风险分析等内容。管理人员应管好用户权限，在不影响用户工作的情况下，尽量减小用户对服务器的权限，以免一般用户越权操作。

（3）确保数据的安全

最好通过加密算法对数据处理过程进行加密，并采用数字签名及认证来确保数据的安全。

（4）谨慎开放缺乏安全保障的应用和端口，开放的服务越多，系统被攻破的风险就越大，应以尽量少的服务来提供最大的功能。

（5）定期分析系统日志

一般黑客在攻击系统之前都会进行扫描，管理人员可以通过记录中的先兆来进行预测，做好应对准备。

（6）不断完善服务器系统的安全性能。很多服务器系统都被发现有不少漏洞，服务商会不断在网上发布系统的补丁。为了保证系统的安全性，应随时关注这些信息，及时完善自己的系统。

（7）进行动态站点监控

应及时发现网络遭受攻击情况并加以追踪和防范，避免对网络造成更大损失。

（8）用安全管理软件测试自己的站点

测试网络安全的最好方法是自己定期地尝试进攻自己的系统，最好能在入侵者发现安全漏洞之前自己先发现。

（9）请第三方评估机构或专家完成网络安全评估把未来可能的风险降到最小

（10）做好数据的备份工作

这是非常关键的一个步骤，有了完整的数据备份，当遭到攻击或系统出现故障时才可能迅速地恢复系统。

（11）使用防火墙

防火墙正在成为控制对网络系统访问的非常流行的方法。事实上，在 Internet 上的 Web 网站中，超过 1/3 的都是由某种形式的防火墙加以保护的，这是安全性较强的一种方式，任何关键性的服务器，都建议放在防火墙之后。任何对关键服务器的访问都必须通过代理服务器，这虽然降低了服务器的交互能力，但为了安全，这是值得的。

8.2.3　防病毒

计算机病毒是人为制作的一个程序、一段可执行代码。像生物病毒一样，计算机病毒有独特的复制能力，一旦感染便迅速蔓延，而且常常难以根除。它们能把自身附着在各种类型的文件上，当文件被复制或从一个用户传送到另一个用户时，它们就随同文件一起蔓延开来。具有破坏性（占用资源、破坏数据、干扰系统、破坏 BIOS）、灵活性（几千个字节不易被发现）、传染性（能自我复制）、潜伏性（不会马上发作，满足一定条件就发作，如黑色星期五）、衍生性（能产生各种变种）、针对性（PC 不能传到 Macintosh 机，UNIX 系统不能传到 DOS）和隐蔽性（附在正常程序中，以隐含文件出现，不经代码分析很难发现）。为了防止计算机感染病毒，需要学习有关杀、除病毒方法。

1.　瑞星杀毒软件

瑞星公司是我国大陆主要的几家反病毒软件厂商之一，其推出了基于多种操作系统的瑞星杀毒软件单机版、网络版、防毒墙、防火墙、入侵检测、数据保护、漏洞扫描和 VPN 等系列产品，是全球第三家，也是国内唯一一家可以提供全系列信息安全产品和服务的专业厂商。借助内外部各种资源，目前已建成五大安全网络体系——全球计算机病毒监测网、全球计算机病毒应急处理网、全国计算机病毒预报网、全国反病毒服务网及全球病毒疫情监测网。在公安部组织的计算机病毒防治产品评测中，"瑞星杀毒软件"单机版、网络版曾双双荣获总分第一的殊荣，并连续 5 年蝉联至今。

瑞星杀毒软件系列包括网络版和单机版，提供杀病毒、个人防火墙、特洛伊木马检测等功能，并提供简体中文、繁体中文、英文、日文的多语言版本。瑞星杀毒软件（Rising Antivirus，又称为 RAV）采用获得欧盟及中国专利的六项核心技术，形成全新软件内核代码。它可以从未知程序的行为方式判断其是否有害并予以相应的防范。这对于目前已经广泛使用的，依赖病毒特征代码对比进行病毒查杀的传统病毒防范措施，无疑是一种根本性的超越，瑞星杀毒软件主界面如图 8-9 所示。

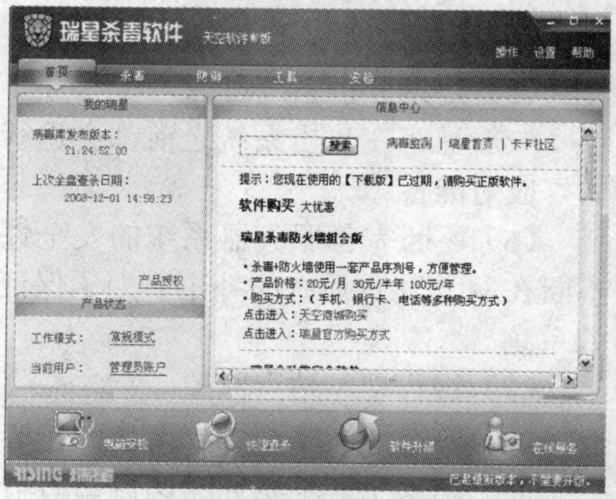

图 8-9　瑞星杀毒软件主界面

2.　卡巴斯基

在国内，卡巴斯基（Kaspersky AVP）反病毒软件的名气并不是很大。但是在国际市场中，卡巴斯基已经成为信息安全技术领域公认的领导者。卡巴斯基实验室是一个国际化的公司。总部位于俄罗斯，在英国、法国、德国、日本、美国、比荷卢三国、中国和波兰拥有附属机构。卡巴斯基实验室的伙伴网络包括全球 500 多家公司，可以说，现在很大部分的杀毒软件都是卡巴斯基提供的反病毒引擎和病毒码数据库。最近，卡巴斯基反病毒软件（Kaspersky AVP）推出了卡巴斯基中文单机版。

卡巴斯基中文单机版（Kaspersky Anti-Virus Personal）是 Kaspersky Labs 专为我国个人用户量身定制的反病毒产品。这款产品功能包括病毒扫描、驻留后台的病毒防护程序、脚本病毒拦截器及邮件检测程序，时刻监控一切病毒可能入侵的途径。产品采用第二代启发式代码分析技术、iChecker 实时监控技术和独特的脚本病毒拦截技术等多种最尖端的反病毒技术，能够有效查杀"冲击波"、"Welchia"、"Sobig.F"等病毒及其他 8 万余种病毒，并可防范未知病毒。另外，该软件的界面简单、集中管理、提供多种定制方式，自动化程度高，而且几乎所有的功能都是在后台模式下运行，系统资源占有低。最具特色的是该产品每天两次更新病毒代码，更新文件只有 3～20KB，对网络带宽的影响极其微小，能确保用户系统得到最为安全的保护，是个人用户的首选反病毒产品。

Kaspersky 为任何形式的个体和社团提供了一个广泛的抗病毒解决方案。它提供了所有类型的抗病毒防护：抗病毒扫描仪、监控器、行为阻断和完全检验。它支持几乎所有的普通操作系统、E-mail 通路和防火墙。Kaspersky 控制所有可能的病毒进入端口，它强大的功能和局部灵活性及网络管理工具为自动信息搜索、中央安装和病毒防护控制提供最大的便利和最少的时间来建构用户的抗病毒分离墙。Kaspersky 抗病毒软件有许多国际研究机构、中立测试实验室和 IT 出版机构的证书，确认了 Kaspersky 具有汇集行业最高水准的突出品质。功能强大的实时病毒监测和防护系统，支持所有的 Windows 平台，它集成了多个病毒监测引擎，如果其中一个发生遗漏，就会有另一个去监测。它还可单一扫描硬盘或一个文件夹或文件，软件更提供密码的保护性，并提供病毒的信息。如图 8-10 所示是卡巴斯基的主界面。

3. 360 安全卫士

360 安全卫士是由奇虎网推出的一款全免费产品，该款软件为安全类上网辅助软件，适用于 Windows 2000 或 Windows XP 系统，它拥有查杀恶意软件、插件管理、病毒查杀、诊断及修复、保护等数个强劲功能，同时还提供弹出插件免疫、清理使用痕迹及系统还原等特定辅助功能。另外，使用 360 安全卫士建议与卡巴斯基杀毒软件或卡巴斯基互联网安全套装配合。由于奇虎网与卡巴斯基实验室合作，用户可一次性免费得到卡巴斯基杀毒软件的激活码（半年激活码）。如图 8-11 所示是 360 安全卫士 V5.0 版界面。

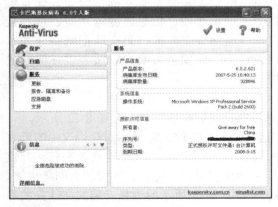

图 8-10　卡巴斯基的主界面　　　　　　图 8-11　360 安全卫士 V5.0 版界面

360 安全卫士产品功能及特点有以下内容。

（1）主动防御全面保护：阻止恶意程序安装，保护系统关键位置，拦截恶意网站，防止账号、QQ 号、密码丢失。每日更新拦截数据库，让系统每时每刻处于保护之中。

（2）恶意软件一个不留：驱动免疫、特征查杀、行为预判等独门绝技确保超强的查杀能力，一改同类软件查得到但杀不干净的尴尬情况。

（3）查杀能力与时俱进：一周数次的恶意软件特征库更新，一周一次的查杀引擎更新，让新老恶意软件无所遁形。

（4）免费强劲病毒查杀：与卡巴斯基强强联手推出病毒查杀模块。

（5）多余插件随心卸载：可完美卸载 8 大类共 1092 款插件，每个插件均有详细的功能描述，因而能大幅度提高计算机的运行速度。

（6）精准诊断智能修复：最全面的系统诊断方式，扫描系统 190 多个可疑位置，知识库提供 44 111 条进程知识解释，智能修复 IE 浏览器、恢复网络连接等。

（7）修复漏洞拒绝攻击：修复漏洞，保证系统安全，提供强大的漏洞扫描功能，全面检测 371 个系统漏洞，系统中的漏洞一目了然。自动下载补丁并修复检测出的漏洞，全面保证系统安全。

（8）双重备份使用更安全：独特的网络设置备份与系统还原备份，可随时还原系统到查杀之前的原有设置，不用担心误操作带来的负面影响。

8.3 基于工作过程的实训任务

任务一 天网防火墙的安装

一、实训目的

了解防火墙的基本知识，掌握防火墙的安装过程。

二、实训内容

安装防火墙软件。

三、实训方法

天网防火墙个人版（简称为天网防火墙）是由天网安全实验室研发制作给个人计算机使用的网络安全工具。它能够提供强大的访问控制、应用选通、信息过滤等功能。帮助抵挡网络入侵和攻击，防止信息泄露，保障用户机器的网络安全。天网防火墙把网络分为本地网和互联网，可以针对来自不同网络的信息，设置不同的安全方案，它适合以任何方式连接上网的个人用户，是国内比较流行的个人防火墙。

安装过程如下所示。

（1）打开天网防火墙个人版安装程序，然后直接执行安装程序即可，如图 8-12 所示。

（2）在出现的如图 8-12 所示的授权协议后，请仔细阅读协议，如果你同意协议中的所有条款，请选择"我接受此协议"，并单击"下一步"按钮继续安装。如果你对协议有任何异议可以单击"取消"按钮，安装程序将会关闭。必须接受授权协议才可以继续安装天网防火墙。

如果同意协议，单击"下一步"按钮，将会出现如图 8-13 所示的选择安装的文件夹的界面，天网防火墙个人版预设的安装路径是 C:\ProgramFiles\SkyNet\FireWall 文件夹，也可以通过单击右边的"浏览"按钮来自行设定安装的路径。

图 8-12　安装界面

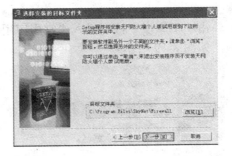

图 8-13　选择安装的文件夹的界面

（3）在设定好安装的路径后，程序会提示建立程序组快捷工具栏方式的位置，如图 8-14 所示。

（4）单击"下一步"按钮，出现如图 8-15 所示的正在复制文件的界面，此时正在安装软件，请用户耐心等待。

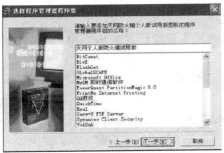

图 8-14　选择程序组

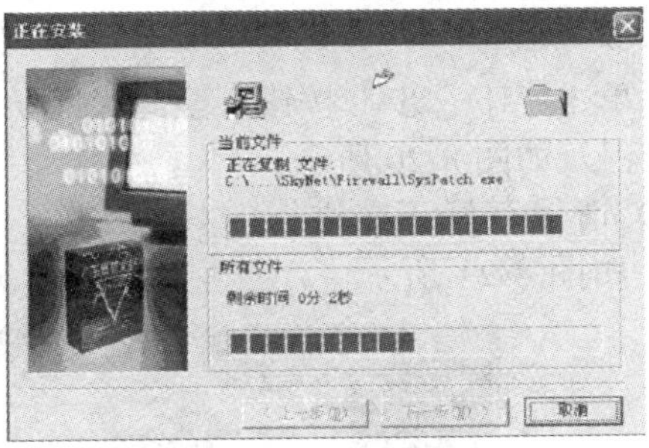

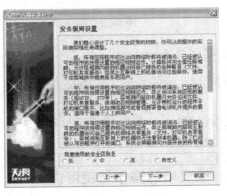

图 8-15　正在复制文件界面

（5）文件复制基本完成后，系统会自动弹出如图 8-16 所示的设置向导，用户可以跟着它一步一步地设置好适合自己使用的防火墙规则。

（6）单击"下一步"按钮，出现如图 8-17 所示的安全级别设置。为了保证能够正常上网并免受他人的恶意攻击，一般情况下，我们建议大多数用户和新用户选择中等安全级别，对于熟悉天网防火墙设置的用户可以选择自定义级别。

图 8-16　设置向导

图 8-17　安全级别设置

（7）单击"下一步"按钮可以看见如图 8-18 所示的局域网信息设置，软件将会自动检测

IP 地址并记录下来，建议选中"开机的时候自动启动防火墙"这一选项，以保证计算机随时都受到保护。

（8）单击"下一步"按钮进入"常用应用程序设置"，对于大多数用户和新用户建议使用默认选项，如图 8-19 所示。

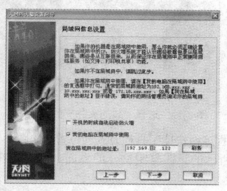 

图 8-18　局域网信息设置　　　　　图 8-19　常用应用程序设置

（9）单击"下一步"按钮，至此天网防火墙的基本设置已经完成，单击"结束"按钮完成安装过程，如图 8-20 所示。

（10）请保存好正在进行的其他工作，单击"确定"按钮，计算机将重新启动使防火墙生效，如图 8-21 所示。

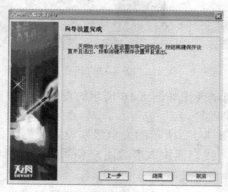

图 8-20　向导设置完成界面　　　　图 8-21　安装完成

四、实训总结

（1）了解"传输控制协议/Internet 协议"的基本知识对学习防火墙的基本操作有一定的促进作用。

（2）软件防火墙的安装过程与其他软件的安装过程大同小异，仅注意安装后的配置向导提示，一步步操作即可。

任务二　防火墙的操作与使用说明

一、实训目的

认识天网防火墙的操作界面，掌握防火墙的基本设置。

二、实训内容

防火墙的基本设置、IP 规则的设置、应用程序规则的设置。

三、实训方法

1. 认识基本的操作界面

天网防火墙提供了天网 2006、深色优雅和经典风格三种皮肤供选择，选择后单击"确定"按钮即可生效，如图 8-22 所示。

（a）"天网 2006"风格界面　　　　　　　　　（b）"深色优雅"风格界面

（c）"经典"风格界面

图 8-22　操作界面

2. 操作与使用说明

（1）系统设置。在防火墙的控制面板中单击"系统设置"按钮，即可展开防火墙系统设置面板。天网个人版防火墙系统设置界面，如图 8-23 所示。

图 8-23　系统设置界面

启动设置：选中"开机后自动启动防火墙"选项，天网防火墙个人版将在操作系统启动时自动启动，否则需要手工启动天网防火墙。

防火墙自定义规则重置：单击该按钮，天网防火墙将提示把防火墙的安全规则全部恢复为初始设置，对安全规则的修改和加入的规则将会全部被清除掉。

应用程序权限设置：选中了该选项之后，如图 8-24 所示。所有的应用程序对网络的访问都默认为"通行不拦截"。这适合在某些特殊情况下，不需要对所有访问网络的应用程序都做审核。

局域网地址设置：设置在局域网内的 IP 地址，如图 8-25 所示。

注意：如果机器是在局域网内使用，一定要设置好这个地址。因为防火墙将会以这个地址来区分局域网或者 Internet 的 IP 来源。

图 8-24　设置应用程序权限

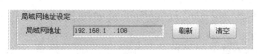

图 8-25　IP 地址设置

管理权限设置：允许用户设置管理员密码保护防火墙的安全设置。用户可以设置管理员密码，防止未授权的用户随意改动设置、退出防火墙等。

用户通过提示设置好管理员密码，确定后密码生效。用户可选择在允许某应用程序访问网络时，需要或者不需要输入密码。

注意： 设置管理员密码后，对修改安全级别等操作也需要输入密码。

日志管理：用户可根据需要，设置是否自动保存日志、日志保存路径、日志大小等。可以选中"自动保存日志"选项，天网防火墙将会把日志记录自动保存，默认路径为C:\ProgramFiles\SkyNet\FirBWall\log。可以单击浏览设定日志的保存路径，还可以通过拉动日志大小里的滑块在 1～100MB 之间选择保存日志所占用空间的大小。

入侵检测设置：用户可以在这里进行入侵检测的相关设置，如图 8-26 所示。

选中"启动入侵检测功能"选项，在防火墙启动时，入侵检测开始工作，不选则关闭入侵检测功能。当开启入侵检测时，检测到可疑的数据包时，防火墙会弹出"入侵检测提示"窗口。

选中"检测到入侵后，无须提示自动静默入侵主机的网络包"选项，当防火墙检测到入侵时则不会再弹出

图 8-26　入侵检测设置

"入侵检测提示"窗口，它将按照用户设置的默认静默时间，禁止此 IP，并记录在入侵检测的IP 列表里。

用户可以在"默认静默时间"里设置静默 3 分钟、10 分钟和始终静默。

在入侵检测的 IP 列表里，用户可以查看、删除已经禁止的 IP。

（2）安全级别设置。天网个人版防火墙的预设安全级别分为低、中、高、扩展四个等级，默认的安全等级为中级，其中各等级的安全设置说明如下。

低：所有应用程序初次访问网络时都将询问，已经被认可的程序则按照设置的相应规则运作。计算机将完全信任局域网，允许局域网内部的机器访问自己提供的各种服务（文件、打印机共享服务），但禁止互联网上的机器访问这些服务。适用于在局域网中提供服务的用户。

中：所有应用程序初次访问网络时都将询问，已经被认可的程序则按照设置的相应规则运作。禁止访问系统级别的服务（如 HTTP、FTP 等）。局域网内部的机器只允许访问文件、打印机共享服务。使用动态规则管理，允许授权运行的程序开放的端口服务，例如，网络游戏或者视频语音电话软件提供的服务。适用于普通个人上网用户。

高：所有应用程序初次访问网络时都将询问，已经被认可的程序则按照设置的相应规则运作。禁止局域网内部和互联网的机器访问自己提供的网络共享服务（文件、打印机共享服务），局域网和互联网上的机器将无法找到本机器。除了已经被认可的程序打开的端口外，系统会屏蔽掉向外部开放的所有端口。也是最严密的安全级别。

扩展：基于"中"安全级别再配合一系列专门针对木马和间谍程序的扩展规则，可以防木马和间谍程序打开 TCP 或 UDP 端口监听甚至开放未许可的服务。根据最新的安全动态对规则库进行升级。适用于需要频繁试用各种新的网络软件和服务且需要对木马程序进行足够限制的用户。

自定义：可以自己设置规则。注意，设置规则不正确会导致无法访问网络。用户可以根据自己的需要调整自己的安全级别，方便使用。对于普通的个人上网用户，建议使用中级安全规则，它可以在不影响使用网络的情况下，最大限度地保护机器不受到网络攻击。

（3）自定义 IP 规则。简单地说，规则是一系列的比较条件和一个对数据包的动作，即根据数据包的每一个部分来与设置的条件比较，当符合条件时，就可以确定对该包放行或者阻挡。通过合理设置规则就可以把有害的数据包挡在机器之外。这一系列操作可以在"工具栏"中完成，如图 8-27 所示。

可以通过单击上面的按钮来进行"增加规则"、"修改规则"、"删除规则"操作。由于规则判断是由上而下执行的，可以通过单击"上移"或"下移"按钮调整规则的顺序，还可以"导出"和"导入"已预设和已保存的规则。当调整好顺序后，可单击"保存"按钮保存所做的修改。如需要删除全部 IP 规则，可单击"清空所有规则"按钮。

规则列表中列出了所有规则的名称、规则所对应的数据包的方向、规则控制的协议、本机端口、对方地址和对方端口，以及当数据包满足本规则时所采取的策略，如图 8-28 所示。列表的左边为规则是否有效的标志，选中表示该规则有效，否则表示无效。

图 8-27　自定义 IP 规则　　　　　　　　　　图 8-28　规则列表

单击"增加"按钮或选择一条规则后单击"修改"按钮，就会激活"编辑"窗口，如图 8-29 所示。

（1）首先输入规则的"名称"和"说明"，以便于查找和阅读。然后，选择该规则是对进入的数据包还是输出的数据包有效。

（2）"对方 IP 地址"，用于确定选择数据包从哪里来或去哪里，其中，"任何地址"是指数据包从任何地方来，都适合本规则。

（3）"局域网网络地址"是指数据包来自和发向局域网。

（4）"指定地址"可以自己输入一个地址，"指定的网络地址"可以自己输入一个网络和掩码。

除了设置上述内容，还要设定该规则所对应的协议，其中如下所示：

"TCP"协议要填入本机的端口范围和对方的端口范围，如果只是指定一个端口，那么可以在起始端口处输入该端口，在结束处输入同样的端口。如果不想指定任何端口，只要在起始端口都输入 0。TCP 标志比较复杂，可以查阅其他资料，如果不选择任何标志，那么将不会对标志做检查；"ICMP"规则要填入类型和代码。如果输入 255 表示任何类型和代码都符合本规则；"IGMP"不用填写内容，如图 8-29 所示。

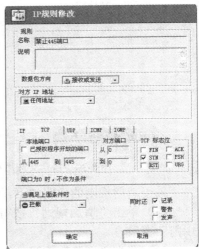

图 8-29　修改规则

当一个数据包满足上面的条件时，就可以对该数据包采取行动了，如下所示。

（1）"通行"指让该数据包畅通无阻地进入或发出。

（2）"拦截"指让该数据包无法进入机器。

（3）"继续下一规则"指不对该数据包做任何处理，由该规则的下一条协议规则来决定对该包的处理。

（4）在执行这些规则的同时，还可以定义是否记录这次规则的处理和这次规则处理的数据包的主要内容，并用右下角的"天网防火墙个人版"图标是否闪烁来"警告"，或发出声音提示。

建立规则时，请注意下面几点。

（1）防火墙的规则检查顺序与列表顺序是一致的。

（2）在局域网中，只想对局域网开放某些端口或协议（但对因特网关闭）时，可对局域网的规则采用允许"局域网网络地址"的某端口、协议的数据包"通行"的规则，然后用"任何地址"的某端口、协议的规则"拦截"，就可达到目的。

不要滥用"记录"功能，一个定义不好的规则加上记录功能，会产生大量没有任何意义的日志，并耗费大量的内存。

（3）自定义应用程序规则。简单地说，自定义应用程序规则是设定的应用程序访问网络的权限。自定义应用程序规则可以在"工具条"中完成，如图 8-30 所示。

可以单击上面的按钮来"增加规则"，还可以"刷新列表"和"导入"、"导出"已预设和已保存的规则。如需要删除全部应用程序规则，可单击"清空所有规则"按钮删除全部应用程序规则。

应用程序规则列表中列出了所有的应用程序的名称、版本、路径等信息，如图 8-31 所示。在列表的右边为该规则访问权限选项，选中表示一直允许该应用程序访问网络，问号表示该应用程序每次访问网络时会弹出询问是否让该应用程序访问网络的对话框，又选表示一直禁止该应用程序访问网络。用户可以根据自己的需要单击"√"、"？"、"×"来设定应用程序访问网络的权限。

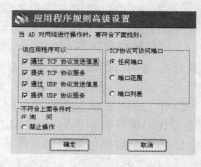

图 8-30　自定义应用程序规则　　　　　图 8-31　应用程序列表

关于新增规则的说明如下。

（1）单击"增加规则"按钮，就会激活"增加应用程序规则"窗口。

（2）单击"浏览"按钮，选择要添加的应用程序。

（3）其他的设置参见应用程序规则高级设置，如图 8-32 所示。

四、实训总结

（1）学习防火墙的具体应用及配置操作。

图 8-32　应用程序规则高级设置

（2）结合所学知识，进一步了解防火墙的 IP 规则设置。

（3）天网防火墙配置有两方面的内容：IP 规则和应用程序规则。

任务三　360 安全卫士的使用

一、实训目的

通过使用 360 安全卫士软件各项功能，掌握杀毒技巧，学会 360 安全卫士软件的使用方法。

二、实训内容

360 安全卫士软件的安装及设置，利用 360 安全卫士软件查杀病毒。

三、实训方法

1. 基本配置

安装 360 安全卫士软件要有至少 100MB 的剩余硬盘空间和最少 32MB 的内存。在操作系统方面，Windows 2000 必须安装 SP2 补丁、Windows XP 必须安装 SP1 补丁、Windows NT 必须安装 SP6 补丁。

2. 安装

软件只需根据提示进行安装，安装结束之后需要重启一下计算机。这里要注意一点的是，如果计算机中有以前版本的 360 安全卫士软件或者有其他杀毒软件，一定要在安装 360 安全卫士时进行卸载，否则会有严重的冲突。安装界面如图 8-33 所示。

3. 设置

360 安全卫士界面简单，主页功能只有电脑体检、木马查杀、漏洞修复、系统修复、电脑清理、优化加速、电脑专家、软件管家，如图 8-33 所示。

360 安全卫士有几大功能，如下所示。

（1）软件清理：“一键清理”用户不需要的、捆绑安装的软件，有效节省磁盘空间，还系统一片纯净。

（2）新加速球：界面更清爽、功能更强大，全新“游戏加速模式”，智能判断计算机情况，发挥硬件潜能，带来流畅游戏体验。

（3）连接 WiFi：省略繁杂步骤，真正实现一键让计算机变为 WiFi 热点，让手机等移动设备共享免费 WiFi。

（4）手机防盗：六大防盗功能，在手机丢失后可收集线索、远程控制，帮你找回爱机或把损失降至最低。

4. 360 安全卫士

360 安全卫士简化了用户的操作，打开 360 安全卫视的界面，体检自动开始进行如图 8-34 所示。

网盾的下载保护弹窗经过重新设计，界面轻量化，更简洁、更清爽。同时，网购保镖新增黑 DNS 扫描，能有效阻止因恶意 DNS 所导致的钓鱼攻击和隐私泄露等风险，网购扫描也增加了对危险网页链接的提示，如图 8-35 所示。

不需要浏览器，在桌面上就可以直接搜索啦！找到键盘下角的 **Ctrl** 键，想搜地图就按两下； 如果想搜旅游攻略就按两下；如果想找吃饭的地方就按两下；如果想查天气就按两下；如果想看小说就按两下；如果想听音乐就按两下；如果想看电影看电视剧就按两下；如果想叫外卖就按两下；如果想翻译、计算、查星座，就按两下，如图 8-36 所示。

图 8-33　360 安全卫士界面

图 8-34　电脑体检模式

图 8-35　网盾设置

图 8-36　桌面搜索

四、实训总结

进一步熟悉 360 安全卫士软件的使用方法，认真完成实训内容，记录查杀结果，并写出实训报告。

任务四　网络扫描

一、实训目的

网络扫描是对整个目标网络或单台主机进行全面、快速、准确地获取信息的必要手段。通过网络扫描发现对方，获取对方的信息是进行网络攻防的前提。通过该实验使学生了解网络扫描的内容，通过主机漏洞扫描发现目标主机存在的漏洞，通过端口扫描发现目标主机的开放端口和服务，通过操作系统类型扫描判断目标主机的操作系统类型。

二、实训内容

通过该实验，了解网络扫描的作用，掌握主机漏洞扫描、端口扫描、操作系统类型扫描软件的使用方法，并能通过网络扫描发现对方的信息和是否存在漏洞。要求能够综合使用以上的方法来获取目标主机的信息。

三、实训方法

（1）在网络上建立两台虚拟机，在两台虚拟机上配置两个在同一网段内的 IP 地址。

（2）把扫描软件 X-Scan 复制、粘贴到一台主机上，当打开该软件时，页面中间会出现该软件的介绍和使用说明。

（3）在软件的工具栏中有"设置"选项，可以进行一系列的配置扫描参数，在坚持范围中可以添加要指定的 IP 地址、全局配置及插件配置，如图 8-37 所示。

（4）配置之后，单击"确定"按钮会进行扫描，而扫描结束之后会出现扫描结果以网页形式打开，在其中会显示出检测的结果，主机列表，扫描时间和主机分析等，如图 8-38 所示。

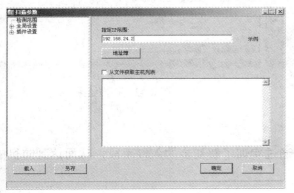

主机地址	端口/服务	服务漏洞
192.168.24.2	ms-wbt-server (3389/tcp)	发现安全警告
192.168.24.2	epmap (135/tcp)	发现安全警告
192.168.24.2	network blackjack (1025/tcp)	发现安全提示
192.168.24.2	microsoft-ds (445/tcp)	发现安全提示
192.168.24.2	netbios-ssn (139/tcp)	发现安全漏洞
192.168.24.2	cifs (445/tcp)	发现安全提示
192.168.24.2	smb (139/tcp)	发现安全提示
192.168.24.2	netbios-ns (137/udp)	发现安全提示
192.168.24.2	DCE/12345778-1234-abcd-ef00-0123456789ac (1025/tcp)	发现安全提示
192.168.24.2	DCE/12345678-1234-abcd-ef00-0123456789ab (1025/tcp)	发现安全提示
192.168.24.2	tcp	发现安全提示

图 8-37　配置扫描参数　　　　　　　　　　　图 8-38　扫描主机

（5）将 namp 扫描软件复制到硬盘分区，然后在系统命令提示符下进入 nmap 目录，使用命令 namp　-h 可以查看 nmap 命令的所有参数及描述。要使用 namp 必须先安装 WinPcap 驱动。

（6）使用如下命令扫描目标主机的操作系统：nmap -O 192.168.10.100，扫描结果如图 8-39 所示。从中可以看到目标主机的开放端口及操作系统类型。

（7）利用扫描软件 X-Scan 也可以进行口令攻击。我们可以扫描到被扫描主机的用户名和密码。一般配置如上，需要额外的参数配置，如图 8-40 所示。

图 8-39　扫描目标主机的操作系统　　　　　　图 8-40　配置扫描参数-口令攻击

（8）单击全局配置和扫描模块，双击"SMB 用户名字典"，在弹出的对话框中选择文件"nt_user.dic"；双击"SMB 密码字典"，在弹出的对话框中选择文件"common_pass_mini.dic"，最后单击"确定"按钮，完成扫描参数的设置，如图 8-41 所示。

（9）在漏洞选项中可以看到扫描主机的用户名和口令 admin/123，如图 8-42 所示。

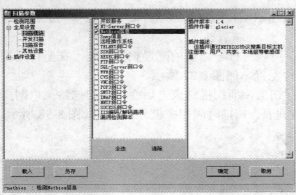
图 8-41　全局配置—扫描模块

图 8-42　扫描结果

四、实训总结

进一步熟悉 X-Scan 软件的使用方法，通过实训了解初步的入侵手段，从而达到防御的目的。

8.4　本章小结

1. 网络安全的概念

网络安全是指网络系统的硬、软件及其系统中的数据受到保护，不受偶然的或者恶意的破坏、更改、泄露，系统连续可靠、正常地运行，网络服务不中断。

网络安全从其本质上来讲就是网络上的信息安全。从广义来说，凡是涉及网络上信息的保密性、完整性、可用性、真实性、可控性的相关技术和理论都是网络安全的研究领域。

2. 网络安全需要考虑的几个方面

网络的安全需要考虑多种因素，主要有以下几个方面：网络操作系统的安全、局域网安全、互联网安全和数据安全。

3. 网络攻击的手法

概括来说分四大类：服务型攻击、利用型攻击、信息收集型攻击、假消息攻击。

4. 数据加密过程

数据加密的基本过程包括对称密码体制和非对称密码体制。

5. 数字签名的作用

数字签名是用来保证信息传输过程中信息的完整性和提供信息、发送者的身份认证。

6. 防火墙的概念

在逻辑上，防火墙是一个分离器、一个限制器，也是一个分析器。它有效地监控了内部网和 Internet 之间的任何活动，保障了内部网络的安全。

7. 防火墙的体系结构

按体系结构可以把防火墙分为包过滤型防火墙、屏蔽主机防火墙、屏蔽子网防火墙和一些防火墙结构的变体。

8. 配置防火墙的基本原则

三个基本原则：简单实用、全面深入、内外兼顾。

9. 黑客攻击的手法

黑客攻击包括驱动攻击、系统漏洞、信息攻击、信息协议弱点攻击、系统管理员失误攻击。防范黑客入侵的措施包括选用安全的口令、实施存取控制、确保数据安全、谨慎开放端口、定期分析系统日志、不断进行系统安全漏洞的升级、动态站点监控、自测系统漏洞、做好数据备份、配置好防火墙。

习题与思考题

1. 选择题

（1）不属于防火墙的基本特点的是（   ）。

    A. 能够有效拦截来自外网的病毒侵袭

    B. 能够有效拦截内部机器之间的攻击

    C. 必须位于内网与外网的唯一通道上

    D. 本身具有入侵检测报警能力

    E. 防火墙的配置应该根据具体机构安全策略的不同而改变

（2）包过滤技术不可以过滤下列哪些特征？（   ）

    A. 链路层的 MAC 地址   B. 网络层的 IP 地址

    C. 传输层的 TCP/UDP 端口   D. 应用层的电子邮件地址信息

    E. 应用层的 URL 信息

（3）DES 是对称密钥加密算法，（   ）是非对称公开密钥密码算法。

    A. RAS   B. IDEA   C. HASH   D. MD5

（4）在 DES 和 RSA 标准中，下列描述不正确的是（   ）。

    A. DES 的加密钥=解密钥   B. RSA 的加密钥公开，解密钥秘密

    C. DES 算法公开   D. RSA 算法不公开

（5）对包过滤系统的描述正确的是（   ）。

    A. 既能识别数据包中的用户信息，也能识别数据包中的文件信息

    B. 既不能识别数据包中的用户信息，也不能识别数据包中的文件信息

    C. 只能识别数据包中的用户信息，不能识别数据包中的文件信息

    D. 不能识别数据包中的用户信息，只能识别数据包中的文件信息

（6）逻辑上，防火墙是（   ）。

    A. 过滤器   B. 限制器   C. 分析器   D. 以上皆对

（7）最简单的数据包过滤方式是按照（   ）进行过滤。

    A. 目标地址   B. 源地址   C. 服务   D. ACK

（8）在被屏蔽主机的体系结构中，堡垒主机位于（　　），所有的外部连接都由过滤路由器路由到它上面去。

    A．内部网络　　　B．周边网络　　　C．外部网络　　　D．自由连接

2．填空题

（1）计算机网络主要包含涉及_____数据和_____数据的安全问题。

（2）配置防火墙的基本原则是_____。

（3）数据包过滤用在_____和_____之间，过滤系统一般是一台路由器或一台主机。

（4）屏蔽路由器是一种_____根据过滤规则对数据包进行_____的路由器。

3．问答题

（1）网络安全需要考虑哪几个方面？

（2）网络攻击模式分哪几大类？

（3）防范黑客入侵的措施有哪些？

（4）常见的黑客攻击有哪几类？

## 第 9 章

常见网络故障的诊断与排除

我们常会遇到各种网络故障，如计算机无法浏览网页或无法共享文件及打印、网卡指示灯不亮，或网络有时工作不正常、速度很慢或不能连通等。在排除网络故障之前，我们应该明确它的起因。解决网络故障的关键是采用正确的方法逻辑地解决，利用经验帮助我们判断并且知道什么时候需要请其他人帮忙，同时做好排障后续工作。总之，要最大限度地降低因网络故障带来的损失。

9.1 网络故障的分类

我们可以按照网络故障性质的不同，将其划分为硬件故障和软件故障，也可根据网络故障点的不同将其划分为服务器故障、传输介质故障、连接器故障及工作站故障。

1. 硬件故障和软件故障

（1）硬件故障

硬件故障是指由于设备或线路损坏、插头松动、线路受到严重电磁干扰等情况而造成的网络故障。例如，网络管理人员发现网络由于某条线路突然中断，会首先用 ping 命令检查线路是否连通，如果连续几次都出现"Request time out"信息，表明网络不通。这时应去检查端口插头是否松动，或者网络插头是否误接。

在使用集线器、交换机、多路复用器等设备时，经常涉及连接问题，连接不正确也会导致网络中断。例如，当两个路由器直接连接时，应该让一台路由器的出口连接另一台路由器的入口，而这台路由器的入口要连接另一台路由器的出口等。

网络管理员在排除此类故障时，要清楚网络接口规范，熟悉网络拓扑情况，具备丰富经验尤佳。

（2）软件故障

软件故障，就是发生在软件上的网络故障。

软件故障中最常见的情况是因网络设备的配置原因而导致的网络异常或出现故障。配置错误可能是路由器端口参数设定有误，或者是路由器路由配置错误导致路由循环或找不到远端地址，或者是路由掩码设置错误等。例如，同样是网络中的线路故障，该线路没有流量，但又可以 ping 通线路两端端口，这时就很有可能是路由配置错误了。遇到这种情况，我们通常用"路由跟踪程序"traceroute 来解决，traceroute 把端到端的线路按线路所经过的路由器分成多段，然后按每段返回响应与延迟。如果发现在 traceroute 的结果中某一段之后，两个 IP 地址循环出现，这时，一般就是线路远端把端口路由又指向了线路的近端，导致 IP 包在该线路上来回反复传递。traceroute 可以检测到哪个路由器不能正常响应，此时，只需要更改远端路由器端口配置，就能恢复线路正常了。

软件故障的另一类就是重要进程或端口关闭，以及系统的负载过高。例如，也是线路中断，没有流量，用 ping 发现线路端口不通，检查发现该端口处于 down 的状态，这就说明该端口已经关闭，因而导致故障。这时只需要重新启动该端口，就可以恢复线路的连通了。还有一种常见情况是路由器的负载过高，表现为路由器 CPU 温度太高、CPU 利用率太高，以及内存剩余太少等，如果因此影响网络服务质量，最直接也是最好的方法就是更换路由器。

2. 服务器故障、传输介质故障、连接器故障及工作站故障

（1）服务器故障

导致服务器故障的可能性包括三个方面，即操作系统故障、网络服务故障和服务器硬件故障。由于操作系统 Bug、应用程序缺陷、内存质量、硬盘可靠性等各种不可预知的因素，有时会导致网络服务中断。当服务器故障发生时，通常都会在系统日志中有记载，可以通过"管理工具"→"事件查看器"窗口查看。通常情况下，系统故障会记录在"系统"文件夹中，如果是应用程序或非 Windows 内置的网络服务发生故障，则会记录在"应用程序"文件夹中。

（2）传输介质故障

传输介质故障最常见的情况是线路不通，诊断这种情况首先要检查该线路上流量是否还存在，然后用 ping 命令检查线路远端的路由器能否响应，用 traceroute 检查路由器配置是否正确，找出问题逐个解决。

（3）连接器故障

连接器故障中很多情况都涉及路由器。检测路由器故障要使用 MIB 变量浏览器，用它来收集路由器的路由表、端口流量数据、计费数据、路由器 CPU 的温度、负载及路由器的内存余量等数据，通常情况下，网络管理系统有专门的管理进程不断检测路由器的关键数据，并及时给出报警。路由器 CPU 利用率过高和路由器内存余量太小都将直接影响到网络服务的质量，路由器 CPU 温度过高则可能导致路由器的烧毁。解决这种故障，只有对路由器进行升级、扩大内存等，或者重新规划网络拓扑结构。

（4）工作站故障

工作站故障最常见的现象是工作站的配置不当。像工作站配置的 IP 地址和其他工作站冲突，或者 IP 地址根本就不在子网范围内，因而导致工作站无法连通。主机故障的另一种可能是工作站安全故障。例如，工作站没有关闭其他多余的服务，而攻击者可以通过这些多余进程的正常服务或 Bug 攻击该工作站，甚至得到高级管理员的权限等。发现工作站故障一般比较困难，特别是别人恶意的攻击。一般可以通过监视工作站的流量或扫描工作站端口和服务来防止可能的漏洞。

9.2　网络故障的解决思路

当网络发生故障时，需要正确的解决思路，把握正确的排查方向，才能最快地解决故障。

在解决故障时，首先需要对网络故障进行诊断，必须确切知道网络到底出现了什么故障，找到故障发生的原因，才能对症提出解决方案，最终排除故障，同时也要做好后续排障工作。

9.2.1　网络故障的诊断步骤

网络故障诊断应该实现三方面的目的：确定网络的故障点，恢复网络的正常运行；发现网络规划和配置中的欠佳之处，改善和优化网络的性能；观察网络的运行状况，及时预测网络通信质量。具体操作可按照下面的步骤进行。

1. 确定并记录所出现的症状

当计算机屏幕上出现出错信息时，可以要求用户读出出错信息或将出错信息直接拷屏。将故障的错误信息和对故障所做的其他笔录要记录在一起。

2. 限定问题的范围

首先要判断是否是用户操作错误，可以要求采用现场演示的方法重复操作过程，看是否会出现同样的问题。

在排除是用户操作错误的可能后，可采用提问的方法来确定网络问题的范围，如回答有多少用户或工作组受到了影响，可以用于标定故障发生的范围；如回答什么时候出现的故障，可以用于确认故障发生的时间范围。在标定范围时采取的排障过程流程图如图 9-1 所示，在确认故障时间范围时采取的排障过程流程图如图 9-2 所示。

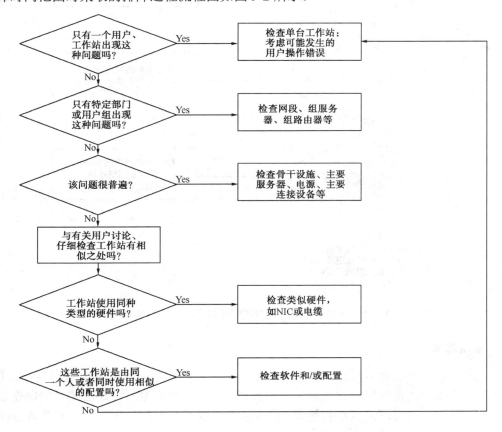

图 9-1　在标定范围时采取的排障过程流程图

当需要限定问题的范围时，可参考以下实例。

某用户抱怨不能收到 E-mail。

排障员：什么时候开始出现这种情况？此问题只影响他还是部门所有成员？在用户试图接收 E-mail 时系统提示什么样的信息？

用户：问题出现在几分钟前，我和同事都有 E-mail 问题。事实上，网络技术人员今天早上在我的计算机上安装了一个新的图形程序。

在过滤看来与问题无关的信息时，用户提供了两条重要信息：一是问题影响的范围包括一组用户；二是问题在 10 min 以前出现。因而排障员可以做出判断：该故障应考虑某个网段而不是某一台工作站。

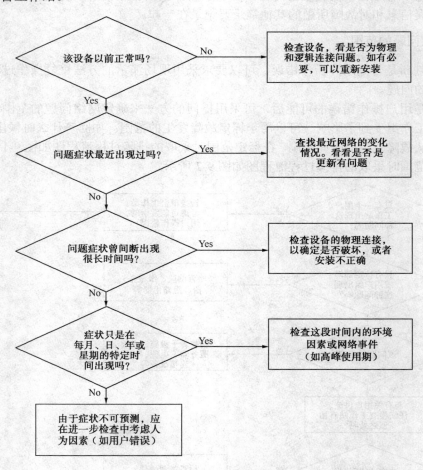

图 9-2   在确认故障时间范围时采取的排障过程流程图

3. 重现故障

重现故障是为获取更多信息，主要是诊断故障出现的频率及故障出现是否有特定环境。在重现故障前要仔细询问用户在故障发生前做过什么，应严格按照发现故障者的操作步骤进行故障症状重现，重现时应以报告错误的 ID 号和特权号（管理员账号）两种方式登录来重现错误，若重现有重大危害则应慎重考虑。

当需要重现故障以帮助诊断时，可参考以下实例。

用户反映在上周五编辑 MYFILE 目录下的 Excel 文件还操作正常，但在周一时却无法打开它。

排障员在检查用户的工作站时，以用户的名字登录，可以经历如用户所述的症状，但是以管理员身份登录时，可以打开并编辑这个文件。

通过以上情况可以判断主要是存在用户权限问题。可以检查用户权限，特别是从他还可以最后一次操作文件到现在这段时间内，他的权限是否发生了变化。

重现故障时需要有较准确的判断能力。在某些情况下，重现故障会使网络瘫痪、工作站上的数据丢失及设备损坏，此时最好不要这样做。

4．验证物理连接

确认是否是物理连接导致的网络故障，可从以下几个方面进行检查：

（1）水晶头 RJ-45 制作是否正确？双绞线是否正确插入网卡的插孔？可采用重新制作、替换、拔掉再安装等方法进行测试。

（2）工作站的网卡到集线器或交换机的网线连接是否正确？

（3）可使用网线测试仪来检测网线，看网线是否有故障或缺陷？

（4）网卡安装是否正确？

（5）网段是否过长？例如，10Base-T 的网段连接设备到节点的全长不能超过 100m，如果某网段比这个距离长，网段末端就会发生偶尔中断连接或者传输延时现象。

当验证物理连接时，可参考以下实例。

用户反映以前毫不费力就可以成功登录到网络，但最近每登录五次就有两次不成功，同一部门的其他用户都没有遇到这种故障。

由用户提供的信息可以判断：故障不是每次都发生，可能是硬件损坏或使用不当造成；其他用户都没有遇到这种故障，就应该检查用户工作站和墙上插座之间的网线。经检查，网线没有明显的物理损坏，可采用更换线缆然后查看错误是否消失，另外，也可利用网线测试仪检测电缆。若看起来是物理连接问题，但没有松动、无网线坏损，则可以判断为网段长度超过了 IEEE802 的标准规定的最大段长度，最好重新布线，调整设备距离。

5．验证逻辑连接

检查系统软件的配置、管理权限的设置。

验证逻辑连接，就是要通过查看联网设备、网络操作系统、硬件配置等，检查网卡中断类型设置、检查系统软件的配置、管理权限的设置等，以帮助故障诊断。例如，安装软件后，可能与网卡配置冲突，导致用户不能登录网络。这就需要验证逻辑连接。

6．参考最近网络设备的变化

有些物理连接问题、逻辑连接问题源于网络设备的某些变动。在开始诊断故障时，应该清楚网络最近经历了什么样的变动。网络上的变动包括添加新设备，修复已有设备，卸载已有设备，在已有设备上安装新元件，在网络上安装新服务或应用程序，设备移动，地址或协议改变，服务器连接设备或工作站上软件配置改变，工作组或用户改变等。

在日常网络维护和管理中，应该保持网络变更的完备记录，并学会如何跟踪记录修改，在记录中描述某个变化发生的目的、时刻、日期，并且有必要对所有可能需要参考的其他员工开放这一记录。信息越准确越容易排除由于这个变化导致的故障。

7．实施和验证解决方案

在实施和验证解决方案时应注意以下几项。

（1）收集从调查中总结出的有关症状的所有文档，当解决问题时放在手边。

（2）做好现有软、硬件的备份。

（3）记录所有的操作。

（4）检验方案的结果。

（5）离开时，清理好工作区域。

如果解决方案排除了故障，要把收集到的症状、故障、解决方案的细节记录在维修组织能够访问的数据库。有些解决方案需要等几天才能得到正确验证。如果解决方案解决了一个大改变或是一个影响了大多数用户的问题，一两天后要再查看问题是否存在，并且看它有没有引起其他问题。

网络故障诊断是一个系统性的工程，将整个网络故障诊断过程整理后，可得到的排障流程图，如图 9-3 所示。

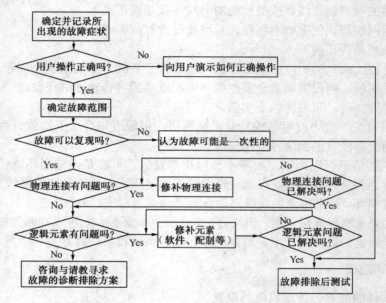

图 9-3　排障流程图

9.2.2　网络故障的排除方法

在排除网络故障的过程中，可以采取多种方法，这里我们主要介绍分层排障法、参考实例法、硬件替换法和错误测试法。

1. 分层排障法

分层排障法根据排障点不同，可以分为三种，如下所示。

（1）一种是从底层（物理层）开始排查，适用于物理网络不够成熟稳定的情况，例如，组建新的网络、重新调整网络线缆、增加新的网络设备。

（2）一种是从高层（应用层）开始排查，适用于物理网络相对成熟稳定的情况，例如，硬件设备没有变动。

（3）一种是从位于中间的网络层开始排查，适用于网络通信出现问题的情况。一般是首先测试网络是否连通，如果网络不能连通，再从物理层（测试线路）开始排查；如果网络能够连通，再从应用层（测试应用程序本身）开始排查。

使用分层排障法，可参考如下实例。

（1）用户反映不能访问 Web 服务器。

（2）若从物理层开始排查，首先应去检查网络的连接线缆。

（3）若从应用层开始排查，先检查客户端的 Web 浏览器是否配置正确，可尝试使用浏览器去访问另一个 Web 服务器；如果 Web 浏览器没有问题，可在 Web 服务器上测试 Web 服务器是否正常运行；如果 Web 服务器没有问题，再测试网络连通性。

（4）若从网络层开始排查，则应首先测试网络的连通性。

（5）无论哪种方式，最终都能达到目标，只是解决问题的效率有所差别。根据上面的实例，若是 Web 服务器问题，从应用层开始排查比较快；若是网线问题，则从物理层开始排查比较快。

（6）在实际应用中，根据具体情况选择排障方式，最经常使用的是从网络层开始排查。

2．参考实例法

使用参考实例法有一个前提条件，就是可以找到与发生故障的设备相近的其他设备。现在很多公司或者部门在购买计算机时，往往考虑计算机的稳定性及维护的方便性，从而选择相同型号的计算机，并设置相同的参数。只要充分利用这样一个优点，在设备发生故障时，参考相同设备的配置可以帮助其迅速准确地解决问题。

参考实例法的一般步骤图，如图 9-4 所示。

使用参考实例法，可参考如下实例。

某客户机 A 的用户反映他在重新安装了操作系统以后，对客户机 A 的网络进行配置后发现可以通过公司的代理服务器访问外面的网站，如 www.sohu.com。但同时发现一个问题，客户机 A 不能访问公司内部的网页。客户机 B 可以正常访问内部外部网络。

故障诊断时，就可以使用参考实例法。在分别查看了客户机 A 和客户机 B 的 IE 浏览器的"Internet"选项后，发现客户机 A 并没有设置不通过

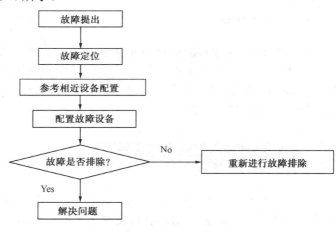

图 9-4　参考实例法的一般步骤图

代理服务器访问的地址列表。在参考了客户机 B 的访问地址列表设置后，客户机 A 终于可以正常地对内部网页进行访问。

使用参考实例法时，故障设备要与正常工作设备条件相近，在对数据进行修改之前，要确保数据的可恢复性，同时，在对网络配置进行修改之前，要确保不会对网络中的其他设备造成冲突。

3．硬件替换法

使用硬件替换法时，网络管理员要清楚导致故障的可能原因，且有能够正常工作的其他设备可供选择。在对故障进行定位后，用正常工作设备替换故障设备，如果可以通过测试，那么故障也就解决了。但由于硬件替换法需要更换故障设备，有时会浪费大量的人力和物力。因此．在对设备进行更换之前必须仔细分析故障的原因。

硬件替换法的一般步骤图，如图9-5所示。

使用硬件替换法，可参考如下实例。

一个内部网络的用户提出原来能正常工作的网络突然不能访问其他的所有用户。

根据用户的陈述，连接计算机和交换机的双绞线刚更换不久。排障员根据经验判断，问题应该不在双绞线上，而可能产生故障的设备应该是网卡或交换机。在客户机上输入命令：ping 127.0.0.1，从计算机的反馈信息中得知网卡设备没有故障。将问题集中在交换机上，在更换了另外一台正常工作的交换机后，网络故障得以解决。

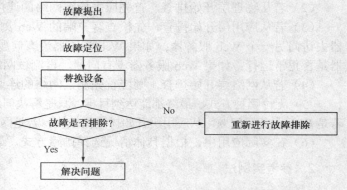

图9-5　硬件替换法的一般步骤图

使用硬件替换法时，故障定位所涉及的设备数量不能太多，并要确保可以获得正常工作设备。在替换设备时，每次只可以替换一个设备，在替换第二个设备之前，必须确保第一个设备的替换能够解决相应的问题，如实例中双绞线和交换机都可能有故障，必须逐一进行排查。

4. 错误测试法

错误测试法是通过测试而得出故障原因的方法，可在不能更加科学地得到解决方案，或没有其他可供选择的资料时使用，属于非科学地解决问题的手段。错误测试法要求网络管理员、排障员对问题做出评价，根据工作经验对问题的解决方案进行推测，然后对解决方案进行实施并测试故障是否解决。

9.3　常用故障的诊断工具

在进行网络故障诊断与排除时，我们常会借助一些工具来分析网络故障原因，常用的有网线测试工具、网络监视器和分析仪等，还可以使用 ping、traceroute 等网络命令来测试连通和追踪数据包。

1. 网线测试工具

（1）网线测试仪

基本的网线测试仪只检查网线是否还能提供连接，大多数网线测试仪通过一串灯来表明通/断，也有一些用语言来指明通/断，如图9-6所示。

使用网线测试仪进行检测的结果与使用的标准和网络类型有关。现有一网线测试仪是通过一串灯来表明通/断，在检查直通线时，正常情况则是对应各灯依次从1~8或从8~1闪亮，再闪亮一次，循环不止。若某灯不亮，表示该线开路；若多灯同时亮，即为对应多线短路；若灯不按一定顺序（从1~8或8~1）亮，即表示线序有问题。

除了检查网线的连接，一个好的网线测试仪还可以验证网线装备是否正确，有没有短路、裸露或缠绕。在购买网线测试仪时要确保你购买的测试仪可以检测你的网络类型。

（2）网线探测器

网线探测器和网线测试仪的区别在于它的高科技性和更高的价钱，如图 9-7 所示，一个网线探测器和网线测试仪一样可以测试网线的连接和错误，同时还提供以下功能：

① 确认网线不是太长。

② 确定网线坏损的位置。

③ 测量网线的衰减率。

④ 测量网线的远近串扰。

⑤ 测量细以太网网线的终端电阻的阻抗。

⑥ 按不同标准提供通/断率。

⑦ 存储和打印网线测试结果。

图 9-6　网线测试仪

图 9-7　网线探测器

2. 网络监视器和分析仪

一旦发现了用户错误或物理连接问题（包括网线损坏），可以使用网络监视器和分析仪分析网络流量，捕捉和分析网络上的数据。

网络监视器是基于软件的工具，它可以在连到网络上的一台服务器或工作站上持续监测网络流量，网络监视器一般工作在 OSI 模型的第三层，它们可以检测出每个包所使用的协议，但是不能破译包里的数据。

网络分析仪可以破译到 OSI 模型第七层的数据，例如，它们可以辨别一个使用 TCP / IP 的包，甚至可以辨别它是从特定工作站到服务器的 ARP 应答信号。分析仪可以破译包的负载率，把它从二进制码变成可识别的十进制或十六进制码。因此，网络分析仪可以捕获运行于网络上的密码，只要它们的传输不是加密的，一些网络测试仪软件包可以在标准 PC 上运行，但有些需要带特殊网络接口卡和操作系统软件的 PC。

3. 软件工具 ping

软件工具 ping 主要用于确定网络的连通性问题。ping 程序使用 ICMP（网际消息控制协议）来简单地发送一个网络数据包并请求应答，接收到请求的目的主机再次使用 ICMP 发回相同的数据。ping 是 Windows 操作系统集成的 TCP/IP 应用程序之一，可以在"开始－运行"中直接执行。

（1）ping 命令格式

ping 命令格式：ping [参数] 主机或 ip

（2）ping 的一些参数的用法

-t：校验与指定计算机的连接，直到用户中断。

-a：将地址解析为计算机名。

-n count：发送由 count 指定数量的 ECHO 报文，默认值为 4。

-l length：发送包含由 length 指定数据长度的 ECHO 报文，默认值为 64 字节，最大值为 8192 字节。

-f：在包中发送"不分段"标志，该包将不被路由上的网关分段。

-i TTL：将"生存时间"字段设置为 TTL 指定的数值。

-v TOS：将"服务类型"字段设置 TOS 指定的数值。

-r count：在"记录路由"字段中记录发出报文和返回报文的路由，指定的 count 值最小可以是 1，最大可以是 9。

-s count：指定 count 指定的跃点数的时间戳。

-j host-list：经过由 host-list 指定的计算机列表的路由报文，连续计算机可以被中间网关分隔（路由稀疏源），IP 允许的最大数量为 9。

-k host-list：经过由 host-list 指定的计算机列表的路由报文，连续计算机不能被中间网关分隔（路由严格源），IP 允许的最大数量为 9。

-w timeout：以毫秒为单位指定超时间隔。

（3）使用 ping 命令后出现的常见错误

出错信息通常分为四种，如下所示。

① Unknown host。Unknown host（不知名主机），这种出错信息的意思是，该远程主机的名字不能被指定域名服务器转换成 IP 地址。故障原因可能是域名服务器有故障，或者其名字不正确，或者网络管理员的系统与远程主机之间的通信线路故障。这种情况下屏幕将会提示以下内容：

```
C:\windows>ping www.163.net
Unknown host www.163.net
C:\windows>
```

② Network unreachable 和 destination unreachable。Network unreachable，网络不可达；destination unreachable，目标主机不可达。Network unreachable 是因为路径中的某一跳因为缺乏路由项而无法执行，一般是本地的网络设备有问题，如 ping 127.0.0.1 和 localhost 都不通。而 ping 时显示 destination unreachable 是因为对方主机不存在，最后一跳无法送达，返回不可达消息。

③ No answer。No answer（无响应），远程系统没有响应。这种故障说明本地系统有一条中心主机的路由，但却接收不到它发给该中心主机的任何分组报文。故障原因可能是下列之一：中心主机没有工作，本地或中心主机网络配置不正确，本地或中心的路由器没有工作，通信线路有故障，中心主机存在路由选择问题。

④ Time out。Time out（超时），连接超时，数据包全部丢失。故障原因可能是到路由器的连接问题或路由器不能通过，也可能是中心主机已经关机或死机。

4. 路由工具 traceroute

traceroute 是用来跟踪数据包到达网络主机所经过的路由的工具。traceroute 的原理是试图以最小的 TTL 发出探测包来跟踪数据包到达目标主机所经过的网关，然后监听一个来自网关 ICMP 的应答。发送数据包的大小默认为 38 个字节。

（1）traceroute 命令格式

traceroute 命令格式：

traceroute［参数选项］hostname、域名或 IP 地址。

（2）traceroute 的一些参数的用法

-i：指定网络接口，对于多个网络接口有用。如-i eth1 或-i ppp1 等。

-m：把在外发探测包中所用的最大生存期设置为 max-ttl 次转发，默认值为 30 次。

-n：显示 IP 地址，不查主机名，当 DNS 不起作用时常用到这个参数。

-p port：探测包使用的基本 UDP 端口设置为 port，默认值是 33 434。

-q n：在每次设置生存期时，把探测包的个数设置为值 n，默认时为 3。

-r：绕过正常的路由表，直接发送到网络相连的主机。

-w n：把对外发探测包的等待响应时间设置为 n 秒，默认值为 3s。

（3）traceroute 命令的使用说明

```
[root@localhost ~]# traceroute linuxsir.org
traceroute to linuxsir.org (211.93.98.20), 30 hops max, 40 byte packets
1 sir01.localdomain (192.168.1.1) 0.151 ms 0.094 ms 0.146 ms
2 221.201.88.1 (221.201.88.1) 5.867 ms 7.588 ms 5.178 ms
3 218.25.158.149 (218.25.158.149) 6.546 ms 6.230 ms 8.297 ms
4 218.25.138.133 (218.25.138.133) 7.129 ms 7.644 ms 8.311 ms
......
```

此例中，记录按序列号从 1 开始，每个记录就是一跳，每跳表示一个网关，我们看到每行有三个时间，单位是 ms，其实就是-q 的默认参数。探测数据包向每个网关发送三个数据包后，网关响应返回的时间；如果你用 traceroute -q 4 linuxsir.org，表示向每个网关发送 4 个数据包。

如果在局域网中的不同网段之间，可以通过 traceroute 来排查是主机的问题还是网关的问题。

9.4　网络管理员的基本知识结构和素质

随着网络应用的不断发展与深入，网络的稳定运转也变得更加重要，因此，作为一名网络管理员，责任任重道远。保障网络的正常运行，在故障发生时迅速定位和故障排除，都要求网络管理员具备丰富的知识和良好的素质。

1. 网络管理员的基本知识结构

一个真正的网络管理员，应该熟练掌握服务器的安装配置和各种服务的实现方式，掌握网络设备的性能和基本配置，以及网络数据库的一般操作。

（1）软件方面：网络管理员首先应当熟练掌握网络操作系统，构建一个简单的网络，提供一些最基本的服务。其中，最重要的是如何实现对文件系统的管理，安全方便地控制网络上的系统资源，实现网络设备的共享访问。随着计算机网络的飞速发展，构建一个企业 Web 服务器、FTP 服务器，以及 E-mail 服务器已经成为对管理员最基本的要求。此外，还有一些高级网络管理的要求，例如，如何实现系统的负载平衡、 高级的电源管理、如何实现在网络灾难过后及时恢复等。

（2）硬件方面：一个合格的管理员首先必须掌握系统集成知识，了解应当如何规划一个局域网，包括拓扑规划和综合布线的基本知识、网络设备（交换机路由器）的安装和配置 、服务器的硬件、各种服务器的安装和配置、不同操作系统之间的差异及网络安全等。只有了解网络设备及其配置，才能拿出网络建设升级方案，并实现对交换机、路由器的配置，以及对配置文件的备份和恢复。另外，必须掌握交换机、路由器的一些基本配置，实现利用交换机在网络上划分 VLAN，以及使用路由器实现不同网络的通信流量的转发等。当然，网络设备配置的备份和还原，以及 IOS 的升级等更是必须要掌握的技术。

2. 网络管理员的素质能力

网络管理工作要能跟上发展的需要，在实际工作中，网络管理者对自身能力的提高也是必须要注意的。

（1）自学能力

网络管理员应当拥有强烈的求知欲和非常强的自学能力。第一，网络知识和网络技术不断更新需要继续学习的内容非常多。第二，网络管理学科众多，需要分类学习。第三，网络设备和操作系统非常复杂，各自拥有不同的优点，适用于不同的环境和需求，需要全面了解、重点掌握。

（2）英文阅读能力

由于绝大多数新的理论和技术都是英文资料，网络设备和管理软件说明书大多也是英文，所以，网络管理员必须掌握大量的计算机专业词汇，从而能够流畅地阅读原版的白皮书和技术资料。最简单的提高阅读能力的方式，就是先选择自己熟悉的技术，然后，登录到厂商的官方网站，阅读技术白皮书，从而了解技术文档的表述方式。遇到生词时，可以使用电子词典在线翻译。

（3）动手能力

作为网络管理员，需要亲自动手的时候比较多，如网络设备的连接、网络服务的搭建、交换机和路由器的设置、综合布线的实施、服务器的扩容与升级等。所以，网络管理员必须具备很强的动手能力。当然，事先应认真阅读技术手册，并进行必要的理论准备。

（4）创造和应变能力

硬件设备、管理工具、应用软件所提供的直接功能往往是有限的，而网络需求却是无限的。利用有限的功能满足无限的需要，就要求网管具有较强的应变能力，利用现有的功能、手段和技术，创造性的实现各种复杂的功能，满足用户各种需求。以访问列表为例，利用对端口的限制，除了可以限制对网络服务的访问外，还可用于限制蠕虫病毒的传播。

（5）观察和分析判断能力

具有敏锐的观察能力和出色的分析判断能力。出错信息、日志记录、LED 指示灯等，都会从不同侧面提示可能导致故障的原因。对故障现象观察的越细致、越全面，排除故障的机会也就越大。另外，通过经常、认真的观察，还可以及时排除潜在的网络隐患。网络是一个完整的系统，故障与原因关系复杂，既可能是一因多果，也可能是一果多因。所以，网管必须用全面、动态和联系的眼光分析问题，善于进行逻辑推理，从纷繁复杂的现象中发现事物的本质。

知识和能力是相辅相成的，知识是能力的基础，能力是知识的运用。因此，两者不可偏废。应当本着先网络理论，再实际操作的原则，在搞清楚基本原理的基础上，提高动手能力。建议利用 VMware 虚拟机搭建网络实验环境，进行各种网络服务的搭建与配置实验。"兴趣是最好的老师"，只要热爱网络管理这个职业，相信经过自己的努力，一定会迅速成长为一名合格的网络管理员。

9.5　基于工作过程的实训任务

任务一　局域网故障常用的诊断命令及用法

一、实训目的

掌握 ping 命令和 ipconfig 命令的使用方法。

二、实训内容

（1）使用 ping 命令测试网络的通畅。

（2）使用 ping 命令获取计算机的 IP 地址。

（3）使用 ipconfig 命令列出本机所有的网络配置信息。

三、实训方法

（1）使用 ping 命令测试网络的通畅

在局域网维护中，经常使用 ping 命令测试网络是否通畅。

使用时，可在 DOS 下输入 ping 命令加上所要测试的目标计算机的 IP 地址或主机名，或者在 Windows 的"开始"菜单下使用"运行"子项，输入同样内容。目标计算机要与所运行 ping 命令的计算机在同一网络或通过电话线或其他专线方式连接成一个网络。如要测试 IP 地址为 169.254.250.171 的工作站与服务器是否已联网成功，就可以在服务器上运行 ping 169.254.250.171 即可。

（2）使用 ping 命令获取计算机的 IP 地址

利用 ping 命令可以获取对方计算机的 IP 地址。

在局域网中，经常利用 DHCP 动态 IP 地址服务自动为各工作站分配动态 IP 地址。使用 ping 命令时，只要用 ping 命令加上目标计算机名即可，如果网络连接正常，则会显示所 ping 的这台机器的动态 IP 地址。例如，ping www.163.com。

（3）使用 ipconfig 命令列出本机所有的网络配置信息

利用 ipconfig/all 命令就可以显示与 TCP/IP 协议相关的所有细节，其中包括主机名、节点类型、是否启用 IP 路由、网卡的物理地址、默认网关等，如图 9-8 所示，非常详细地显示 TCP/IP 协议的有关配置信息。

图 9-8　使用 ipconfig/all 命令

四、实训总结

（1）在 Windows 环境下进入命令行模式，可通过"开始"→"程序"→"附件"→"命令提示符"进入。

（2）当使用 ping 或 ipconfig 命令时，如忘记具体参数可通过参数 /? 查看，如 ping /? 。

任务二　网络硬件故障解决

一、实训目的

掌握网络硬件故障解决方法。

二、实训内容

（1）网卡故障。

（2）双绞线故障。

（3）热量引起的故障。

三、实训方法

（1）网卡故障

用户反映：

将网卡插入主板的 PCI 插槽中，启动计算机，Windows 系统没有提示安装网卡的驱动程序，打开"设备管理器"窗口，发现网卡上显示错误符号。

故障分析：

出现这种问题的原因主要有网卡未安装好或者网卡本身已损坏。

故障排除方法如下。

步骤 1：右击桌面上"我的电脑"图标，在弹出的快捷菜单中选择"管理"命令，打开"计算机管理"窗口，切换到"设备管理器"选项卡，如图 9-9 所示。

步骤 2：右击带有错误符号的网卡，从弹出的快捷菜单中选择"卸载"命令，并确认设备删除。

步骤 3：关闭计算机，打开机箱检查网卡安装是否正确。

步骤 4：将网卡金手指平行于其他 PCI 扩展槽，然后用手均匀将其插入，并固定好螺钉。

步骤 5：重新启动计算机，将驱动程序盘放入计算机，Windows 系统会提示发现新硬件，并自动安装其驱动程序。

图 9-9　设备管理器

步骤 6：安装网卡驱动后，再次打开"设备管理器"窗口，如果发现网卡上仍然显示错误符号，则可以考虑更换其他 PCI 插槽。重复步骤 4、步骤 5，若故障依然存在，则表明网卡故障而不是安装不当，此时，应联系零售商，要求更换网卡。

（2）双绞线故障

用户反映：

某公司网络是小型局域网，用 ADSL 上网，然后用路由分线共享上网，有 8 台计算机，每台计算机都安装 Windows XP 系统，共处于一个工作组中，打印机共享。

有一台计算机 A，在共享时，想复制其他计算机共享文档里面的内容，却出现"路径太深，无法复制"的问题，还有这台机器也不能够像其他计算机一样可以进行网络打印，所有设置都没有问题，也进行过全面的杀毒，都是出现相同的问题。

重装系统之后，打印机可以连接上，可是过一段时间又说检测不出来，"路径太深，无法复制"的问题依然存在。

故障分析：

由于计算机 A 与其他计算机能够通信，说明网卡和集线设备没有问题。问题很可能出现在计算机 A 所使用的双绞线的 RJ-45 水晶头脱落。原因是最初双绞线的头未顶到水晶头顶端，双绞线经过一段时间拉扯，最终导致水晶头脱落。

故障排除方案：

重新制作水晶头可解决问题。

（3）热量引起的故障

用户反映：

一个由若干台计算机组成的局域网中，计算机上都安装了 Windows XP 系统，通过路由器连接 ADSL 上网。在网络连通的一段时间内正常，但是过了一段时间，网速变慢，甚至根本无法上网，检查网络中的设备和计算机，没有发现病毒或配置错误。

故障分析：

计算机和网络设备都没有故障，但是上网一段时间后就会出现问题，那么故障的原因很有可能就是热量。ADSL 适配器、路由器等网络设备若长时间使用产生的热量不能散发出去，会引起设备故障甚至损坏。

故障排除方案：

保证网络设备的通风和散热情况良好。

四、实训总结

① 安装完网卡硬件后如果驱动不能正常安装，很有可能是网卡或者是主板接口损坏。

② 网络组建完成后尽量不要更改计算机位置，如果需要更改，建议先将网线拔出，防止造成水晶头损坏。

③ 网络设备在使用时应保证在良好的工作环境下，否则会造成故障甚至损坏。

任务三　网络软件故障解决

一、实训目的

掌握网络软件故障的解决方法。

二、实训内容

（1）防火墙故障。

（2）更换网卡引起的故障。

（3）使用 Windows 自带的工具进行网络诊断。

（4）组策略设置错误。

（5）"网络邻居"访问不响应或者反应慢的问题。

（6）无法显示"网上邻居"的计算机。

三、实训方法

（1）防火墙故障

用户反映：

有两台计算机彼此都能使用对方的资源，但是无法 ping 通。

故障分析：

由于 ping 命令使用的是 ICMP 协议，所以这种故障多数发生在对方计算机上安装了防火墙，并且屏蔽了 ICMP 协议的时候。

故障排除方案：

检查计算机的防火墙软件配置，看看是否屏蔽了 ICMP 协议。另外，在 Windows XP 系统中，内置了防火墙软件，它自动屏蔽一些常用的网络功能，只要更改设置就可以解决问题。具体操作如下。

步骤 1：打开"控制面板"窗口，双击"Windows 防火墙"图标。

步骤 2：切换到"高级"选项卡，单击"网络设置"按钮，如图 9-10 所示。

步骤 3：弹出"高级设置"窗口，切换到"ICMP"选项卡，选中"允许传入的回显请求"复选框，如图 9-11 所示。

图 9-10　Windows 防火墙"高级"选项卡　　　图 9-11　Windows 防火墙"ICMP"选项卡

步骤 4：单击"确定"按钮，完成设置。

（2）更换网卡引起的故障

用户反映：

在网卡出了问题并重新安装了新网卡后，系统将会自动创建连接，而且这个连接将会由原来的"本地连接"变成"本地连接 2"。而"本地连接"的相关信息仍然存在于系统中。当在"本地连接 2"中设置 IP 等相关信息时，如果这些参数与以前的"本地连接"中设置的相同，系统将会提示被其他网卡占用的信息。

故障分析：

出现这种问题的原因是更换网卡后，Windows 系统还保留原来的网卡信息，自然会与新网卡的信息发生冲突。

故障排除方案：

首先在 Windows XP 系统桌面中用鼠标逐一单击"开始"→"运行"，在随后出现的系统运行框中，输入字符串命令"regedit"，按"Enter"键，打开注册表编辑界面，如图 9-12 所示。

在注册表编辑界面的左侧显示区域，找到注册表 HKEY_LOCAL_MACHINE \SYSTEM\ ControlSet001\Control\SessionManager\Environment，检查一下对应 Environment 子键的右侧显示区域中是否存在一个名为"DevMgr-Show-Nonpresent-Devices"的双字节值，如果不存在，可以用鼠标右键单击 Environment 子键，从随后弹出的快捷菜单中依次单击"新建"、"DWORD 值"命令，再将新创建的 DWORD 值取名为"DevMgr-Show-Nonpresent-Devices"。接下来，用鼠标双击"DevMgr-Show-Nonpresent-Devices"键值，在其后弹出的"数值数据"对话框中输入数字"1"，并单击"确定"按钮，最后退出注册表编辑窗口，同时重新启动 Windows XP 系统，如图 9-13～图 9-15 所示。

图 9-12　注册表编辑界面

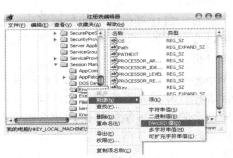

图 9-13　新建 DWORD 值

图 9-14　为 DWORD 值取名

图 9-15　编辑 DWORD 值

（3）使用 Windows 自带的工具进行网络诊断

步骤 1：依次单击"开始"菜单中的"程序"→"附件"→"系统工具"→"系统信息"，打开"系统信息"窗口。在该窗口中依次选择"工具"→"网络诊断"。

步骤 2：在"帮助和支持中心"窗口中，可以通过单击"功能"按钮来进行各种诊断测试操作。

步骤 3：测试结束后，可以在"结果"窗口中看到"未被配置"、"启用"或者"正常"之类的诊断信息，仔细分析这些信息，就能快速查找到网络出现的故障原因。

（4）组策略设置错误

用户反映：

一个由若干台计算机组成的局域网中，计算机上都安装了 Windows 系统，通过"网上邻居"可以看到其他计算机，账户也未配置密码，但是打开共享目录时提示无权访问。

故障分析：

在默认情况下，在 Windows 的"本地安全策略安全"选项中，"账户：使用空密码用户只能进行控制台登录"是启用的，也就是说，空密码的任何账户都不能从网络访问只能本地登录。

故障排除方案：

步骤 1：依次选择"开始"→"运行"，在出现的"运行"窗口中输入 gpedit.msc 命令，打开"组策略"。

步骤 2：依次展开"本地计算机策略"→"计算机配置"→"Windows 设置"→"安全设置"→"本地策略"→"安全选项"，在右边栏目中找到"账户：使用空白密码的本地用户只允许进行控制台登录"，并把它改为"仅来宾——本地用户以来宾身份验证"，这样就可以解决局域网网络不能互访的问题。

（5）"网络邻居"访问不响应或反应慢的问题

用户反映：

一个由若干台计算机组成的局域网中，计算机中都安装了 Windows XP 系统，通过"网上邻居"可以查看其他计算机时，总是等很长时间才访问到其他计算机。

故障分析：

在 Windows XP 系统中浏览"网上邻居"时系统默认会延迟 30 s，Windows 将使用这段时间去搜索远程计算机是否有指定的计划任务，甚至有可能到 Internet 中搜索。如果搜索网络时没有反应便会陷入无限制的等待，那么就会出现很长时间的延迟甚至报错。

故障排除方案如下所示。

步骤 1：关闭 Windows XP 的计划任务服务（Task Scheduler）。

打开"控制面板"，在"管理工具"→"服务"中打开"Task Scheduler"的属性对话框，单击"停止"按钮停止该项服务，再将启动类型设为"手动"，这样下次启动时便不会自动启动该项服务，如图 9-16 所示。

步骤 2：删除注册表中的两个子键。

到注册表中找到主键"HKEY_LOCAL_MACHINE\SOFTWARE\Microsoft\Windows\CurrentVersion\Exlporer\RemoteComputer\NameSpace"，删除下面两个子键：{2227A280-3AEA-1069-A2DE-08002B30309D} 和 {D6277990-4C6A-11CF-00AA0060F5BF}。其中，第一个子键决定"网上邻居"是否要搜索网上的打印机，甚至要到 Internet 中搜寻，如果网络中没有共享的打印机便可删除此键。第二个子键则决定是否需要查找指定的计划任务，这是"网上邻居"很慢的罪魁祸首，必须将此子键删除。

（6）无法显示网上邻居中的计算机

用户反映：

一个由若干台计算机组成的局域网中，计算机上都安装了 Windows XP 系统，通过"网上邻居"查看其他计算机时，其中一台计算机总是显示不出来，但是通过搜索或者直接输入计算机名或 IP 地址，就可以访问。

故障分析：

在 Windows XP 系统中有一个"计算机浏览器服务"，它的作用是在网络上维护一个计算机更新列表，并将此列表提供给指定为浏览器的计算机，如果停止了此服务，则既不更新也不维护该列表。

故障排除方案：

启动 Windows XP 的计算机浏览器服务（Computer Browser）。

打开"控制面板"，在"管理工具"→"服务"中打开"Computer Browser"的属性对话框，单击"启动"按钮启动该项服务，再将启动类型设为"自动"，这样下次启动时便会自动启动该项服务了，如图 9-17 所示。

图 9-16　"Task Scheduler 的属性"对话框　　　　图 9-17　设置"Computer Browser"属性

四、实训总结

（1）现在很多计算机为了保证系统安全，都安装了防火墙软件。但是即使正确安装防火墙软件后也会导致一些网络软件不能正常使用。

（2）Windows 系统下安装过的硬件仅将硬件拆除并不是完全卸载硬件，还需要在系统中将相应的驱动程序删除。

（3）Windows 系统下很多的服务和策略为了保证系统安全，默认情况下都是关闭的。当我们需要进行网络应用时，要根据需要进行相应的配置。

9.6　本章小结

1．网络故障的分类

按照网络故障的不同性质将其划分为硬件故障和软件故障。

根据网络故障点的不同将其划分为服务器故障、传输介质故障、连接器故障及工作站故障。

2．网络故障诊断应该实现三方面的目的

网络故障诊断应该实现三方面的目的：确定网络的故障点，恢复网络的正常运行；发现网络规划和配置中的欠佳之处，改善和优化网络的性能；观察网络的运行状况，及时预测网络通信质量。

3．网络故障诊断步骤

（1）确定并记录所出现的症状。

（2）限定问题的范围。

（3）重现故障。

（4）验证物理连接。

（5）验证逻辑连接。

（6）参考最近网络设备的变化。

（7）实施和验证解决方案。

4. 网络故障排除方法

网络故障排除方法有分层排障法、参考实例法、硬件替换法和错误测试法等。

5. 常用故障诊断工具

常用故障诊断工具包括网线测试工具、网络监视器和分析仪，以及一些软件工具。

6. 常用网络命令

ping 命令是用于查找故障原因的基本命令，用于确认能否通过 IP 网络与通信对象交换信息。

ipconfig 命令可以让用户很方便地了解到 IP 地址的实际配置情况，如 IP 地址、网关、子网掩码、网卡的物理地址等。

traceroute 是用来跟踪数据包到达网络主机所经过的路由的工具。

习题与思考题

1. 选择题

（1）根据网络故障点，则网络故障不包括（　　）。
　　A．物理故障　　　B．传输介质故障　　　C．连接器故障　　D．工作站故障
（2）用 ping 命令不能检查（　　）。
　　A．本机的 TCP/IP 协议　　　　　　　B．Internet 连接
　　C．预测网络故障　　　　　　　　　　D．网卡的物理地址
（3）用 ipconfig 命令不能检测（　　）。
　　A．主机名　　　　　　　　　　　　　B．节点类型
　　C．网卡的物理地址　　　　　　　　　D．与 Internet 的连接

2. 填空题

（1）根据网络故障的性质，可以把网络故障分为_____和_____。
（2）根据网络故障点的不同，可以把网络故障分为_____、_____、_____和_____。
（3）ping 命令用于_____。
（4）traceroute 命令用于_____。
（5）网络故障排除方法有_____、_____、_____、_____等。

3. 问答题

（1）在遇到网络故障时，一般采用什么方法来诊断故障？
（2）ping 命令和 traceroute 命令的主要参数有哪些？